高等学校教材

程序设计方法与技术
——C语言

主　编　顾春华
副主编　陈章进　叶文珺

高等教育出版社·北京

内容提要

　　本书以程序设计初学者为阅读对象，以程序设计解决问题为主线，以编程思维、编程技能、语法知识和编程规范为内容框架，通过丰富的实例由浅入深地介绍 C 语言程序设计的基本思想与方法。

　　本书导言部分介绍程序和程序设计及其教学建议，随后包括了程序设计概述、输入输出、顺序结构程序设计、选择结构程序设计、循环结构程序设计、数组、函数、结构体和指针等内容。为了提高读者的学习兴趣和成就感，各章节都选取了大量贴近生活的有趣案例；书中以思考、常见错误、编程经验等形式总结了程序设计的技术和方法。

　　本书适合作为高等院校各专业学生的教学用书，也可作为广大编程爱好者的自学读物，对从事软件设计与开发的技术人员也是一本很好的参考书。

图书在版编目（CIP）数据

程序设计方法与技术：C 语言 / 顾春华主编. --北京：高等教育出版社，2017.9（2018.3重印）
ISBN 978-7-04-048404-5

Ⅰ. ①程… Ⅱ. ①顾… Ⅲ. ①C 语言–程序设计 Ⅳ. ①TP312.8

中国版本图书馆 CIP 数据核字（2017）第 202171 号

Chengxu Sheji FangFa yu Jishu——C Yuyan

策划编辑	耿　芳	责任编辑	耿　芳	封面设计	李卫青	版式设计	马　云
插图绘制	杜晓丹	责任校对	高　歌	责任印制	耿　轩		

出版发行	高等教育出版社	网　　址	http://www.hep.edu.cn
社　　址	北京市西城区德外大街 4 号		http://www.hep.com.cn
邮政编码	100120	网上订购	http://www.hepmall.com.cn
印　　刷	北京市白帆印务有限公司		http://www.hepmall.com
开　　本	850mm×1168mm　1/16		http://www.hepmall.cn
印　　张	20.25		
字　　数	440 千字	版　　次	2017 年 9 月第 1 版
购书热线	010-58581118	印　　次	2018 年 3 月第 3 次印刷
咨询电话	400-810-0598	定　　价	40.00 元

数字课程资源使用说明

与本书配套的数字课程资源发布在高等教育出版社易课程网站，请登录网站后开始课程学习。

一、注册/登录

访问 http://abook.hep.com.cn/185284，点击"注册"，在注册页面输入用户名、密码及常用的邮箱进行注册。已注册的用户直接输入用户名和密码登录即可进入"我的课程"页面。

二、课程绑定

点击"我的课程"页面右上方"绑定课程"，正确输入教材封底防伪标签上的 20 位密码，点击"确定"完成课程绑定。

三、访问课程

在"正在学习"列表中选择已绑定的课程，点击"进入课程"即可浏览或下载与本书配套的课程资源。刚绑定的课程请在"申请学习"列表中选择相应课程并点击"进入课程"。

四、与本书配套的易课程数字课程资源包括电子教案、程序源代码、微视频等，以便读者学习使用。

账号自登录之日起一年内有效，过期作废。

如有账号问题，请发邮件至：abook@hep.com.cn。

前　言

在过去 50 多年中，程序设计技术与程序设计语言从来没有停止过创新和发展，未来，这种持续的改进仍将继续。程序设计课程的教和学也在不断进步，同时还会不断面临新的挑战。一直以来被很多高等学校作为第一门程序设计课程的 C 语言，由于其语言简单和思维清晰，成为程序设计课程中的常青树。尽管语言本身变化不大，但如何更有效地提高 C 语言教学效果的改革实践，一直都在进行中。

问题驱动、案例驱动、重在应用等教学思想，MOOC、SPOC、翻转课堂等教学技术和手段，都给经典的程序设计课程带来了新的活力与机遇。多年来，来自同济大学、华东理工大学、华东师范大学、上海大学、东华大学、上海理工大学和上海电力学院等多所高校的计算机基础教学一线教师结合计算机等级考试的持续改进和"以考促教"为目标，坚持开展程序设计课程的教学改革，与时俱进地进行教学重构，不断积累教学经验和教学资源。本书就是在这个基础上编写的，试图融合现代程序设计的新理念，平衡专业性与普适性，兼顾对学生的知识传授、能力培养与思维训练。

本书具有以下四个特点。

（1）强调编程兴趣

选择贴近学生生活和年轻人感兴趣的案例，配上生动活泼的展示形式，注重激发学生学习编程的兴趣；通过提供可复用的公共库等形式，让学生通过简单的编程就能得到完整的程序和实用的结果，解决日常生活中的热点问题，增强学生学习成就感。

（2）兼顾编程四个维度

本书强调编程的四个维度：编程思维、编程技能、语言知识点和编程规范。通过例题分析、经典算法等，以"思考"等形式描述常用的编程思维和思考问题的方式；分析、设计、编写、调试、运行程序，在此基础上归纳出"常见错误"，用以训练学生的编程技能；总结编程规范和经验，引导学生从一开始学习程序设计就养成良好的编程习惯。

（3）由浅入深循循善导

内容组织上更突出从简单到复杂，将知识点的结构性和系统性淡化；将"指针"的概念和简单应用提前，将"文件"分散到章节而不独立成章；同一个问题从简单到复杂分解到多个程序例子中，让学生们从简单程序开始，逐步增加功能，在不知不觉中学会编程技能，习惯编程思维。

（4）线上线下配有立体资源

配合本书同时建设了实验指导、习题库和知识点视频等立体化学习资源，设计了每一章的课堂教案设计、PPT 讲稿和网上教学平台等，便于学生预习、复习和自学，方便师生加强课堂互动，提高课堂教学效果。本书中的二维码都链接到一个网上资源，读者可在阅读时实时学习。

本书由上海市计算机等级考试二级命题组教师共同策划，得到了上海市教委优质在线课程项目和上海市教育考试院的支持。导言部分由顾春华编写，第 1 章到第 9 章分别由陈莲君、黄小瑜、陈优广、文欣秀、闫红漫、胡庆春、高枚、王淮亭、叶文珺、陈章进、朱弘飞、夏耘等编写。全书由顾春华、陈章进、叶文珺等修改统稿。刘江、吉顺如、张晨静、高建良等给本书提出了建议和帮助，对此一并表示感谢。

由于编者水平有限，书中难免存在错误与不足，恳请读者批评指正。

编　者

2017 年 6 月于上海

目　录

0 导言

电子教案

当今社会，大数据、云计算、物联网等概念随处可见，人工智能、虚拟现实等应用也逐步普及，信息技术的应用已经并正在继续改变着人们的工作和生活，而这些新技术和应用的最重要核心是程序。毫不夸张地说，今天，每一个人都应该懂编程。那么，什么是程序？程序是怎样工作的？怎样编写程序呢？这些问题接下来将逐一得到解答，同时，你还会发现，学习编写程序的过程并不困难，而且还充满乐趣，学会编程会让你富有成就感，对自己更充满信心。

0.1 程序无所不在

神话故事西游记中，各路神仙可以随意上天入海。而今，这一切都已经成为现实，我国研制的神舟系列飞船多次载人往返于太空和地球之间，蛟龙号载人潜水器顺利潜入 7 000 多米的深海。而神话故事里的这一切，又是怎样实现的呢？神舟十号与天宫一号在 30 多万米以外的太空精准对接，是如何控制的呢？程序，使这一切成为可能！

微视频：
快乐学编程

人们生活在一个程序控制的时代。

绝大多数的高科技，都是在程序的帮助下实现的，机器人、火箭升天、航空母舰、高科技武器、智慧农业、工业 4.0、智能电网、智能汽车和高铁等，都是在程序的控制下才能工作的。

如今最基本的工作、生活、学习、娱乐活动，也离不开程序。日常生活中使用的网络电视、冰箱、微波炉、洗衣机等智能家用电器，网上点餐、约车、购物、水电煤缴费、转账、理财等互联网生活方式，微信、微博、QQ 等社交软件，没有程序，都不可能实现。工作中，人们需要运行程序来完成网上办公、视频会议、E-mail收发、财务等各类管理功能，方便地完成预订机票、预订酒店等。学习方面，现在也要依靠程序来选课、提交作业、查找和下载学习资料、与老师同学在线讨论问题、观看视频课等。生活中的视频点播、回看电视、网络小说、网络游戏等娱乐也离不开程序的帮助。

互联网、智能移动设备、云计算、大数据的共同基础、共同指挥官就是程序。

程序改变了人们的生活方式，推动了社会的发展。程序像空气和水一样，无处不在。无法想象，离开了程序，世界会变成什么样。

0.2　人人都要理解编程

人类社会过去需要几百年才能取得的进步，在这个信息时代，几年甚至几个月就能达到。为什么以程序为核心的信息技术能有如此大的威力呢？为了回答这个问题，首先必须理解程序，理解编程。

过去，不认识字的人被称为"文盲"，将来，不懂编程的人将是新的"文盲"。

学会编程可以教会人们以一个全新的方式看世界，编程可以改变人们的思维方式，教会人们在这个时代里如何思考。

为了号召全体民众学习编程，2016 年 2 月，美国政府专门投资 40 多亿美元推出了"全民计算机科学行动计划（Computer Science for All）"，要求全体民众，特别是从幼儿园到大学的学生，都要学习编程。苹果公司创始人乔布斯说："我觉得每个人都应该学习一门编程语言。学习编程教你如何思考，就像学法律一样。学法律并不一定要为了做律师，但法律教你一种思考方式。学习编程也是一样，我把计算机科学看成是基础教育，每个人都应该花至少 1 年时间学习编程。"

人人都应该了解程序、懂程序、会编程序。所谓了解程序，就是要知道程序是什么，程序能改变世界依靠的是什么，程序是哪里来的，程序是如何工作的……

就像知道电能（交流、电流、电压）一样，人们也必须懂程序。所谓懂程序，就是要知道程序并不是高深的原理，要理解程序带给人们的独特逻辑思维和计算思维，就是要学会编程语言和工具的选择和使用。

可能有人会说，我学的不是计算机专业，将来也不可能从事程序员的职业，那我为什么要学会编程序。殊不知，今天的编程不是一个狭义的概念，它不仅包括懂不懂编程知识，也包括会不会编写程序，还包括能不能以编程思维考虑问题，等等。学会编程，可以更从容地应对现代社会的各种问题。

一般而言，编程有以下 5 个步骤。

① 理解问题需求：明确需要解决的问题是什么。

② 设计解题方案：明确怎么解决问题，解题步骤是什么。

③ 选择编程资源：明确哪些资源和技术可以使用。

④ 编程实现：用某种程序设计语言按确定的方案和技术编写所需的程序。

⑤ 调试运行：执行程序，观察结果。

下面介绍一个编程的例子。2014 年 12 月 8 日，时任美国总统的奥巴马（本科学习政治学与国际关系、研究生学习法学）在参加一场由 code.org 组织的编程大会时，用了一个小时的时间，学会了编写一个小程序，画了一个正方形。他的学习步骤如下。

1．理解问题需求

通过编程画一个规定边长的正方形，即输入一个正整数 n 代表边长，输出边长为 n 的正方形。

2．设计解题方案

思考：一个正方形由 4 条边组成，其中两条是水平边，两条是垂直边。边的长短决定了正方形的大小，只要画了 4 条边，正方形就画好了。一条边由一些点组成的，水平边的点从左到右排列，垂直边的点自上而下排列。最后需要知道如何画一个点。

如下是一个长度为 5 的正方形（为了简化，这里的点用＊表示）。

```
*  *  *  *  *
*           *
*           *
*           *
*  *  *  *  *
```

根据上面的分析，可以确定以下解题步骤（算法）。

① 首先输入边的长短 n，确定正方形的大小。

② 重复画 n 个点"＊"，完成画最上面的一条边。

③ 换行，在两条垂直的边的位置画点"＊"，重复 n–2 次。

④ 重复第②步，画出最底下的一条边。

3．选择编程资源

不是所有解题方案都需要从头开始编程实现的，不是所有的算法都要自己设计的，很多共性的问题都有了成熟的解决方法，只要不存在知识产权问题，都可以直接使用，特别是针对功能比较复杂的程序，首先要考虑有没有现成的框架或代码可以直接使用。所以，在确定方案后的重要步骤，就是查找并确定可用的资源。这种可用资源可以是程序设计语言自带的，也可以是其他程序员贡献出来的在网上公开的开源代码（Open Source）。有些情况下，编程工作只要将各种可用资源集成起来就完成任务了，这时编程也称构建（Construction）。

本例比较简单，不需要使用框架，但需要使用程序设计语言提供的标准函数（库函数）实现以下功能。

① 输入正整数 n，如 C 语言中的 scanf()函数。

② 输出一个点"＊"，如 C 语言中的 printf("*")。

在调用上述标准函数后，上述解题方案中的步骤需要如下思想来实现。

① 直接调用库函数输入点数 n；

② 重复执行画点的操作，画出水平边；

③ 重复执行画点的操作，画出垂直边。

4．编程实现

选择一种程序设计语言，例如 C 语言。一般情况下，选择程序设计语言主要考虑以下几个方面：一是编程者熟悉程度，总是选择大家最熟悉的语言；二是语言的特点，不同的语言有不同的特点，如有的语言适合科学计算，有的适合字符处理，有的擅长界面设计等，可根据解题方案的需求选择最合适的语言；三是语言的可用资源，不同的语言自带或开源的资源不一样，一般选择可用资源最多的语言。有时，程序的使用者也会对于程序设计语言提出要求。

用选定的程序设计语言，按上述解题方案，利用选定的编程资源，编写程序完成上述解题步骤。

5. 调试运行

在编程环境中编辑、调试程序，定位错误、修改错误直至程序正确，生成可执行程序，然后运行程序观察结果，如果结果不正确，则继续修改，直至完全正确。

编程环境是辅助编程的集成环境，几乎所有的现代程序设计语言都有相应的编程环境，在这个集成环境中，可以方便地使用各种资源，智能化地完成编辑、调试、运行程序的功能。因而，熟悉编程环境、充分使用编程环境，已经是学习编程的重要步骤之一。

0.3 解剖一个程序

在实际应用中，程序往往和某些硬件结合在一起，例如，虚拟现实的程序一般都和一些可穿戴的设备一起工作。随着网络的广泛应用，往往是多个程序协同合作来实现一个功能，例如在网上点播视频时，视频服务器上有专门的视频管理程序来提供所需的视频，再通过视频传输程序将视频从服务器传输到客户端计算机上，再由客户端计算机上的视频播放程序来放映视频。视频管理程序、视频传输程序和视频播放程序是 3 个独立的程序，它们同时协同工作，就可以完成视频点播功能。

为了简单起见，只考虑完成独立功能的单个程序。每个程序都是为实现某些功能的一组对数据进行操作的序列。下面，通过一个简单的"运动计步器"例子来理解程序。

"运动计步器"记录人们每天行走的步数，显示人们最近一段时间内每天的运动步数。"运动计步器"中有一个称为震动传感器的硬件和一个计步器程序，震动传感器会感应到人们是否在行走。

每行走一步震动传感器会发一个信号给计步器程序，计步器程序需要实现以下功能。

① 要记录当天任何时候的行走步数。

② 在每天的零点，存储前一天的步数为历史步数，并将今天的步数置为 0。

③ 每接到一个震动传感器发来的信号，步数就加 1。

④ 可以根据功能选择显示当天的步数。

⑤ 可以根据功能选择以数据或曲线的形式显示最近几天的步数。

为了实现上面这些功能，计步器程序中需要存储的数据和对这些数据进行的操作如下。

① 数据：当前步数、历史步数。

② 操作：当前步数置 0、当前步数加 1、存储前一天步数、显示历史步数。可以看到，整个计步器程序实际上就是对数据执行操作的序列。

再看一个具有健康提示的"运动计步器"，除了上述记录和显示每天行走步数的功能外，它还存储了体重等数据，并且可以通过一定的方法计算出有益于健康的每天理想行走步数，如果连续 3 天行走的步数与理想步数差距达到一定阈值，就会显示"你每日行走太少"或者"你每日行走过多"的健康提示信息。

与前面的计步器程序相比，这个具有健康提示的"运动计步器"增加了以下数据和操作。

① 数据：体重等数据。

② 操作：计算理想步数、判断实际行走步数与理想步数的差距后显示健康提示信息。

同样，如果把这个"运动计步器"扩展为网络版，可以将行走步数传输到网络服务器，并且可以与朋友的步数比较，进行排序。这就成了现在的"微信运动"，读者可以自行分析一下，"微信运动"这个程序又由哪些数据和操作组成。

再进一步分析，程序中的数据是有区别的：当前步数是单个数据；历史步数是包含很多天行走步数的一组数据。

同样，操作也是有区别的：当前步数置 0 是单个独立的操作；判断实际行走步数与理想步数的差距后，显示不同的健康提示信息是选择性操作；显示历史步数是需要重复显示多个数据的操作。

但是，不论复杂与简单，一个程序的主要内容就是两个部分：数据和操作。程序设计的过程就是用一种程序设计语言正确地表示出对数据进行操作的过程。

0.4　编程的主要内容

活到老，学到老。从小到大，人们需要不断学习。小时候学走路、学游泳，长大了学骑自行车、学开车。在小学、中学阶段，学语文、学数学、学物理，到了大学要学编程。不同的学习，目的不同，达到的效果也不一样，学习的内容自然也不同。

学游泳和学开车是为了学一种技能，需要掌握在一定理论指导下的实践。学习的关键在于实践技能，如果仅仅停留在理论层面，只学习书本上的游泳要领和技巧，那是没有用的。当然，理论也是需要的，有了理论的指导，才有姿势优美的蛙泳、蝶泳和仰泳等。同样，学会开车了，没有交通法规的指导，照样寸步难行。

学语文，学的是一种文学修养，背诵"三字经""论语"等，学的是处世之道、修身齐家治国平天下的方法；学数学，学的是理论思维，它是其他学科的基础，关键在于学会定义、定理、证明的精髓和公理化的理论思维方法；学物理，目的是掌握实验思维方法，借助于特定的设备，从基本实验出发归纳出最一般的结论，再推理出符合逻辑的规律，由实验检验。

那么，学习计算机，学习程序设计，其目的又是什么呢？是学习运用计算机科学的知识进行问题求解的方法，是训练如何设计出能解决问题的计算机系统的实践能力，是学习与数学思维相类似、抽象形式更为丰富的一种新的思维方式。

学习一种程序设计语言，学会用某种程序设计语言来编程，必须掌握 4 个维度的内容，即语法知识、编程技能、编程思维、编程规范。

1. 语法知识

和其他任何语言一样，程序设计语言也有自己的语法和语义。简单地说，语法就是一些书写规则，语义就是符合语法规则的表述的含义。由于程序最终交给计算机去执行，完成程序的功能，因此，编程时必须严格按照语法规则书写程序中的各个元素，任何细微的语法错误都会导致计算机不能正常执行程序。

虽然程序设计语言种类繁多，但各种程序设计语言的语法大同小异。从本质上讲，一个程序就是对数据的一系列操作，因而，程序设计语言的语法知识一般都包括程序的结构组成、数据如何表示、操作怎么表示等。

例如，C 语言中，一个程序是由一个 main()函数和一些（0 个或多个）自定义函数组成。每个函数都有规定的定义和调用格式，数据可以有不同的类型，如 int、float 分别表示整数和实数，不同数据类型的数据所占空间、表示范围和可执行运算都可能不同。数据还可以是简单数据或构造数据，构造数据是指含多个分量的复杂数据，需要说明分量个数、分量类型、分量次序等。不同的操作表示方法也不同，包括基本的数据输入、输出和赋值等操作，还包括选择和循环等操作。

语法知识必须理解，不用死记硬背，编程时可以查阅相关程序设计语言的书籍。使用一种程序设计语言编写程序一段时间后，语法知识自然也就能信手拈来了。现在一些集成开发环境，都会提供一些智能化的语法检查工具，通过文字、颜色、声音等实时提示语法知识或语法错误情况。

2. 编程技能

如果学习编程只学会了语法知识，面对一个问题，不会设计程序去解决它，那就像只学了丰富的游泳知识却不会游泳一样，是没有实用意义的。因此，学习程序设计语言，比学习语法知识更重要的是，语法知识的应用，动手编程解决问题能力的训练。

学习程序设计的重要环节是编程实践。一般而言，每一次理论课后都需要编程来练习所学的理论知识，编程实验的时间应该大于理论学习的时间。在学会如何使用每个知识点的情况下，从解决简单问题开始，练习运用前面所学的知识点编写程序、调试程序、运行程序得到预期结果。

编程技能除了对语法知识点的灵活应用、对集成开发环境的熟练使用外，还包括一些常用技巧的掌握，如分而治之（把一个复杂问题分解为多个简单问题），充分复用已有功能模块，先设计解题思路再动手编程，自顶向下逐步求精思想，以及顺序、选择、循环 3 种控制结构的应用等。

编程技能的掌握没有捷径，唯有多练习、多实践。学一门程序设计语言，少则需要编写 30～40 个程序，多则 100 多个程序也不算多。功夫到了，编程技能自然就有了。

3．编程思维

前面讲过，在这个互联网+时代，信息技术已经改变了人们的工作和生活方式，同时也需要人们有与现代信息技术相适应的思维方式，称为计算思维。编程思维，就是这种新的思维方式的重要内容。除了专业程序员外，大多数人未来都不是以编程作为职业的，但是编程思维是每个人必备的思考方法，大家都要学会"怎样像计算机科学家一样思维"。学习程序设计的更重要任务，就是训练并学会使用编程思维。

有了计算机的帮助，就能用新的思维方式去解决那些之前不敢尝试的问题，实现"只有想不到，没有做不到"的境界。其实，这种新的思维方式也出现在人们的日常生活中，例如，早晨去教室时，把当天需要的东西放进背包，这就是预置和缓存；当发现钥匙不见了，沿着走过的路返回去寻找，这就是回推；在超市付账时，应当去排哪个队呢？这就是多服务器系统的性能模型。

那么，编程思维包含哪些内容呢？周以真教授在定义计算思维时，总结了包括约简、嵌入、转化、仿真、抽象、分解、并行、递归和推理等 20 多种方法和能力，其中大部分在学习编程时都会涉及，即使在编写简单程序时也会应用到，如将具体问题一般化的抽象，遍历所有数据的穷举，自动重复并按条件结束的迭代等，以及数据的比较、交换、查找、排序等，还有各种经典的算法思想等，这些都属于编程思维。

在后续章节的 C 语言程序设计内容中，会逐步介绍到这些方法，读者要学习并习惯使用它们来思考问题。

4．编程规范

编程工作，有人认为是极需创意的设计工作，属于艺术，程序员也是一类艺术家；也有人认为只是用现成技术完成既定解题方案，充其量也就是技术，程序员是工程师，并形象化地称为"码农"。但不论怎样，编程应该遵循一定的规范，养成很好的习惯，把自己编的程序打造成高质量的作品！

学习编程时，从一开始就要重视程序代码的质量，要学习好的编码规则，养成好的编码习惯，使用并积累编程经验。如要先设计再编码，要有明确的命名规则，书写程序时遵循统一的缩进规则，程序中要加入适当的注释等。

0.5 如何学好程序设计

经常听到有人这样说，"编程很难""听得懂，不会做""看得懂，不会做""考的出，不会编"。那么，程序设计真的这么难吗？其实不然。除非是解决很复杂的问题，设计一般的程序，中学生都不会有任何问题。很多人觉得难的主要原因是不适应思维方式上的变化，这就像隔了一层窗户纸，感觉对面是一个完全陌生的世界，其实捅破了，就会发现也就那么回事。要做的就是捅破那层不用花太大力气就能捅破的窗户纸。

"兴趣是最好的老师"。学会编程，会看到一个不一样的世界；学会编程，在探究、改造这个世界时将如虎添翼；学会编程，创造力会倍增；学会编程，人生将更加丰富多彩。学习编程，首先要培养对程序的兴趣，有了兴趣，学习起来就会觉得轻松快乐。随着设计的一个个程序运行出正确结果，就会越来越喜欢编程，越来越有成就感，越来越自信。

那么，应该如何来学习程序设计呢？为了帮助读者顺利学习编程，这里总结了学习程序设计的"一个要领""三个关键""十大诀窍"。

1. 一个要领：循序渐进

不要想一口吃个胖子。学习程序设计，从依样画葫芦开始，逐步过渡到自己编程；从简单有趣的程序开始，逐步增加功能。刚开始学习编程时，重要的是程序运行的结果，然后在弄明白程序的基础上逐步增加功能。不要一开始就编写复杂程序，简单程序编熟练了，复杂程序自然也就会编了。

2. 三个关键：紧跟、坚持、理解

"紧跟"是指教到哪、学到哪、编到哪。与其他知识的学习不同，程序设计的学习涉及新的思维方式和习惯的适应。因而，学习第一门程序设计语言课程时，教师的作用不可或缺；学习时要尽量跟上教师的讲课节奏，及时学会教师讲授的内容，并及时在编程实践中应用和巩固所学的理论知识。

"坚持"是指遇到问题不退缩，没有解决不了的问题。刚开始学习程序设计时，会接触很多新的概念和知识，思维方式也有差别，遇到一些小的困难也是正常的，这时候决不能轻言放弃，咬定青山不放松，问题也就迎刃而解了。在解决一个又一个的困难时，不知不觉中就会成为一个编程高手。

"理解"是指得到正确结果不算结束，了解所以然才达到目的。学习程序设计的目标不是记住知识点，即使将知识点背得滚瓜烂熟也没用，会用来编程解决问题才有意义。编出程序，运行出结果，并不是完成任务，必须理解"为什么要这样设计"，思考有没有其他更优的解决方案，还有哪些问题也能用类似的方法解决。

3. 十大诀窍

一是先看后听。就是在听课学习新的知识之前，要有所准备，先看书预习、看相关的视频熟悉内容，知道重点和难点，有备而来的听课会达到事半功倍的效果。

二是先听后问。就是听课中不能完全理解的内容要及时问老师、问同学，不要让问题积累起来，尽量做到学习时就理解。

三是边学边练。学习了新的思维方法、新的语法知识等，要及时应用它们来练习编写程序，通过编写程序做到真正掌握所学的内容。

四是边练边调。在练习本上编写程序是不够的，因为只有将程序放到计算机上来调试运行，才知道编写的程序是否正确，能不能运行出正确的结果。

　　五是边调边议。在调试程序时，有时候会有一些错误，这时针对这些错误和同学或老师讨论，将对加深理解、提高编程能力有很好的作用。

　　六是边学边温，学而时习之。学习新内容的同时，要温习以前学的内容，并把它们综合起来，一起用于编程实践中。

　　七是先想后编。在编写程序解决问题前，思考的过程很重要，即用什么方法、技术、步骤等，一定要考虑好了再动手。

　　八是编后再思。编出能正确解决问题的程序后，还要继续思考，有没有更好的方法，同样的方法还能解决哪些问题等。

　　九是思后再编。在思考的基础上，动手修改程序或者重新编写程序，使程序有更好的结构、更高的效率等，也可以编一些通用的模块，积累下来供以后编程时使用。

　　十是边编边玩。玩是年轻人的天性，将程序和平常的游戏娱乐等联系起来，在玩中学，学中玩，编写程序实现自己感兴趣的功能，将会让学习编程的过程更加有趣。

0.6　如何教好程序设计

　　程序设计课程是目前很多高校开设的计算机基础类课程，无论是计算机类专业还是其他专业的学生都要学习。经过 50 多年的实践，程序设计也经历了巨大的变迁，程序设计技术与方法、程序设计语言得到快速发展。过去 20 多年来，微型计算机、互联网、智能移动设备的普及，使学生的程序设计基础也大不相同。随着 MOOC、SPOC、微课和翻转课堂等教学手段及技术的出现，也为程序设计教学提供了新的方法。

　　为了更好地教好程序设计，在教学过程中，教师也要适应新的变化，及时调整教学目标、内容、方法和课堂形式等，并充分利用各种资源和现代化教学技术。

　　首先，必须将知识积累、技能培养、思维训练和养成良好编程习惯同时作为教学任务，并融入教会学生运用程序设计语言解决问题和完成任务的过程中。

　　其次，要明确以下 3 个关系。

　　① 能否解决问题比语言的系统性更重要；

　　② 运行出结果比弄懂语法更重要；

　　③ 解题过程比语法细节更重要。

　　第三，要强化应用，充分注意学生的学习感受，培养他们对程序设计的兴趣。知识点要由简到繁，案例介绍要由浅入深，解题思路要由易到难。

　　第四，课前、课后做好充分准备。课前准备包括学习素材的提供、课堂设计等，课堂教学要充分运用互动讨论、翻转课堂、案例驱动等形式和手段，课后包括布置练习、上机检查、评估评价等。

小   结

智能信息时代的到来使程序和编程成为每个人的必需品和基本技能。本章是一个导言，概要地介绍了什么是程序，程序的组成部分，编程的基本步骤，学习程序设计的主要任务以及如何学好、教好程序设计课程等内容，以期帮助读者在正式学习程序设计之前有所准备。

1 程序设计概述

电子教案

读者在学习程序设计方法与技术之前，首先要明白程序是什么，程序设计语言是什么，了解 C 语言程序能解决什么问题，一个 C 语言程序的基本结构与程序设计的基本方法。

1.1　程序的概念

当下，人们的生活中到处充斥着信息技术产品和服务，这些都离不开程序（program）。程序是人类驾驭计算机的手段。比如，想要浏览网站，可以运行 IE 浏览器程序，输入想要浏览的网站网址，就能打开对应的网页；想要通过计算机与他人聊天，可以聊天双方都运行 qq.exe 程序，输入想说的话并通过计算机传递给对方；想要让洗衣机洗衣，可以通过洗衣机的控制面板选择相应的洗衣程序执行；想要租借使用一辆"摩拜单车"或"ofo 共享单车"，可以用手机端的 APP 程序完成智能解锁、锁车的功能。所以，一个程序，可以接受人们下达的指令，然后让计算机去自动执行程序中为实现指定的功能而设计好的逻辑流程。通俗地讲，程序是一组指示计算机操作的动作序列，告诉计算机要做什么，如何做。

程序是用某种程序设计语言编写、指示计算机完成特定功能的命令序列的集合。计算机执行的任何动作，都是按照事先编好的程序来执行的。比如洗衣机的洗衣程序就是把洗衣需要的浸泡、揉搓、漂洗、拧干等一系列工作流程被程序员按步骤设计在程序中，由嵌入在洗衣机中的智能控制器（计算机）自动执行。将洗衣的过程写成计算机能执行的逻辑流程，本质上就是在编程。所以，编程就是设计一个能实现指定功能的逻辑流程，指挥计算机工作。

1.2　程序设计语言

语言通常是指人们在日常生活中使用的自然语言，如汉语、英语等，自然语言是人与人之间交流信息的媒介，人们进行交流时，通常使用同一种语言。人们写程序，就是为了与计算机交流，指挥计算机工作，因此需要使用计算机能够"理解"的语言去描述程序，这就是程序设计语言。

程序设计语言是计算机能够理解和识别的一种语言体系，是用于描述程序中操作过程的命令、规则的符号集合，是进行程序设计的工具。

程序设计语言又不同于人的语言表达。人与人之间进行交流的时候，倾听者可以根据上下文判断出讲述者所要表述的确切意思，语言只要能粗略地表达出思想就行，而不需要刻意地追求严谨的语法，比如"没有空"，可以根据不同的场景理解为"没有时间""没有空间""实心的，没有空洞"等。语言本身没有人的这种思维和联想能力，编写程序需要人们事先经过缜密的思考和设计，程序强调严谨的逻辑和结构，程序中任何一个小的疏忽或错误都可能导致程序不能正常工作。

程序设计语言的特殊之处在于以下几点。

① 它是人与计算机交流的媒介，既要人方便使用，又要计算机容易处理。

② 人能理解和掌握它，能用它来描述操作过程。

③ 计算机能理解它，可以按程序语言给出的操作过程去完成。

1.2.1　问题描述与程序设计

正如小学生学习数学，必须要学会四则运算，最简单的是加法，然后才能逐步深入。程序设计也是一样，从最简单的"相加"开始。

例如，编写一个程序，计算两数之和并输出结果。

针对程序的目标要求，对数据、操作和步骤具体化结果如下。

① 定义数据量 a,b,x（所有数据应该有明确的名称和类型）。

② 输入 a,b 的值（计算前所有数据量必须已经有明确的值）。

③ 计算 x=a+b（明确的计算公式和运算符号）。

④ 在屏幕上输出 x 的值（计算结果输出到屏幕上显示）。

将笼统的"两数之和"具体化为公式计算"x=a+b"，再进一步细分为 4 个小步骤，依次为定义、输入、计算和输出。

通常，程序设计语言不支持抽象的符号计算，所有计算要先有数值再进行运算，不能像数学一样先进行公式推导，再代入求解。因此上述步骤②和③的顺序是不能颠倒的。

在步骤设计的基础上，再进一步按程序设计语言的语法要求，逐条书写对应的语句。以 C 语言为例，语句序列如下。

```
① int a,b,x;        /*声明 a,b,x 为整型变量*/
② a=4;b=5;          /*设置 a,b 的值*/
③ x=a+b;            /*计算公式，结果赋值给 x*/
④ printf("%d",x);   /*输出 x 的值*/
```

上述 4 行程序代码中，每行末尾处符号"/*"和"*/"之间的内容为注释，是对程序代码的解释或补充说明，帮助程序员理解程序，不影响程序运行结果。程序代码中，代码行①声明变量 a,b,x 为整数变量，不支持小数点运算；代码行②是步骤②的简化，从键盘上输入数值简化为直接设置 a,b 的值；代码行③是计算公式；代码行④中 printf 是 C 语言标准输出函数，用于输出结果。

显然，即使是最简单的加运算，也需要进行分析、步骤设计和代码编写等过程。小学生关注的是加计算本身是否正确快速，程序设计关注的是加运算的表述和前后顺序的合理安排。

1.2.2　汇编语言和机器语言

程序设计语言分为高级语言、汇编语言和机器语言三类。高级语言是接近人类表达的一种语言，汇编语言是接近机器硬件的符号化语言，机器语言只包含 0/1 代码。本书主要介绍基于高级语言的程序设计，为了使读者全面了解，在此简要介绍汇编语言和机器语言。与高级语言相比，汇编语言有以下限制。

① 不能随意使用命名变量。在汇编语言看来，声明 a,b,x 是整数太过粗略，这些变量必须明确分配好，或者来自内存（通过内存地址访问），或者映射到寄存器（通过寄存器名称访问）。

② 不能直接使用公式进行计算。汇编语言不支持"+""−""*""/"和括号等运算符号，汇编语言使用 ADD、SUB、MUL、DIV 等操作码表示四则运算，每条汇编语句最多执行一次运算，公式计算需要拆分成多个小运算。

③ 没有足够丰富的"库"函数。C 语言通过 printf 函数可以在屏幕上输出各种信息和数据，但汇编语言的"功能调用"只能输出单个字符或一串文本，想要在屏幕上输出一个整数，本身需要一段不短的程序。

为了简化汇编程序，假设 a,b,x 均为 8 位二进制整数。分配寄存器 AL 对应 a、BL 对应 b，寄存器 AL 是复用的，两数相加后对应 x。汇编语句序列如下。

```
① MOV AL,4     ;使 AL=4，寄存器 AL 对应第 1 个整数，相当于 a=4
② MOV BL,5     ;使 BL=5，寄存器 BL 对应第 2 个整数，相当于 b=5
③ ADD AL,BL    ;使 AL 与 BL 的值相加，结果保存在 AL 中，相当于 a=a+b
④ (略)         ;后续还有输出等程序，代码略
```

上述代码中，每一行分号";"以后的内容为注释，用于解释对应的语句。语句①使 8 位二进制寄存器 AL 为十进制整数 4；语句②置 BL=5；语句③置 AL=AL+BL（寄存器 AL 原来的值不再保留，改为保存相加后的结果，相当于 a=a+b）。

每一条汇编语句都有对应的指令样式，语句①的指令样式是"MOV 目标寄存器（8 位），立即数（8 位）"，它将一个 8 位二进制数据传送（复制）到一个 8 位的寄存器上，这种类型的指令在 80x86 处理器上具有统一的机器语言编码规则：10110ttt iiiiiiii，其中 ttt 表示目标寄存器（寄存器 AL 的编码是 000），iiiiiiii 表示 8 位立即数（4 的 8 位二进制数是 00000100），则汇编语句"MOV AL,4"对应的机器语言编码为"10110000 00000100"，十六进制表示为"B0 04"，它是一个两个字节

的指令。两数求和的机器语言、汇编语言程序如表 1-1 所示。

表 1-1 两数求和的机器语言和对应的汇编语言

内存地址	指令编码	汇编语言、机器语言编码规则	汇编语言、机器语言编码说明
0100 0101	B0 04	MOV AL,04H 10110000 00000100 10110ttt iiiiiiii	指令样式：MOV 目标寄存器（8 位），立即数 编码规则：10110ttt iiiiiiii 80x86 的 8 位寄存器有 8 个（AL/CL/DL/BL/AH/CH/DH/BH），编码依次为 000/001/010/011/100/101/110/111，其中 AL 编码为 ttt=000
0102 0103	B3 05	MOV BL,05H 10110011 00000101 10110ttt iiiiiiii	指令样式及编码规则同上 目标寄存器 BL 编码为 ttt=011
0104 0105	00 D8	ADD AL,BL 00000000 11011000 00000000 11sssttt	汇编样式：ADD 目标寄存器（8 位），源寄存器 编码规则：00000000 11sssttt 目标寄存器 AL 编码为 ttt=000 源寄存器 BL 编码为 sss=011
...	...	...	后续程序（略）

由于指令流和数据是混合存储在内存中的，内存 0100 和 0101 地址处有二进制代码 B0 04，它有可能表示这里是指令 "MOV AL,04"，也有可能表示这里是两个 8 位二进制整数（176 和 4），还有可能表示这里是一个 16 位二进制整数 1 200，甚至有可能是一个 64 位双精度浮点数的某一个部分。数据只有在它被访问时才真正确定它的作用。

1.2.3 高级语言及其翻译

1954 年产生了第一个与机器硬件无关的高级语言 FORTRAN，随着计算机的普及，目前共有几百种高级语言出现，其中影响较大、使用较普遍的有 Visual Basic、C、C++、C#、Java、Python、PHP 等。

与汇编语言、机器语言相比，高级语言独立于机器，表达方式更接近于被描述的问题，设计上更接近于人们的使用习惯，而不需要去关心与机器相关的实现细节。

由于计算机无法直接理解高级语言，必须把高级语言转化为计算机所能执行的机器语言。完成这一任务的专门软件被称为高级语言的翻译程序。高级语言的翻译程序分为两类，分别是编译程序和解释程序。

使用编译程序的高级语言，在执行程序之前，将程序源代码编译、连接生成可执行程序，文件扩展名为 exe。可执行程序可以脱离语言环境独立执行，但是程序源代码一旦修改，必须再重新编译、连接生成可执行程序，再运行。现在大多数编程语言都是编译型的，例如 C、C++等。

如果说使用编译程序翻译得到机器语言的过程好比是译制片的生产过程，那么使用解释程序的高级语言，翻译方式类似于日常生活中的同声翻译。程序源代码或翻译后的字节码文件一边由解释器翻译成目标代码，一边执行，因而它的执行效率较低，不能生成可执行程序，不能脱离解释器，只能在语言环境中执行程序。但它修改方便，可以随时修改随时运行。比如 Basic 是解释型语言，而 Python、Java 是先翻译成字节码文件再解释执行的语言。

1.3　初识 C 程序

1.3.1　C 语言概述

　　C 语言诞生于 20 世纪 70 年代初期，它的前身是英国剑桥大学的 Martin Richards 在 1967 年对 CPL 语言进行简化而产生的 BCPL 语言。1970 年，美国贝尔实验室的 Ken.Thompson 继承和发展了 BCPL 语言，提出了 B 语言，并用 B 语言在当时最新型的小型机 PDP-7 上实现了第一个 UNIX 操作系统。1972 年，美国贝尔实验室的 Dennis M.Ritchie 和 Brian.W.Kerninghan 对 B 语言做了进一步的完善和发展，提出了一种新型的程序设计语言——C 语言，C 语言是一种面向过程的结构化程序设计语言。1973 年，K.Thompson 和 Dennis M.Ritchie 合作用 C 语言成功地改写了 UNIX 操作系统。在 C 的基础上，1983 年又由贝尔实验室的 Bjarne Stroustrup 推出了 C++。C++进一步扩充和完善了 C 语言，成为一种面向对象的程序设计语言。

　　在程序设计教学中，通常选择 C 语言作为首选程序设计的入门语言。它既具有高级语言的面向过程的特点，又具有汇编语言的面向底层的特点。它可以作为如 Windows、Linux、嵌入式等操作系统的设计语言，用来编写系统程序，也可以作为如计算器、游戏、图像处理等应用程序的设计语言，用来编写不依赖计算机硬件的应用程序，在单片机及嵌入式系统开发中也被广泛应用。

　　自从 C 语言问世以来，表现出极强的生命力。随着微型计算机软硬件的发展，C 语言始终是程序设计语言之林的常青树。在程序设计界有一个著名的 TIOBE 编程语言排行榜，是编程语言流行趋势的一个指标，每月更新。2017 年 2 月，TIOBE 编程语言排行榜前 10 名如表 1-2 所示，这份基于全世界互联网上有经验的程序员、课程和第三方厂商的数量的排行榜上，也从一个侧面反映了 C 语言在当今软件业界的应用范围之广，C 语言不是最时髦的编程语言，但却是不折不扣的最受欢迎的、应用最广泛的编程语言之一，其丝毫不逊色于后起的 Java 以及 C++等。随着网络的发展，Java、C++在互联网应用编程中成了主力军，但在面向硬件的系统开发时 C 语言效率更高。

表 1-2　2017 年 2 月 TIOBE 编程语言排行榜

2017 年 2 月	程序设计语言	占　　比
1	Java	16.676%
2	C	8.445%

续表

2017 年 2 月	程序设计语言	占　　比
3	C++	5.429%
4	C#	4.902%
5	Python	4.043%
6	PHP	3.072%
7	JavaScript	2.872%
8	Visual Basic.NET	2.824%
9	Delphi/Object Pascal	2.479%
10	Perl	2.171%

1.3.2　数值计算的 C 程序

C 语言功能丰富，表达能力强，有丰富的运算符和数据类型，使用灵活方便，应用面广，移植能力强，编译质量高，目标程序效率高，是求解数值计算问题时计算能力很强的高级语言之一。

【例 1-1】　鸡兔同笼问题。

源代码：
例 1-1

鸡兔同笼是中国古代的数学名题之一，既有趣又益智。大约在 1 500 年前，《孙子算经》中就记载了这个有趣的问题。书中是这样叙述的：今有雉兔同笼，上有三十五头，下有九十四足，问雉兔各几何？这 4 句话的意思是：有若干只鸡兔同在一个笼子里，从上面数，有 35 个头，从下面数，有 94 只脚，问笼中各有多少只鸡和兔？

据了解，目前小学奥数教学"鸡兔同笼"问题大多以"假设法""抬腿法（减半法）""穷举法"作为解答方法，前两种方法对于小学生理解有一定的难度，而穷举法解题简单，容易理解，但人工计算过程颇为烦琐，比较费时。

但这个问题交给计算机处理，就可以充分利用计算机高速自动处理的特性，穷举法是很好的选择，即根据鸡的只数、兔的只数及腿的条数间的关系，采用依次穷举、逐步尝试的方法以达到题意的要求。上述"鸡兔同笼"问题穷举过程如表 1-3 所示，当穷举到鸡 23 只、兔 12 只时，正好 94 条腿，属于本题的求解结果，穷举也到此结束。

表 1-3　求解鸡兔同笼问题的穷举过程

头/个	鸡/只	兔/只	腿/条
35	1	34	138
35	2	33	136
35	3	32	134
35	4	31	132
35	5	30	130
35	…	…	…
35	22	13	96
35	23	12	94

用穷举法求解"鸡兔同笼"问题的 C 程序如下。

```c
/* 功能：已知鸡兔的总头数和总脚数，求解鸡兔的数量各有多少*/
#include <stdio.h>
int main()//主函数
{
    int head,feet;              //head 为鸡兔头的总数、feet 为鸡兔脚的总数
    int chicken, rabbit;        //chicken 为鸡的数量、rabbit 为兔的数量
    scanf("%d %d",&head,&feet);          //获取键盘输入的头数与脚数
    /*反复穷举可能符合条件的解法，直到获得求解结果结束*/
    for(chicken=1;chicken<=head;chicken++)
    {   rabbit=head-chicken;
        if(chicken*2+rabbit*4==feet)
            break;
    }
    printf("\nchicken=%d,rabbit=%d",chicken,rabbit);
                                //屏幕输出鸡兔的数量
    return 0;
}
```

如图 1-1 所示是程序的两次执行结果，第一次用户输入头数为 35、脚数为 94，第二次用户输入头数为 130、脚数为 420。

图 1-1　鸡兔同笼问题的 C 语言程序运行结果

以上 C 程序就是用 C 语句序列实现了穷举法求解"鸡兔同笼"问题的逻辑流程，使用者只需要告诉程序鸡兔的总头数和总脚数，计算机能瞬间响应并得到想要的结果。所以，该 C 程序可以成为求解"鸡兔同笼"问题的快速计算工具。

1.3.3　简单游戏的 C 程序

游戏是一种常用的计算机应用程序。C 程序不仅能计算，能用于编写游戏程序，比如推箱子、贪吃蛇、走迷宫等。

【例 1-2】　简单的"走迷宫"小游戏。

"走迷宫"小游戏开始时显示一个迷宫地图，迷宫中有一个需要走出迷宫的对象（如小球），规定其起始位置及走出迷宫的出口位置。游戏的任务是使用键盘操作使小球在可行的迷宫路线上移动，若小球成功走出迷宫到出口处，提示成功。C 程序如下。

```c
/*功能：已知一个 6*6 阶的迷宫，实现让小球从起点走出迷宫*/
#include <stdio.h>
#include <conio.h>
#include <windows.h>
```

源代码:
例 1-2

源代码:
move.h

```
#include "move.h"  //自定义头文件
int main()
{   char m[20][20]={"######",
                    "#O #  ",
                    "# ## #",
                    "#  # #",
                    "##   #",
                    "######"};//迷宫图,字母O为小球起始位置,#为迷宫栅栏
    int i,x,y,p,q;
    char ch;
    x=1,y=1,p=1,q=5;    //x,y为小球初始位置的坐标,p,q为迷宫出口位置的坐标
    for(i=0;i<6;i++)
        puts(m[i]);           //初始迷宫图输出到屏幕

    while(x!=p || y!=q)      //若小球没走到迷宫出口,继续移动
    {
        ch=getch();
        move(m,ch,&x,&y);    //小球在用户指定方向移动一步
        system("cls");       //清屏
        for(i=0;i<6;i++)
            puts(m[i]);      //小球移动一步后的迷宫图输出到屏幕
    }
    printf("Congratulations on winning the maze !");
    return 0;
}
```

上述程序执行时屏幕上输出初始迷宫图如图 1-2（a）所示，大写字母 O 为小球起始位置，#字符为迷宫栅栏，整个迷宫只有一个出口，其余地方都被栅栏给拦住了。游戏开始后游戏者可以通过键盘上的"w""s""a""d"4 个键对小球进行"上""下""左""右"方向控制移动。程序可以自动并快速地判断游戏者发出的键盘操作是否是可行的迷宫路线，不可行则小球不移动，可行则小球移到下一步位置。直到游戏进行到成功走出迷宫时，屏幕上输出成功的迷宫图及恭喜文字 "Congratulations on winning the maze !"，如图 1-2（b）所示。

(a) 初始迷宫图　　　　　　　　　　(b) 成功走出迷宫

图 1-2 "走迷宫"小游戏的开始及走出状态图

1.3.4　C 程序的实现过程

C 程序的实现过程包括编辑、编译、连接和运行，如图 1-3 所示，该过程是一

个循环的流程。这些步骤都可以在某个 C 程序集成开发环境下进行。

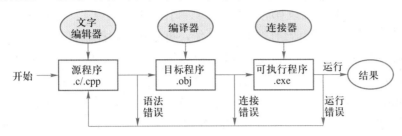

图 1-3　C 程序编辑、编译、连接和运行的循环流程

（1）编辑（edit）

根据问题的实际情况，规划数据的存储形式，设计解决问题的算法，用 C 语言编写程序，这时的程序称为 C 语言源程序。用通用的编辑程序或用 C 语言集成系统自身提供的编辑器，将源程序输入计算机，该源程序书写应符合 C 语言的语法规则，并通过修改、编辑后存入文件中。源程序文件以文本文件的形式存储在计算机中，所以记事本软件也可以编辑 C 源程序。源程序文件的名字由用户自己定义，扩展名为 c。

（2）编译（compile）和连接（link）

C 程序的翻译程序是编译类型。翻译程序分两步将源程序翻译为使用机器语言的可执行程序，即编译和连接。

编译是通过编译器完成的，编译器是将高级语言翻译成机器语言的软件。编译的任务首先处理预处理部分，进行宏替换并把头文件合并到源程序中，再对该源程序进行编译，生成由机器语言指令构成的目标程序，扩展名为 obj，是一个二进制文件。编译时要对源程序的语法和程序的逻辑结构等进行检查，当发现错误时，在显示器上列出错误的类型和位置，不产生目标程序，需要回到编辑器中继续编辑修改源程序。

连接是通过连接器完成的。连接器的任务是将预先开发好的程序模块（例如系统函数或其他程序员开发的共同模块）连接到当前程序代码中，生成可执行程序，扩展名为 exe，可执行程序可以脱离语言环境独立执行。

生成可执行程序后，如果运行的结果与预期不符合，就要回到编辑阶段，修改源程序，再重新编译连接生成可执行程序，再运行。

（3）运行（execute）

C 语言生成的可执行程序（exe 文件）是一个控制台程序，可以通过"开始"菜单中运行"cmd"命令打开命令窗口，直接输入文件名执行。

此外，在程序集成开发环境中也会提供显示运行结果的控制台界面，供程序员在开发时观察运行结果。

C 程序集成开发环境是指能够支持应用程序的编辑、编译、连接、运行和调试等功能以及集可视化软件开发为一体的开发软件。这种集成开发环境不仅功能齐全，包含有许多单独的组件，例如编辑器、编译器、连接器、生成应用程序和调试器等，以及各种为开发 C 程序而设计的工具。工具操作方便，集成了一个由窗口、菜单、对话框、工具栏、快捷键等组成的完整系统，可以观察和控制整个开发过程。

可以开发 C/C++ 程序的集成开发平台有很多，早期 DOS 环境下的 Turbo C/C++，随着 Windows 平台对 DOS 的不兼容性和 DOS 编辑的局限性，已逐渐退出人们的视线。在 Windows 平台下进行 C/C++ 项目开发的主要是微软的 Visual Studio 产品下的 VC++，目前最新的版本是 Visual Studio 2017；自由软件 Dev-C++ 是 Windows 平台下的开源 C++ 编程环境，它集成了 GCC、MinGW32 等众多自由软件，界面类似 Visual Studio，但体积要小得多，它的缺点是难以胜任规模较大的软件项目，但对于初学者是一个不错的选择；Code:Blocks 和 QT 是开放源码的全功能的跨平台的 C/C++ 集成开发环境。

不同的开发环境和编译工具对 C 的编程会稍有影响，操作的方法也各不相同，具体使用方法详见各种集成开发环境的使用手册。

1.4　C 程序的基本语法

1.4.1　C 程序的基本结构

从宏观上讲，C 程序的基本结构包括预处理命令和函数定义两部分。

【例 1-3】　求指定值的两个整数相除的结果。

已知两个整数值，计算两者相除的 C 程序如下。

源代码：
例 1-3

```
/*功能：已知 x 与 y 的值，把 x 除以 y 的结果放到 z 中，并在屏幕上打印输出*/
#include <stdio.h>   //预处理命令
int main()
{
    int x,y;
    double  z;
    x=20;
    y=5;
    z=(double)x/y;
    printf("z=%.1lf\n",z);    //输出两个整数相除的结果，保留一位小数
    return 0;
}
```

（1）预处理命令

C 程序的开始可以包含若干个适当的编译预处理命令，用来指示 C 语言的编译系统在对源程序实际进行编译之前，完成某些适当的处理，例如，"#include <stdio.h>"编译预处理命令，表示要把头文件 stdio.h（标准输入输出函数头文件）

中的代码加入到当前程序代码的前面。

（2）函数定义

一个 C 程序可以由一个或者多个独立的函数组成，其中必须包含一个 main()函数，且只能有一个 main()函数，即主函数，所以函数是 C 程序的基本组成单位。每个函数定义构造了一个程序模块，一个程序模块用来完成整个操作任务的一部分。一个 C 程序的各个程序模块之间，以一定的方式相互调用，完成整个操作任务。

当操作任务比较简单时，整个操作任务可以用一个程序模块 main()函数来完成。

main()函数由一对圆括号和花括号构成。圆括号"()"是函数运算符，花括号中书写实现函数功能的 C 语句。程序的执行从 main()函数的左花括号"{"开始，顺序自动执行每一条语句，直到 main()函数右花括号"}"结束。其中分号（;）是一条 C 语句的结束标记。

1.4.2　C 程序的基本元素

从微观上看，一个 C 程序也可以被看成是由若干行组成的，而每一行由字符序列构成。事实上，一个 C 程序是由一系列取自"基本字符集"中的字符构成的。由若干个字符按一定的规则，构成诸如标识符、常量、运算符和分隔符之类的基本词法单位，而若干个基本词法单位又按一定的规则，构成诸如表达式、语句和函数等更大的语法单位。

（1）基本字符集

C 语言的基本字符集至少包含下列字符。

① 大写英文字母：A～Z。

② 小写英文字母：a～z。

③ 阿拉伯数字：0～9。

④ 28 个标点符号和运算符。

⑤ 下画线（_）、空格符、制表符和换行符。

（2）标识符

用标识符来命名各种程序元素，例如变量的名称、函数的名称等。一个标识符是同时满足下面两个语法规则的字符序列。

① 以字母（不论大小写）或下画线（_）开头。

② 随后可以跟若干个（包括 0 个）字母、数字、下画线。

按照功能的不同，把标识符分成如下三类。

① 关键字。C 语言的编译系统已经给予固定意义的标识符，某些关键字是数据类型的名称，另一些关键字指出语句的种类，或指出程序元素的其他性质。

下面是 C 语言的全部关键字，在本书的其他章节中将介绍它们的意义和用法。

auto	double	int	struct
break	else	long	switch
case	enum	register	typedef
char	extern	return	union
const	float	short	unsigned
continue	for	signed	void
default	goto	sizeof	volatile
do	if	static	while

例如，例 1-3 中的 int 为整数类型的类型名，double 为双精度实数类型的类型名，return 为函数返回结果的语句。

② 标准标识符。C 语言的程序设计环境中，已经被给予指定意义的标识符。

例如，例 1-3 中的 printf 为格式化输出标准函数的函数名，main 为 C 程序主函数名。

③ 用户定义的标识符。除了关键字和标准标识符之外的其他标识符是用户定义的标识符。在不混淆的情况下，把"用户定义的标识符"简单地说成"标识符"。

通常，可以使用标识符来命名程序中的变量、函数或其他程序元素，用户定义的标识符不能与关键字和标准标识符同名。同时还要注意，标识符是区分大小写的。

例如，例 1-3 中的 x、y 是用户命名的两个整型变量名，z 是双精度实型变量名。

- 合法的用户定义标识符，如 x、y2、_imax、ELSE、X、A_to_B。
- 非法的用户定义标识符，如 5x、else、#No、sum、two、re-input、main。

（3）注释

注释的一般形式有以下两种。

① /* 一行或多行注释 */

② // 当前行注释

这里，"/*"是注释的开始记号，"*/"是结束记号，中间是注释内容，可以一行或多行。由于注释不能嵌套，即在注释中不能再出现另一个注释，因此，在注释内容中不能再出现注释的开始和结束记号。"//"是单行注释的开始记号，只到本行结束。

注释语句不属于程序可执行语句，在系统编译时会略过注释语句，它的作用是帮助程序员理解程序。

对于 C 语言编译系统而言，一个注释相当于一个空格字符，因此，在程序中加入注释，并不影响程序执行的效果。同时可以对程序适当位置上的程序元素进行简要的说明，例如，说明在某处定义的变量的用途，或说明某个语句的作用，等等。适当地使用注释对程序元素进行必要的说明，可以提高程序的可读性，使人们对程序的理解更为容易。

1.4.3 C 程序编程风格

编程风格是指一个人编制程序时所表现出来的特点、习惯、逻辑思路等。一个良好的编程风格是编写高质量程序的基础。清晰、规范的 C 程序不仅仅是方便阅读，更重要的是能够便于检查错误，提高调试效率，从而最终保证程序的质量和可维护性。特别对于编程的初学者而言，对程序代码的文本格式要做到以下几点。

（1）代码形成锯齿形书写格式

根据语句间的嵌套层次关系采用缩进格式书写程序，每嵌套一层，就往后缩进一层。可以采用 Tab 键或空格缩进方式，但整个程序文件内部应该统一，不要混用 Tab 键和空格，因为不同的编辑器对 Tab 键的处理方法不同。

（2）为增加程序的可读性，程序的主要语句要有适当注释

注释内容是给阅读源程序的人看的，而不是让计算机执行的，编译系统在把源程序翻译成目标程序时，总是忽略这些注释的。以下情况最好使用注释。

① 如果变量的名字不能完全说明其用途，应该使用注释说明用途。

② 如果为了提高性能而使某些代码变得难懂，应该使用注释说明实现方法。

③ 对于一个比较长的程序语句块，应该使用注释说明其功能。

④ 如果程序中使用了某个复杂的算法，应该注释说明其属于哪个典型算法或描述算法的实现过程。

（3）标识符命名尽量做到"见名知意"

可以选择有意义的小写英文字母组成的标识符命名变量或函数名，使人看到该标识符就能大致清楚其含义。尽量不要使用汉语拼音。如果使用缩写，应该使用那些约定俗成的，而不是自己编造的。多个单词组成的标识符，除第一个单词外的其他单词首字母应该大写。如 selectSort。

（4）一行只写一个语句。

（5）为使程序的结构更清晰，可使用空行或空格。

（6）输入数据前要有适当的提示，输出结果时要有说明。

1.5　C 程序设计方法

每一个 C 程序都是为了解决特定的问题，不论待解决的问题是简单还是复杂，C 程序的设计方法大致可包括以下四个步骤。

① 问题分析；

② 算法设计；

③ 程序编写；

④ 运行调试。

微视频：
C 程序设计方法

1.5.1　问题分析

问题分析的过程包括问题的定义和提出问题的解决方案。

在遇到一个问题时，首先要将问题陈述清楚，目标是消除不必要的因素。影响一个问题求解的因素有很多种，如果考虑的因素过多，问题的求解就过于复杂而难

以控制。最后那些被确定下来对求解有影响的因素就是求解问题的已知信息，并在此基础上明确需要达到的目标。

问题定义就是明确解决问题需要考虑的已知信息和需要达到的目标。如同数学中解答应用题时，阅读题目之后要明确"（1）已知什么，（2）求什么"。

问题的解决方案顾名思义就是根据已知条件，寻求结果的方法和途径。

例如，需要编程解决一个"求 3 个整数最大值"的问题时，先做问题分析和问题定义，明确这道题目是"（1）已知 3 个整数的值，（2）求出这 3 个整数的最大值"，然后再找问题的解决方案，分析出要对这 3 个数进行比较。

1.5.2　算法设计

问题分析好了就要思考求解的方法或具体的步骤，即算法设计。

计算机算法是程序的灵魂，简单地说，算法就是解决问题所需的有限步骤。算法好比是制作一道菜的菜谱，又好比是演奏一首歌曲的乐谱。设计算法就是设计程序执行步骤，这些步骤都应该是明确定义、可以执行的，而且每个步骤的执行顺序是确定的，并且能够在有限步骤内执行完毕。

在算法设计中，计算机要解决的问题都必须能够使用明确的有限的步骤描述，在有限时间内执行完毕，以下是对"求 3 个整数最大值"问题的算法设计。

第一步：输入 3 个正整数 a,b,c；

第二步：如果 a 大于 b，则将 a 的值赋给 max，否则将 b 的值赋给 max；

第三步：如果 c 大于 max，则将 c 的值赋给 max；

第四步：打印"最大值为"max。

通常解决问题的途径并不是唯一的。例如设计一个算法，描述从校园到机场的步骤，由于从校园到机场有很多路线，并且可以使用不同的交通工具，所以可以写出很多种算法。计算机解决一个问题的算法同样不是唯一的，恰恰相反，很多步骤和思路完全不同的算法可以解决相同的问题。

编程问题的最基本的算法设计可归结为以下 3 步。

① 获得数据；

② 执行计算；

③ 显示结果。

算法不同于程序，不能直接被计算机执行，它仅仅是将人对程序处理过程的设计思想以清晰、确定的文字或图形表示出来。算法的描述方法有很多，常见的有自然语言、流程图和伪代码。上面 3 个整数求最大值的算法描述，使用的是自然语言的表示方法，与平时的文字表达比较接近。下面主要介绍流程图的使用。

流程图又称为程序框图，是以图形的方式描述算法步骤。传统的流程图由如图 1-4 所示的几种基本图形构成，通过流程线可以把各种图框连接起来，流程线的箭头指示程序执行的方向。

图 1-4　流程图的几种基本图形

　　流程图以图的形式显示算法从开始到结束的整个流程，表示的算法形象直观、简单方便，因此它是算法描述的主要工具。C 语言的 3 种控制结构分别是顺序结构、分支结构和循环结构，用流程图表示如图 1-5 所示。

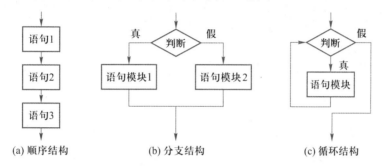

图 1-5　3 种控制结构的流程图

　　3 个整数求最大值问题，使用流程图表示的算法如图 1-6 所示。

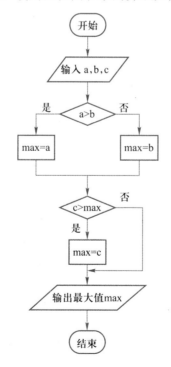

图 1-6　流程图描述算法示例

1.5.3　程序编写

算法确定后就要选用一门计算机所能理解的语言来实现算法，这就是程序编写，是将算法转化为程序的过程。

C 程序不论是简单计算还是复杂信息处理，都可以把程序看成是"数据+操作"。

这里的数据就是数据的存储方式，也就是确定数据的数据类型，数据包括已知信息的数据和待求结果的数据；操作就是完成既定目标需要的步骤，即算法。

一旦数据的存储方式确定，就依照算法编写程序语句。编写的语句以文件的形式组织，称为源程序文件，编写语句要符合程序语言的语法规则，通过编译程序可以检查编译错误并予以改正。

【例 1-4】 编写"求 3 个整数最大值"的程序，并保存为 maxOfThree.c 文件。

源代码：
例 1-4

```c
/* 求 a,b,c 三个数中的最大值*/
#include <stdio.h>
int main()
{
    int a,b,c,max;
    printf("Input a,b,c:");
    scanf("%d%d%d",&a,&b,&c);
    if(a>b)
        max=a;
    else
        max=b;
    if(c>max)
        max=c;
    printf("Max=%d\n",max);
    return 0;
}
```

1.5.4　运行调试

编写好的 C 程序需要在集成开发环境中反复进行编译、连接、运行、再编辑的过程，最终生成的可执行程序可以通过"开始"菜单中运行"cmd"命令打开命令窗口，直接执行 exe 文件。例如已经编译连接生成好一个 maxOfThree.exe 文件，将它存储在 C 盘根目录，则可以按如图 1-7 所示步骤，在命令窗口中执行该程序。

此外，在程序集成开发环境中也会提供显示运行结果的控制台界面，供程序员在开发时观察运行结果。

但是可以运行的程序并不一定是正确的程序，还要根据问题的实现目标，设计测试数据来调试所编写的程序，是否还存在着错误。调试的过程就是在程序中查找错误并修改错误的过程。

图 1-7　在 DOS 命令窗口下执行示例

　　测试用数据的设计是调试程序的核心。调试最主要的工作就是找出错误发生的地方。一般程序的编程环境都提供相应定位逻辑错误的调试手段，比如，通过使用设置断点、单步跟踪、监视窗口观察变量的值等调试手段。

　　调试是一个需要耐心和经验的工作，也是程序设计最基本的技能。具体操作可查阅相关集成开发环境操作手册。

1.6　常见 C 程序的错误

　　程序错误分为语法错误和逻辑错误，语法错误包括编译错误和连接错误，逻辑错误又包含运行结果不正确和运行时错误。下面将逐一通过一个实现两数相除的简单程序来认识不同的错误的特征及其查错和修正错误的方法。

1.6.1　语法错误——编译错误

　　编译错误，是指不符合 C 语言定义的语法规则，编译时能自动检查出语法错误，只需根据错误提示进行修改。例如，分号是每个 C 语句结束的标记，语句结束没有分号就是语法错误。divide.c 程序功能是实现两数相除，即把 x 除以 y 的结果放到 z 中，并在屏幕上打印输出，程序的编译结果如图 1-8 所示。

　　程序中变量定义语句"double z"缺少语句结束的分号（;），这是一个明显的程序语法错误。

　　发生语法错误的程序，编译时编译通不过，如 VC 6.0 编译器会给出如图 1-8 所示"输出"窗口的出错消息，其中的错误信息视编译器的不同而有所差别。

　　C 语言的出错消息的形式如下。

文件名　　　　　　　　　　行号　　　　错误编号　　　　　　　错误信息
　↓　　　　　　　　　　　　↓　　　　　　↓　　　　　　　　　　↓
c:\...\c_work\divide.c(11) : error C2146: syntax error : missing ';' before identifier 'x'

双击图 1-8 中的出错消息可自动定位到相应错误行，要注意如下两点。

　　① 出错消息提示已出错并且给出引起该错误的可能情况，不是特别精确反映错误产生的原因，更不会提示如何修改。出错消息通常较难理解，有时还会误导用户。

根据提示能快速反应错误产生的原因需要经验的积累。

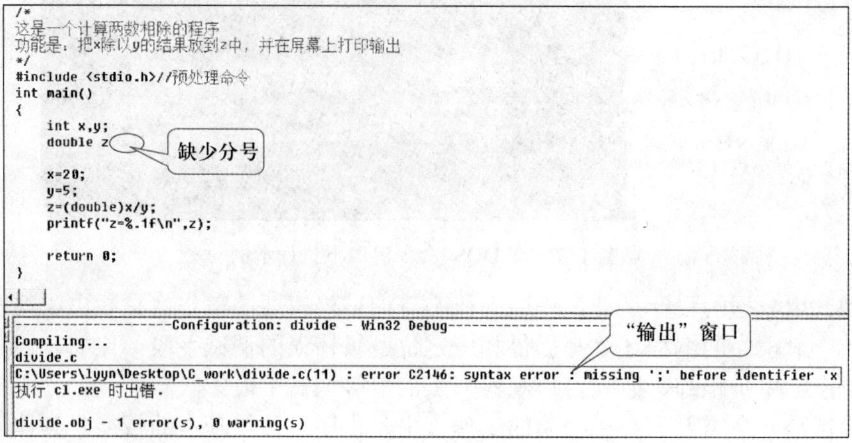

```
/*
这是一个计算两数相除的程序
功能是：把x除以y的结果放到z中，并在屏幕上打印输出
*/
#include <stdio.h>//预处理命令
int main()
{
    int x,y;
    double z          缺少分号

    x=20;
    y=5;
    z=(double)x/y;
    printf("z=%.1f\n",z);

    return 0;
}
```
```
----------Configuration: divide - Win32 Debug----------    "输出"窗口
Compiling...
divide.c
C:\Users\lyyn\Desktop\C_work\divide.c(11) : error C2146: syntax error : missing ';' before identifier 'x'
执行 cl.exe 时出错

divide.obj - 1 error(s), 0 warning(s)
```

图 1-8   编译错误示例

② 一条语句错误可能会产生若干条出错消息，只要修改了这条错误，其他错误会随之消失。

> 编程经验：
>
> 一般情况下，第一条出错消息最能反映错误的位置和类型，所以调试程序时务必根据第一条错误信息进行修改，修改后，立即重新编译程序，如果还有很多错误，再一个一个地修改，即每修改一处错误立即重新编译一次程序。

1.6.2 语法错误——连接错误

连接错误是编译成功后，连接器连接外部程序时产生的错误。例如，输出函数printf()是标准输入输出库中提供的外部函数，当函数名拼写错误时，找不到该函数，产生一个连接错误。对上述程序稍加修改后，编译通过，但连接结果如图 1-9 所示。

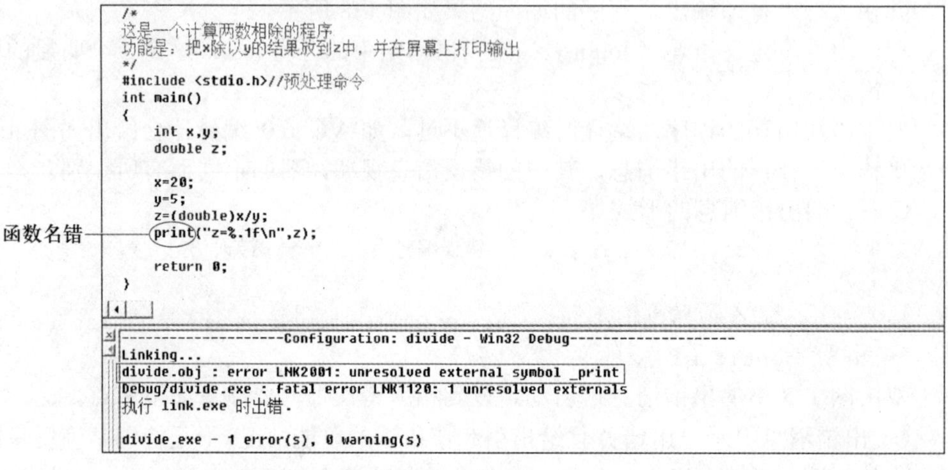

```
/*
这是一个计算两数相除的程序
功能是：把x除以y的结果放到z中，并在屏幕上打印输出
*/
#include <stdio.h>//预处理命令
int main()
{
    int x,y;
    double z;

    x=20;
    y=5;
    z=(double)x/y;
函数名错    print("z=%.1f\n",z);

    return 0;
}
```
```
----------Configuration: divide - Win32 Debug----------
Linking...
divide.obj : error LNK2001: unresolved external symbol _print
Debug/divide.exe : fatal error LNK1120: 1 unresolved externals
执行 link.exe 时出错.

divide.exe - 1 error(s), 0 warning(s)
```

图 1-9   连接错误示例

程序中 printf 函数名写错了，连接器不认识该符号串，连接器同样也会在"输出"窗口中给出出错消息如图 1-9 所示，提示的错误是找不到外部符号"_print"。

连接错误不提示出错行数，但小程序的定位也比较简单，一般是函数和外部变量的名称出错，只需根据错误提示的符号串去寻找可能出现的位置。

1.6.3 逻辑错误——结果不正确

逻辑错误则是程序设计上或逻辑上的错误，指已生成可执行程序，但运行出错或不能得到正确的结果，这可能是由于算法中问题说明不足，解法不完整或不正确所造成的。

逻辑错误的测试需要事先准备好测试数据，测试数据是指一组输入及对应的正确输出，又称为测试用例。测试数据的设计直接关系到能不能测试出程序可能包含的错误。

例如，继续修改两数相除的程序，相除的值 x、y 不是程序中给定的，而是来自于程序执行时从键盘输入，如图 1-10 所示，程序编译连接后生成了可执行文件，说明程序的编译和连接都通过，没有语法错误。

```
/*
这是一个计算两数相除的程序
功能是，把x除以y的结果放到z中，并在屏幕上打印输出
*/
#include <stdio.h>//预处理命令
int main()
{
    int x,y;
    double z;
    /*从键盘获取x、y的值*/
    printf("x=");
    scanf("%d",&x);
    printf("y=");
    scanf("%d",&y);

    z=x/y;
    printf("z=%.1f\n",z);

    return 0;
}
```

```
-------------------Configuration: divide - Win32 Debug-------------------
divide.exe - 0 error(s), 0 warning(s)
```

图 1-10 逻辑错误示例

该程序的部分测试用例可设计如下。

测试用例一：

输入：x=20 y=5　　　期望输出：z=4.0

测试用例二：

输入：x=5 y=2　　　期望输出：z=2.5

但在测试过程中，只有测试用例一的执行是正确的，第二个测试用例的执行结果是 2.0。说明该程序出现逻辑错误。

该程序的逻辑错误在于"z=(double)x/y;"写成了"z=x/y;"，修改后第二个测试用例能够正确。

程序运行时输入测试数据，如果程序没有产生预期的正确结果，程序员必须查

找程序的错误，修改错误，再重新测试程序。逻辑错误出错位置需要程序员对程序代码进行分析，一般会借助一些调试手段，如单步跟踪、设置断点、监视窗口观测变量等，可查阅相关集成开发环境操作手册。

1.6.4   逻辑错误——运行时错误

逻辑错误除了能得到运行结果，但运行结果不正确之外，还包括运行时错误。运行时错误也是逻辑错误造成的，是指程序经编译连接生成可执行文件后，在运行的过程中系统报错，没有运行结果，也必须用测试用例来排除程序的运行错误。常见的运行时错误有除数为 0、死循环、指针出错等。

图 1-10 程序的测试用例若设计成 y 的值为 0，则出现运行时错误如图 1-11 所示。

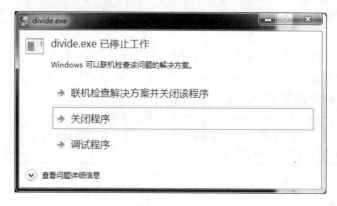

图 1-11   除数为 0 的运行时错误示例

该错误是由于除数为 0 造成的，应修改"z=x/y;"代码为"if(y==0) z=0; else z=(double)x/y;"，当除数 y 为 0 时，直接给 z 赋 0 的值，避免执行被 0 除的运算。

运行时错误的定位首先要定位引起系统运行时错误的语句，再分析产生错误的原因。通常也要单步跟踪、设置断点、监视窗口观察变量值等调试手段。

小   结

C 语言是目前应用最广泛的高级语言之一， C 语言十分适合作为大学生的第一门程序设计入门语言。C 语言程序就是用 C 语言的语句序列来解决一个特定问题的逻辑流程。本章让未接触过 C 语言的读者快速了解 C 程序的基本结构、程序中的基本元素。通过一个"求 3 个整数最大值"的问题展开了问题分析、算法设计、程序编写、运行调试 4 个步骤的 C 程序设计方法。

初步认识 C 程序、正确地理解程序的基本结构和元素是本章的学习重点，同时建议安装相应的 C 程序集成开发环境并结合本章例子程序进行程序的编辑与运行调试，快速掌握开发环境的使用。

习　题　1

一、选择题

1．C 语言中的标识符只能由字母、数字和下画线组成且第一个字符（　　）。

　　A．必须为字母或下画线

　　B．必须为下画线

　　C．必须为字母

　　D．可以是字母、数字或下画线中的任一个

2．C 语言中，编程人员可以使用的合法标识符是（　　）。

　　A．if　　B．6e8　　　C．char　　　　　　D．print　　　　　　E．a+b

3．C 语言程序中可以对程序进行注释，注释部分必须用符号（　　）括起来。

　　A．{ 和 }　　　　　B．[和]　　　　C．/* 和 */　　　D．*/ 和 /*

4．C 语言程序编译时，程序中的注释部分是（　　）。

　　A．参加编译，并会出现在目标程序中

　　B．参加编译，但不会出现在目标程序中

　　C．不参加编译，但会出现在目标程序中

　　D．不参加编译，也不会出现在目标程序中

5．以下叙述中，正确的是（　　）。

　　A．在 C 程序中，main()函数必须位于程序的最前面

　　B．C 程序的每行中只能写一条语句

　　C．C 语言本身没有输入输出语句

　　D．在对一个 C 程序进行编译的过程中，可发现注释中的拼写错误

6．C 程序要正确地运行，必须要有（　　）函数。

　　A．printf()函数　　B．定义的函数　　C．main()函数　　D．不需要函数

7．以下叙述中，正确的是（　　）。

　　A．编写 C 程序，只需编译、连接没有错误，就能运行得到正确的结果

　　B．C 程序的语法错误包括编译错误和逻辑错误

　　C．C 程序有逻辑错，则不可能连接生成 EXE 文件

　　D．C 程序的运行时错误也是由程序的逻辑错误产生的，引起程序的运行中断

二、操作题

1．选择一种喜欢的 C 程序设计的开发环境安装，并在该开发环境中编写一个最简单的程序实现屏幕上打印输出"Hello World！"。熟悉开发环境的编辑、编译、连接、运行过程的操作。

2．在集成开发环境中对 1.3.2 节中例 1-1 的程序进行实现，求解有 70 个头、190 只脚的鸡兔同笼问题。

3．改写 1.5.2 节中图 1-6 的流程图，实现 3 个整数按升序输出的算法设计，并编程验证算法的正确性。

4．猜数游戏算法设计，假如已有被猜数在 a 中，输入一个猜的数字放于 b 中，若 b 与 a 相等，则猜数结束，并输出"恭喜您猜对了"与猜数的次数；若 b 大于 a，则输出"您输入的数字太大"，再次输入一个猜的数到 b 中继续猜数；若 b 小于 a，则输出"您输入的数字太小"，再次输入一个猜的数到 b 中继续猜数。反复上述操作直到猜对为止，请画出流程图。

2 输入输出

输入和输出是程序的重要部分。程序结构一般可分为输入、处理和输出三个部分，简称为 IPO（Input，Processing，Output），如图 2-1 所示。其中，输入部分的功能是将外部的数据、图像等信息传送或录入到计算机内存中，输出部分的功能则是将计算机内存的信息以文本、图像、视频等多种形式呈现给用户。在用计算机编程解决实际问题时需要将客观世界的事物抽象为程序的输入，处理结果则以程序的输出展示出来。程序的输入输出有多种方法，可通过外部设备输入输出，也可以通过文件输入输出。

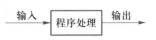

图 2-1　IPO 示意图

2.1　计算机与外界的交互

计算机与外界的交互通常是通过硬件（即 I/O 设备）实现的，而这些硬件又是在程序的控制下进行输入输出的。

2.1.1　输入输出设备

计算机的冯·诺依曼结构说明，输入（Input）输出（Output）设备是计算机的重要组成部分，是人们或外部设备与计算机交互不可缺少的部件。

输入设备与输出设备合称为外部设备。输入设备的作用是将外界的信息，比如数据、文字、字符、图片或现场采集的声音等信息传递到计算机。常见的输入设备有键盘、鼠标、摄像头、扫描仪、话筒、传感器等，如图 2-2 所示。

输出设备的作用是将计算机处理的中间结果或最后结果，以文字、图片或控制信号等形式传送出去。常用的输出设备有显示器、打印机、绘图仪等，如图 2-3 所示。

图 2-2　输入设备

图 2-3　输出设备

2.1.2　程序的输入输出

　　程序的输入和输出是使用者与程序的交互，或者程序与外界之间的交互，它们是程序设计中不可或缺的重要部分。程序输入和输出实现方式多种多样，比如网站页面上鼠标的点击、用户名和密码的键盘输入、QQ 软件中话筒的语音获取、穿戴式的电子设备等，都可以获取数据，实现程序输入的功能；而页面上显示的结果、手机支付宝中看到的余额宝余额、穿戴式手表的报警提示，都是程序输出的结果。

　　为了让程序更加方便地实现输入输出功能，在程序设计时要同时兼顾内容和形式两个方面，用户界面（User Interface，UI）的设计也很重要。UI 设计就是指对软件的人机交互、操作逻辑、界面美观的整体设计。好的 UI 设计不仅是让软件变得有个性、有品位，还要让软件的操作变得舒适、简单、自由，充分体现软件的定位和特点。

　　当前，人们除了使用键盘与鼠标等常用设备之外，还在不断扩展数字系统和人的交互形式，使数字系统真正进入人类生活。比如，游戏程序设计中，通过传感器等设备可以将人的肢体移动、触摸动作甚至呼吸频率等实时记录下来，实现与游戏程序的交互。又比如，在很多互联网+的商业模式中，手机成为便捷的输入设备，通过手机摄像头，快速地获取共享单车的二维码信息，输入到手机 APP 软件中。这些新技术改变了传统的输入输出方式，冲击着人们对传统输入和输出的概念，带给人们不一样的体验。

　　思考：
　　客观世界中的一棵树、一个人、一台设备，如何输入到计算机中。

2.2 信息的显示与录入

在利用计算机处理问题时，首先要将待处理的信息录入到计算机中，最后要将计算机的处理结果显示出来。

2.2.1 显示固定内容的信息

在程序中，常需要显示一些固定的内容信息，比如提示信息、欢迎信息等。这些信息在程序的运行过程中通常不会发生变化。

【例 2-1】 设计剪刀—石头—布游戏的欢迎界面。

分析：

欢迎界面是程序启动时经常看到的场景，一般都由图片、文字、符号等固定信息构成。程序要实现的功能就是将这些信息显示在显示器上，并不涉及数据的输入。这里将欢迎界面设计成一个具有星号和固定文本信息的简单界面，运行效果如图 2-4 所示。

图 2-4 欢迎界面运行结果

程序代码如下。

```
#include <stdio.h>
int main()
{
    printf("\t\t***************\n");
    printf("\t\t 剪刀—石头—布游戏\n ");
    printf("\t\t    欢迎使用\n");
    printf("\t\t***************\n");
    return 0;
}
```

（1）标准输入输出函数的使用

C 语言中的信息录入和信息显示是通过输入输出函数来实现的。常用的标准输入输出函数的定义位于 C 语言系统提供的头文件"stdio.h"中，也称其为标准的输入输出函数库（Standard Input and Output）。

标准输出函数 printf() 是将字符串信息显示在显示器（标准输出设备）上。本例中使用该函数时，在程序的首行使用文件包含命令，使用方法如下。

```
#include <stdio.h>
```

（2）信息显示的实现

要显示一段固定的文本信息，只需要将文本信息放入到 printf() 函数的小括号内。如在游戏程序的结果中，呈现"Oh，真棒，您通关了！"的提示信息，只需使用如下的 C 语言语句。

```
printf("Oh，真棒，您通关了！");
```

这种固定的一段文本信息在程序运行过程中不会发生变化，通常用英文双引号引起来，称为一个字符串常量。

（3）特殊符号的显示

在调用 printf() 函数显示信息时，英文双引号内中文和一些常见符号都是原样输出显示的，还有一些特殊符号却没有原样输出，如"\n""\t"等。这些特殊字符称为转义字符，C 语言编译器需要用特殊的方式进行处理，程序运行时将其转化为特殊的显示内容。

转义字符"\n"，程序运行时会将其转化为换行符，起到换行的作用，也就是把光标移动到下一行的起始位置；转义字符"\t"，程序运行时会将其转化为制表符空格，输出若干个空格。

> 编程经验：
> 常利用转义字符使输出的信息更美观，比如换行显示、信息居中、信息对齐等。

【例 2-2】 设计游戏结束界面，实现"Game Over"文字从左上角位置向右下角的移动显示效果，如图 2-5 所示。

图 2-5　文字动画显示效果

分析：

该程序中文字将从左上角不断向右下角移动，给人以视觉上的动画效果，同时会出现字体颜色的变化。为了实现动画的效果，在显示出第一个文本后，让程序暂停几秒钟，清除屏幕上的内容后，再重新显示一遍新的文本。多次重复后，就可以产生动画的效果。

程序代码如下。

```
#include <stdio.h>
#include <stdlib.h>
#include "my.h"
int main()
{
    printf("简单动画演示程序\n");
    system("pause");              //暂停
    display_picture();            //显示颜色变化的文本
```

```
        printf("\n\t\t\t     恭喜！\n");
        return 0;
}
```

函数 system() 的功能是从程序中调用系统命令。system("pause"); 就是调用系统 pause 命令，这个系统命令的功能是在命令行上输出一行类似于 "Press any key to continue" 的字样，等待用户按一个键，然后继续。该函数的声明放在了 C 语言系统提供的头文件 stdlib.h 中。

为了方便重复使用，开发者可以将常用的、具有共性的一些功能编写为函数，它们可供其他程序重复多次调用。在使用时，要将这些函数的声明放在自定义的头文件当中。程序中的 my.h 文件就是一个已经准备好的头文件，其中包含显示随机颜色的文本的函数 display_picture() 等。在使用这些函数时，也需要用 include 命令将自定义头文件包含进来，使用如下。

```
#include "my.h"
```

这里的区别是 "" 与 <> 的区别，就是程序编译时查找头文件的路径不同。使用 <> 表示直接从 C 语言自带的函数库中寻找文件。使用 "" 则表示首先在当前的源文件目录中查找，若未找到才到包含目录中去查找。因此如果是自己写的头文件，则建议使用双引号，并且将头文件放置在和当前源文件相同的目录内。

编程经验：
充分利用 C 语言自带的标准函数和其他可复用的函数，提高编程效率。

思考：
可以设计一些有个性的图案，如生日祝福卡片，如图 2-6 所示，还可以进一步带上动画效果或颜色变化。

图 2-6　生日卡片

2.2.2　信息录入

信息的录入就是将需要处理的信息和数据通过某种方式输入到程序中，比如成绩管理系统的成绩输入，游戏登录程序中用户名和密码的输入。

【例 2-3】　制作剪刀—石头—布游戏。程序需通过获取游戏者的手势，才可进行胜负判定。

分析：

现实生活中，用手势来表示剪刀、石头、布，并进行胜负判定。在设计游戏程

源代码：
例2-3

序时，要求游戏者输入一个指令信息。这里定义一个变量来存储游戏指令，用不同字母代表不同游戏指令，即输入不同的字母来代表不同的手势，如输入一个字符"A"，则表示出了"剪刀"。

程序代码如下。

```c
#include <stdio.h>
int main()
{
    char comd;
    printf("\n\t\t 请输入您的手势: \t");
    scanf("%c",&comd);
    printf("\n");
    printf("\t\t 您好，您出的是%c\n\n",comd);
    return 0;
}
```

（1）标准输入函数 scanf()

程序中信息录入使用的是标准输入输出函数库中的 scanf()函数，即从键盘上获取数据，并按指定的格式存入到计算机内存中。与 printf()函数一样，在使用 scanf()函数时要加上文件包含命令：#include　<stdio.h>。

输入函数调用形式为

scanf("<格式控制字符串>", <变量地址列表>);

（2）变量及数据类型

程序中，游戏指令用变量来存储，这里定义为字符变量，即用不同的字母字符代替相应的指令。其定义方法如下。

```c
char comd;    //定义字符变量，代表相应的手势指令
```

变量是为了记录程序运行时会发生变化的数据，常量是不会发生变化的数据。

变量可看作是用来存放数据的"容器"，为了方便识别不同的"容器"，给每个容器起一个名字，就是变量名，变量名可以看作是这些"容器"的别名或标签，它的命名必须符合 C 语言的标识符命名规则。

C 语言中将不同的信息，如文本信息、整型数值、实型数值分别通过不同的数据类型规定了内存存储空间的大小和存储方式。数学中的整数，在 C 语言中可以用整型 int 来表示；文本信息，比如字母 a，可以用字符型 char 表示；数学中的小数，可以用实型 float 表示。

在程序中如果要使用变量，必须先确定其数据类型和名称，即变量定义。变量定义语句的形式如下。

数据类型名　　变量名1[,变量名2,…];

其中，方括号内的内容为可选项，表示可以同时声明一个或多个相同类型的变量，它们之间需要用逗号分隔。

在 C 语言中，对应不同数据类型变量的输入时，需要使用不同的格式字符。格式字符由引导符"%"开始，后面接一个字母，如%c，表示单个字符的输入。常用的格式字符如表 2-1 所示。

表 2-1　格式字符对照表

格式字符	输　　出	输　　入
%d	表示按十进制整型输出一个值	以十进制有符号整数形式转换输入数据
%f	表示按十进制单精度小数类型输出一个值，默认显示小数点后 6 位	以十进制浮点数形式转换输入数据，输入数据时，可以输入整型常量、小数形式实型常量或指数形式实型常量
%c	表示输出单个字符	将输入单个字符
%s	表示输出一个字符串	将输入字符串，遇到第一个空格、Tab 或换行符结束转换

程序中游戏指令是字符变量存储的，它的输入就用%c 来控制。

（3）变量的值及变量的地址

变量必须遵循"先定义后使用"的原则，变量定义后，可利用变量名来读写该变量。在使用 scanf()函数时，一定要指定变量的地址，这样 scanf()才能够正确运行，将键盘输入的数据存储到变量里。例如如下语句

```
scanf("%c",&comd);
```

在变量名前面加上取地址运算符&，可获取变量的地址。语句中"&comd"表示变量 comd 的地址，指明了数据在内存中存放的位置。

常见错误：

① 在使用 scanf()语句时，常会漏写变量地址。语法检测不到这个问题，但在运行时会出现错误。例如

```
scanf("%c",comd);
```

② 变量的类型与格式字符不一致，导致数据无法正确输入。比如将指令输入的格式字符写成了%f，例如

```
scanf("%f",&comd);
```

则当输入'A'字符时，会认为输入遇到非法数据。

【例 2-4】　完成抢红包游戏的红包基本信息的录入。

分析：

在抢红包游戏中，如果采用普通红包的发放模式，有两个信息需要获取：红包的个数和单个红包的金额。程序运行时，分别输入红包个数和金额，然后显示出"确认"或者"取消"的提示信息。红包的个数和金额这里都采用整型变量存储。运行结果如图 2-7 所示。

图 2-7　红包录入的运行结果

源代码：
例 2-4

程序代码如下。

```
#include <stdio.h>
int main()
```

```
{
    int number,money;
    printf("\n\t\t 请输入您的红包个数：\t");
    scanf("%d",&number);
    printf("\n\t\t 请输入您单个红包金额：\t");
    scanf("%d",&money);
    printf("\n\n\t\t 确认(Y)\t\t 取消(C)\n");
    return 0;
}
```

该程序输入两个整型数值，分别存储在变量 number 和 money 中。输入的格式字符为%d。

scanf()函数可以实现一个或多个变量的输入，程序中两个变量的输入可放在一个输入语句中完成，改写为

```
scanf("%d%d",&number, &money);
```

编程经验：

在程序中，为了提高程序的友好交互性，在输入数据前，常使用 printf()函数先输出必要的提示信息，方便用户了解待输入信息的类型和样式。

常见错误：

在一个输入语句中输入多个变量时，格式字符与变量必须匹配，若格式字符个数与变量个数不一样，以及格式字符与变量类型不一致，都会出现错误。

2.3   输入输出设计

2.3.1   输出设计

设计输出方式和输出界面的目的是使程序能输出用户需求的信息，这直接关系到用户的使用体验和系统的使用效果。输出设计也是评价软件能否为用户提供准确、及时、适用的信息的标准之一。

输出设计的内容包含了解输出信息的使用情况，如使用者、使用的目的、信息量、保管的方法等内容；选择输出设备与介质，设备如显示器、打印机等，介质如磁盘文件、纸张（普通、专用）等；确定输出内容，如输出项目、精度、信息形式（文字、数字）；确定输出格式，如表格、报告、图形等；最终为满足使用者的要求和习惯，达到格式清晰、美观、易于阅读和理解的目的。

以常用的学生信息管理系统为例，学生成绩信息的输出设计根据不同的用户可以有所不同，教师和学生需要的信息不一样。比如，教师可能关心的是所有学生的成绩及统计信息，而学生关心的是个人的成绩。在输出格式上，教师可能不满足普通报表的形式，而倾向于用图形的形式将统计信息表达出来。在输出介质上，通常

会要求既能在显示器上直接显示，又能保存为文件存储在磁盘中。

在后面的问题求解过程中，同样也涉及根据用户的需求，对输出内容、输出格式、输出介质等进行选择的问题。

2.3.2 输出的多样化

程序中信息输出的方式多种多样，可以直接显示在显示器上，也可以将信息输出到文件里，以文件的形式保存下来。

【例 2-5】 根据例 2-4 的抢红包程序界面，在输入红包个数和单个金额后，输入确认后，显示器上输出红包信息。

源代码：
例2-5

分析：

本例中涉及的数据有红包个数、单个红包金额，以及确认与取消的信息。前两个数据用整型变量存储，定义为 int number,money；确认信息用字符变量来存储，定义为 char confirm。需要输入的数据是红包个数和单个红包金额，然后根据提示输入确认字符“Y”或取消字符“C”。最后在显示器上显示出“您出了*个红包，单个红包金额*（元）钱”的信息。运行结果如图 2-8 所示。

图 2-8 红包程序运行结果

程序代码如下。
```c
#include <stdio.h>
int main()
{
    int number,money;
    char confirm;
    printf("\n\t\t 请输入您的红包个数：\t");
    scanf("%d",&number);
    printf("\n\t\t 请输入您单个红包金额（元）：\t");
    scanf("%d",&money);
    getchar();
    printf("\n\n\t\t 确认(Y)\t\t 取消(C)\n");
    scanf("%c",&confirm);
    printf("您出了%d 个红包，单个红包金额%d（元）钱\n",number,money);
    return 0;
}
```
（1）显示内容的控制

printf()函数除了可以显示固定信息外，还可通过设置参数输出非固定内容，也就是将输出项的值以指定的特定格式进行显示。其一般形式为

printf("格式控制字符串", 输出项)

格式控制字符串由普通字符和格式字符构成。在输出时，格式控制字符串中的普通字符将原样输出，当遇到格式字符时，输出内容会显示后面输出项的值。不同的格式控制字符串对应的输出项可以是文本、数值、符号等，而输出项可以是变量、常量、表达式等多种形式。

上述程序中，格式控制字符串为"您出了%d 个红包，单个红包金额%d（元）钱\n"，其中%d 的位置将输出后面对应的输出项，第一个%d 对应输出 number 的值，第二个%d 对应输出 money 的值。当输出项的值发生变化时，输出内容也随着变化。

（2）单个字符的输入

程序中用 scanf("%c",&confirm);来实现单个字符的输入。需要特别注意的是，在字符输入的时候，空格和回车都会作为有效的字符获取。

比如执行 scanf("%c%c",&ch1,&ch2);语句，则正确输入格式为"b↙"。变量 ch1 获得"b"字符，变量 ch2 获得回车字符。

此外，C 语言中还提供了另一个函数 getchar()函数，也可以实现单字符的输入。该函数也放置在"stdio.h"文件中，具体使用方法如下。

```
confirm=getchar();
```

getchar()函数的功能是从键盘缓存中获取第一个字符，并将其赋值给 confirm 变量。除此之外，getchar()函数还有一个特殊功能，就是取走输入数据后多余的单个字符。

> 常见错误：
>
> 输出项的数据类型与前面的格式字符不一致，如程序中红包个数是整型，应该用%d 控制输出，如果使用了%f，则得不到正确的显示。

> 编程经验：
>
> 常用 getchar()函数放在单个字符输入之前，将前面数据输入的回车等多余字符获取走，以保证后面字符输入的正确执行。

比如，此例中的 getchar()函数调用。若把程序中的 getchar()语句删除，则运行程序时，用户使用 scanf("%d",&money);语句输入红包金额后回车，程序将直接输出最后的结果，用户无法进行确认字符的输入。导致这个结果的原因是红包金额输入后，其后的回车符被 scanf("%c",&confirm);语句作为有效字符获取。

【例 2-6】 根据例 2-4 的抢红包程序界面，在输入红包个数和单个金额后，输入确认后，在显示器上输出红包信息并将结果保存在 hongbao.txt 文本文件中。

分析：

前面程序中，在程序运行时，红包数据显示到显示器上，而程序结束后这些数据无法再次获取。因此修改程序，要求处理结果既能输出到显示器上，又能实现输出到文件，将结果保存在 hongbao.txt 文本文件中，方便进一步查阅，如图 2-9 所示。

源代码：
例 2-6

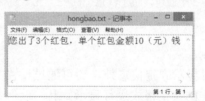

图 2-9   hongbao.txt 文件

程序代码如下。

```
#include <stdio.h>
int main()
{
    int number,money,sum;
    char confirm;
    FILE *fp;
    fp=fopen("hongbao.txt","w");
    printf("\n\t\t 请输入您的红包个数：\t");
    scanf("%d",&number);
    printf("\n\t\t 请输入您单个红包金额（元）：\t");
    scanf("%d",&money);
    getchar();
    printf("\n\n\t\t 确认(Y)\t\t 取消(C)\n");
    scanf("%c",&confirm);
    printf("您出了%d 个红包，单个红包金额%d（元）钱\n",number,money);
    fprintf(fp,"您出了%d 个红包，单个红包金额%d（元）钱\n",number,money);
    fclose(fp);
    return 0;
}
```

（1）文件

文件可以用来存放程序、文档、数据、图片等多种信息。在计算机的硬盘上也存储着成千上万的文件，例如源程序文件、Word 文件等。可以从不同的角度，对文件进行分类。从用户的角度看，文件可分为普通文件和设备文件两种。比如前面编辑的 c 源文件、文本文件等为普通文件；显示器、打印机、键盘等则被视为设备文件。在操作系统中，可以把外部设备看作是一个特殊文件来进行管理，把它们的输入、输出等同于对文件的读和写。通常把显示器定义为标准输出文件，一般情况下，在屏幕上显示有关信息就是向标准输出文件写入。键盘通常被定义为标准输入文件，从键盘上输入就意味着从标准输入文件上读入数据。

微视频：
文件使用

C 语言的标准输入输出设备文件名分别为 stdin 和 stdout，前面介绍的标准输入输出函数的操作，其本质是通过这两个设备文件进行的。

（2）文件指针定义

操作计算机中任何文件存储在计算机中，都需要在内存中开辟一个专门的存储空间，对这个存储空间需要进行编号（文件存储的地址），以方便文件的操作。在 C 语言中定义一个变量来存储文件对应的空间地址，这个变量称为文件指针变量。通过文件指针就可以对它所指定的文件进行各种操作。

定义说明文件指针变量的一般形式为

FILE *指针变量名；

其中 FILE 应为大写，它实际上是由系统定义的一个数据结构，该结构中含有文件名、文件状态和文件当前位置等信息。

例如，FILE *fp；表示 fp 是指向 FILE 结构的指针变量，通过 fp 即可找存放某个文件信息的结构变量，然后按结构变量提供的信息实施对该文件的操作。习惯上也可以把 fp 称为指向一个文件的指针。

文件使用常分三步走：

打开文件　⇨　读写文件　⇨　关闭文件

（3）打开文件

fopen()函数用来打开一个文件，其调用的一般形式为

文件指针名=fopen(文件名,使用文件方式);

所谓打开文件，实际上是开辟内存空间并建立文件的各种有关信息，同时使文件指针指向该空间，以便进行其他操作。"文件名"是被打开文件的路径及文件名，一般为字符串常量或字符数组。"使用文件方式"是指文件的类型和操作要求。

例如

```
fp=fopen("hongbao.txt","w");
```

其作用是在当前目录下新建文件 hongbao.txt，只允许进行"写"操作，并使 fp 指向该文件。fopen()函数返回的是打开的文件首地址，如果函数返回值为 NULL，则表示该文件打开失败。

又例如

```
fp=fopen("c:\\hzk16.txt","r");
```

其作用是以读的方式打开 C 驱动器磁盘的根目录下的文件 hzk16，两个反斜线"\\"中的第一个表示转义字符，第二个表示根目录。常用的使用文本文件的方式如表 2-2 所示。

表 2-2　常用的使用文本文件的方式

使用文件方式	意　义
"r"	打开文本文件，进行读操作
"w"	创建文本文件，进行写操作
"a"	向文本文件追加数据
"r+"	打开文本文件，进行读/写操作
"w+"	创建文本文件，进行读/写操作
"a+"	打开文本文件，允许读，或在文件末追加数据

（4）文件的读写

对文件的读和写是最常用的文件操作。在 C 语言中提供了多种文件读写的函数，都放在头文件 stdio.h 中。其中，fprintf()函数的作用是对文件进行格式化写入，将信息按一定的格式写入到文件中。

例如

```
fprintf(fp,"您出了%d 个红包,单个红包金额%d (元) 钱\n",number,money);
```

如果写成

```
fprintf(stdout,"您出了%d 个红包,单个红包金额%d (元) 钱\n",number,money);
```

则 fprintf()向标准输出文件 stdout 写入数据，结果就是在显示器上显示内容，其功能等同于 printf()的使用。

（5）关闭文件

文件一旦使用完毕，应用关闭文件函数把文件关闭，以避免文件的数据丢失等错误。关闭文件函数的形式为

fclose(fp);

正常完成关闭文件操作时，fclose()函数返回值为 0。如返回非零值则表示有错误发生。

2.3.3　输入设计

1. 客观世界的抽象

用计算机解决客观世界中的各种问题时，必须首先抽取客观世界中相关物体的特征数据，忽略非本质的细节，这个过程称为数据抽象。

以设计"剪刀—石头—布"游戏的输入模块为例。传统的剪刀—石头—布游戏只是人和人之间进行的，双方只能出剪刀、石头、布三种手势。当转换为计算机游戏时，不论是人与机器对战，还是人与人对战，都需要将手势抽象化，转变为计算机能存储和识别的信息。三种手势本质就是 3 种不同的状态，因此计算机中可以用不同汉字文本信息"剪刀""石头""布"来表示，也可以用不同中文拼音的首字母来表示，比如用字母"J"代表"剪刀"，用字母"S"代表"石头"，用字母"B"代表"布"，甚至可以用不同数字"0""1""2"来表示对应的手势。

因此，程序设计时，需要对客观物体的客观特征进行抽象，然后转化为计算机的表现形式。抽象的过程可以让程序设计者进一步明确信息的数据类型和存储方式。

2. 输入设计

输入设计的目标是保证向程序输入正确的数据。在此前提下，应尽量做到输入方法简单、迅速、方便。

输入设计需确定输入数据项名称、数据内容、精度、数值范围等。在数据输入方式上，除了常见的键盘输入数据外，还有很多其他的数据输入方式，比如菜单选择输入、扫描输入等。一般情况下，如果数据从确定的可供选择的清单中选取输入，则可使用菜单选择输入方式。另外，除了标准输入设备键盘外，还可以利用特殊硬件扫描输入完成数据的采集工作，比如超市信息系统中通过读码器获取商品条形码信息，共享单车中通过手机摄像头扫描二维码获取单车的信息等。

输入设计时，应保证满足处理要求的前提下尽量使输入量最小，输入过程容易，从而减少出错机会；对输入数据的检验尽量接近原数据发生点，使错误能及时得到改正；输入数据尽量用其处理所需形式记录，以免数据转换时发生错误。

2.3.4　输入的多样化

程序中数据的输入常通过标准输入设备（键盘）输入，但有时需要录入的数据是已经存在的文件信息，这时就不需要用键盘实现输入，而直接从文件中读取数据。

【例 2-7】 为智能手环添加"体温测量"应用程序,可以根据体温情况提示不同的健康状况。

分析:

解决这个问题的首要关键就是如何获取人体体温数据。信息来源可以有两种设计。第一种通过手环上的按钮进行手动输入温度;第二种是通过读取内部传感器测量得到并存入文件的温度。然后,根据两种不同方式分别设计不同的程序代码。

手动输入温度的方式类似键盘输入方式。将温度信息定义为实型变量,输出内容为温度,以及健康信息(这里用 ASCII 码值为 1 的哭脸符号来表示不健康,ASCII 码值为 2 的笑脸符号来表示健康)。输出的介质为显示器。运行结果如图 2-10 所示。

图 2-10   体温测量的运行结果

程序代码如下。

```c
#include <stdio.h>
#define GOOD 2
#define BAD 1
int main()
{
    float temp=0;
    scanf("%f",&temp);
    printf("\n 温度%f,状态%c。\n",temp,GOOD);
    return 0;
}
```

(1)宏

宏定义又称为宏代换、宏替换,简称宏。使用宏定义可以防止出错,提高可移植性、可读性、方便性等。符号常量的宏定义格式为

#define 符号常量名 常量

其中符号常量名也称为宏名。程序运行时会将宏名替换为常量值。掌握宏概念的关键是"换"。程序中定义为

```c
#define GOOD 2
#define BAD 1
```

表示用 GOOD 和 BAD 分别代表 ASCII 值为 2 和 1 的数值常量,表示健康状态良好和不好,其显示效果分别为笑脸和哭脸字符,提升了程序的可读性。

(2)单个字符的输出

printf()函数除了输出常见的字母、数字等单个字符外,还可以输出类似例 2-7 中的笑脸、哭脸等特殊字符。

C 语言还提供了另一个单字符输出函数——putchar()函数,其功能是在显示器上输出单个字符。其一般形式为

```
putchar(字符)
```
可以将程序中的输出代码修改为
```
printf("\n温度%f,状态",temp);
putchar(GOOD);
```
这里用符号常量 GOOD 来替代 2，则输出的字符就是值为 2 的笑脸符号。putchar()
函数的参数可以是字符常量（单引号括起来的值），也可以是字符变量。例如
```
putchar('A');                    //输出大写字母字符 A
char x='A';   putchar(x);        //输出字符变量 x 的值，即 A 字符
putchar('\n');                   //输出换行符，实现换行，等价于 printf("\n")
```

> 编程经验：
>
> 在程序中如果多次出现一个常量值，为了后续维护程序方便，可以使用宏定义将其定义为符号常量。如果常量值发生变化，只需要修改宏，而不需要修改程序内部涉及的代码。

【例 2-8】　将例 2-7 的输入方式修改为从文件读取。

分析：

源代码：
例 2-8

如果程序运行时输入数据量比较大，如果每次程序调试时都必须重新录入数据，这将给调试程序带来巨大的工作量，而且还易造成数据输入的错误。因此，可以在输入设计时采用文件作为输入来源，先将相关数据以文件的形式保存，程序再从文件中获取数据，既快速便捷，又能提高输入的正确性。

为简化问题，这里将测量结果文件设定为文本文件。假定电子设备测量的温度值为 37 摄氏度，将 37 这个数值保存在 temp.txt 文件中，如图 2-11 所示，程序从该文件中读取温度值数据，并显示在显示器上。运行结果如图 2-12 所示。

图 2-11　温度文件

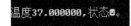

图 2-12　运行结果

程序代码如下。
```
#include <stdio.h>
#define  GOOD 2
int main()
{
    float temp=0;
    FILE *fp;
    fp=fopen("temp.txt","r");
    fscanf(fp,"%f",&temp);
    printf("\n温度%f,状态%c。\n",temp,GOOD);
```

```
        fclose(fp);
        return 0;
}
```

与前面例子相同，文件的操作同样是打开、读写和关闭三步，但打开文件的模式变为"r"，表示以读的方式打开文件，也就意味着只能从文件中读取数据。

函数 fscanf()将从文件指针 fp 所指的文件中读取一个实型数据，并保存到 temp 变量中。其中用了%f 的格式字符，表示按实型格式读取一个数。如果修改为

```
fscanf(stdin,"%f",&temp);
```

则表示从键盘中输入实型数据，因为 stdin 是标准输入设备文件（键盘）。

> 编程经验：
>
> 当程序需要大量数据或需要重复多次输入数据时，建议将数据预先保存在文件中，程序直接从文件中读取数据。

2.4   输入输出格式控制

前面介绍了输入和输出函数的使用，本节将进一步探讨如何规范化使用输入输出函数，提高程序的友好交互性。

2.4.1   显示内容格式控制

源代码：
例 2-9

输出函数除了通过输出项来控制输出的内容外，还可以通过设置格式控制串，显示不同格式的内容。

【例 2-9】 完善抢红包程序，完成红包分配详情信息的显示功能。

分析：

为了增加趣味，手机抢红包程序会显示抢到红包者的姓名、抢到的金额、抢红包的时间，如果抢到的金额最高则在后面增加"手气最佳"的字样。当输出信息项比较多时，显示的格式必须统一规范，比如一行输出一个人的红包信息，每个信息项应该有固定的显示宽度，并且设定信息的对齐方式。设计显示格式如图 2-13 所示。

图 2-13   红包显示格式

为了简化问题，红包的相关数据都采用常量的形式。名字采用字符串常量，如"紫苑"；金额用实型常量，如 0.04；时间的小时、分、秒分别用 3 个整型常量表示，如 19、18、34；手气最佳者后面要求显示笑脸符号。

程序代码如下。

```
#include <stdio.h>
int main()
{
    printf("%-10s%10.2f\t%02d:%02d:%02d\n","紫苑",0.04,19,18,34);
    printf("%-10s%10.2f\t%02d:%02d:%02d %c%c 手气最佳\n","夏在景",10.
    91,19,18,28,2,2);
    printf("%-10s%10.2f\t%02d:%02d:%02d\n","清清",1.50,19,28,4);
    return 0;
}
```

显示格式控制说明如下。

在"%"与格式字符之间还可以加入一些附加格式符，对格式做进一步的要求。常用的附加控制格式如下，其中方括号[]中的项为可选项。

%[flag][输出最小宽度][.精度][长度] [h|l]格式字符

各选项说明如下。

① [flag]：常有+、−和 0 符号。正号表示显示数值的正负符号，负号表示输出数据在输出域中左对齐方式，0 表示如果指定的域宽大于数据的实际位数，则默认在输出数据的左边输出空格的位置用 0 来填充。

② [宽度]：用来指定输出的数据项占用的字符列数，也称为输出域宽。缺省该字段，输出宽度按数据的实际位数输出；如果指定的输出宽度小于数据的实际位数，则突破域宽的限制，按实际位数输出；如果指定的域宽大于数据的实际位数，则默认在输出数据的左边输出空格，使输出的字符数等于列宽，也就是说，输出的数据在输出域中自动向右对齐。

③ [h|l]：附加修饰符。其中，输出长整型和 double 类型表达式时必加字母 l，当输出短整型表达式时必加字母 h。

结合程序的具体语句进行如下分析。

① 程序中的"%-10s"是实现对姓名信息的输出控制，其中 10 为设定姓名信息显示的输出最小宽度，负号则表示左对齐显示，即程序中将姓名输出项全部左对齐输出。

② 程序中"%10.2f"是针对红包金额的输出控制，设定小数的显示格式。其中 10 表示整个浮点数的显示宽度，其中.2 表示显示到小数点后两位，因为默认输出的是小数点后 6 位。金额对齐方式为默认的右对齐方式。

③ 程序中"%02d"是设定时间的显示格式。程序中的时、分、秒都用整数表示，控制格式符采用了%02d，将时、分、秒都控制在两个显示宽度，如果不足两位数的前面空格部分用 0 来补充。比如 4 秒，则显示为 04。同时将 3 个整数的显示之间用冒号分隔符（：）分割，使其更符合日常时间的表示。

> 常见错误：
> printf()语句中含有多个输出项时，出现格式符和输出项的数据类型不对应以及输出项个数和格式符个数不一致的问题。

例如

```
printf("%-10s|%12d|%12d|%12d\n",90,88);
```

在格式串中共有 4 个格式字符，而后面输出项只有两个，则程序中后两个数据显示出错。

> 思考：
> 运用显示内容格式控制，设计一个具有年龄和姓名信息的生日贺卡，如图 2-14 所示。

图 2-14   生日贺卡

2.4.2   数据输入格式控制

输入函数除了通过简单的格式字符来控制输入的内容，还可以通过设置附加格式控制串，控制更复杂的格式输入，比如身份证信息输入时，希望验证输入的有效位，不超过 18 位。

【例 2-10】 设计软件注册界面，要求在输入年龄、性别等信息时，确保数据的真实有效。

分析：

当程序输入项增加时，特别是数据类型不同时，既要保证输入方式的便捷有效，又要确保数据录入少出错，必须灵活使用数据输入格式控制。

在本例中，要求在输入年龄、性别等信息时，确保数据的真实有效，可以将年龄数据项设定为整型数，并且小于 100，那么在输入时通过附加格式控制串，将输入的有效数位设置为 2，超出 2 位的数则不会作为有效数获取，而性别定义为单字符型，如 "M" 表示男性，"F" 表示女性。

程序代码如下。

```c
#include <stdio.h>
int main()
{
    int age;
    char sex;
    printf("请输入年龄：\n");
    scanf("%2d",&age);
    printf("请输入性别：\n");
    scanf("%c",&sex);
    printf("\n------------------------------------------------\n");
    printf("\n年龄：%4d\t性别为：%4c\n",age,sex);
    return 0;
}
```

源代码：
例 2-10

（1）输入格式控制

与输出控制字符串一样，输入格式字符串里在"%"与格式字符之间也可以加入一些附加修饰符，对输入格式做进一步的要求。常用的附加控制格式如下，其中方括号[]中的项为可选项。

% [*] [宽度] [h|l] 格式字符

各选项说明如下。

① [宽度]：用来指定输入数据的转换宽度，它必须是一个十进制非负整型常量。宽度表示读入多少个字符就结束本数据项的转换。如果没有指定宽度，则遇到空格、Tab 键、回车/换行符、非法输入结束数据项的转换（%c 格式除外）。

② [h|l]：附加修饰符。其中，[l]表示输入长整型变量或者 double 型变量，必须加。[h]表示输入短整型变量，必须加。

③ [*]：表示数据输入项要按指定格式进行转换，但不保存到变量中，即该%没有对应的变量。一般用%*c 来吸收字符。

例如

```
scanf("%2d%*c%2d",&age,&money);
```

当程序运行时，如果输入 12，34，则 age 为 12，money 为 34，逗号被%*c 跳过。

结合程序中的具体语句进行如下分析。

① 程序中代码 scanf("%2d",&age);和 scanf("%c",&sex); 控制了年龄的有效输入是 2 位，因此运行时若输入 123↙，则 12 被赋值给 age，3 则作为字符赋值给 sex。

② 若输入 12↙，则 12 的值是年龄，性别就获取到后面的回车字符。

（2）运行时的输入格式

运行程序时，输入严格按照输入语句中的格式字符串进行，格式字符串中的所有字符原样输入，遇到格式控制字符，则对照数据类型格式符输入相应的数据。运行时，如数值输入格式与程序中输入控制格式不一致，将导致数据不能正确获取。

例如

```
scanf("age=%2d",&age);
```

程序运行正确输入为 age=12↙，才能正确获取数值。如果只是输入 12↙，则程序不能正确完成输入。

又例如

```
scanf("%f%f%f",&pc_s,&eng_s,&maths_s);
```

正确格式如下。

```
78.4  87.5  98.6↙
```

```
78.4↙87.5↙98.6↙
```

若数据输入为

```
78.487.598.6↙
```

则程序不能正确获取 3 个数值,因为程序中对 3 个数据输入的控制字符串为%f%f%f,默认连续输入项的分隔符为空格、回车或 Tab。

类似的例子如下所示。

执行 scanf("%f%f",&a,&b); 应输入 "5 6" 或 "5↙6↙"。

执行 scanf("%f,%f",&a,&b); 则输入数据 "5,6↙"。

执行 scanf("a=%f,b=%f",&a,&b); 则输入数据 "a=5,b=6↙"。

2.5　综合案例

【**例 2-11**】 设计一个大学生社团活动通告制作程序。要求输入活动主题、活动地点、活动时间后，程序能够根据模板要求自动制作形成每一次的活动通知。

分析：

为了便于操作，活动通告制作程序应提供相应的菜单选择功能，可以通过键盘输入实现。活动主题和活动地点在此程序中设置为字符串常量，并用宏定义为符号常量，方便使用和修改。活动时间往往需要临时调整，可使用键盘输入。

输入格式设计：根据提示，先通过键盘输入选择菜单功能选项，然后从文件读取活动主题和活动地点代码，最后从键盘输入活动时间（4 位正整数表示年号，2 位正整数表示月份，2 位正整数表示日期，2 位正整数表示小时，2 位正整数表示分钟），输入格式为"年/月/日/时/分"。

输出格式设计：屏幕输出活动通知，如图 2-15 所示，并保存到文本文件中。

关于《活动主题》通知

　　兹定于 YYYY 年 MM 月 DD 日 HH：MM 在活动地点开展《活动主题》，特邀请您莅临指导。

　　此致敬礼！

　　　　　　　　　　　　　　　　　　　活动社团
　　　　　　　　　　　　　　　　　　　时间

图 2-15　通知

程序代码如下。

```c
#include <stdio.h>
#define ACTIVITY "动漫主题活动"
#define Organization "动漫社团"
int main()
{
    int year,month,day,hour,minute;
    char choice;
    FILE *fp;
    printf("\t1 显示通知\n\t2 保存文件\n");
    printf("请选择: ");
    choice=getchar();
    printf("请输入活动时间(年/月/日/时/分)\n");
    scanf("%d/%d/%d/%d/%d",&year,&month,&day,&hour,&minute);
    if(choice=='1')
    {
```

```
        printf("关于《%s》的通知\n",ACTIVITY);
        printf("    兹定于%4d年%02d月%02d日%02d:%02d在%s开展<%s>,\n",
        year, month,day,hour,minute,Organization,ACTIVITY);
        printf("特邀请您莅临指导。\n\n\t\t 此致敬礼!\n\n");
        printf("\t\t\t\t%s社团\n\n\t\t\t\t\t%d/%d/%d\n\n",ACTIVITY,
        year,month,day);
    }
    else
    {   fp=fopen("tongzhi.txt","w");
        fprintf(fp,"关于《%s》的通知\n",ACTIVITY);
        fprintf(fp,"兹定于%4d年%02d月%02d日%02d:%02d在%s开展<%s>,
        \n",year,month,day,hour,minute,Organization,ACTIVITY);
        fprintf(fp,"特邀请您莅临指导。\n\n\t\t 此致敬礼!\n\n");
        fprintf(fp,"\t\t\t\t%s社团\n\n\t\t\t\t\t%d/%d/%d\n\n",
        ACTIVITY,year,month,day);
        printf("\n保存文件成功。\n");
        fclose(fp);
    }
    return 0;
}
```

本程序首先用输出函数实现一个简单菜单。用户通过菜单提示,选择输入相应的数字,执行不同的功能语句。通过调用 getchar()函数来获取菜单选择,用 if 语句判断输入的选项是否等于字符'1',即 choice=='1'语句。如果等于'1',则在显示器上显示通知内容,否则就将通知保存到文本文件中。

【例 2-12】 设计成绩打印程序。要求从文件中读取批量学生的计算机、英语、高数的成绩,并按一定的报表格式输出。

源代码:
例 2-12

分析:

一般而言,程序设计的基本思路是分析数据存储、数据输入、数据处理和结果输出。在本例中,成绩信息都预先存储在文本文件中,如图 2-16 所示。每行表示一个学生的成绩。程序的输入设计为文件输入,获取数据后计算总成绩,并以报表格式输出。运行结果如图 2-17 所示。

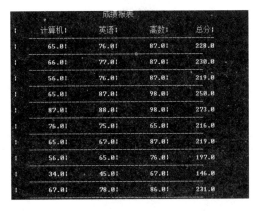

图 2-16 成绩数据文件　　　　　　　图 2-17 成绩报表

程序代码如下。

```
#include <stdio.h>
int main()
{
    float comp_s,eng_s,maths_s,sum;
    FILE *fp;
    fp=fopen("list.txt","r");
    printf("\t\t\t 成绩报表\t\n\n");
    printf(" |      计算机|        英语|       高数|      总分|\n");
    printf("      --------------------------------------------\n");
    while(fscanf(fp,"%f,%f,%f",&comp_s,&eng_s,&maths_s)!=-1)
    {
        sum=comp_s+eng_s+maths_s;
        printf(" |%12.1f|%12.1f|%12.1f|%12.1f\n",comp_s,eng_s,
        maths_s,sum);
        printf("      --------------------------------------------\n");
    }
    fclose(fp);
    return 0;
}
```

为了便于读取批量数据，本例采用循环 while 语句完成数据读取。每次成功读取文件中的一行数据后，按格式符控制的格式存入到相应的 3 个实型变量中，再计算总分并输出 3 门成绩及总分。

为了让循环语句正常结束，本例使用 fscanf(fp,"%f,%f,%f",&comp_s,&eng_s,&maths_s)的返回值来进行判断，当返回值为-1 时，说明已读取到文件中的最后一行数据，读取已经结束。如果不等于-1，则继续读取数据。

编程经验：
① 可以使用附加格式控制符中域宽来实现输出信息的对齐。如程序中的 %12.1f，使每个实型数输出都占 12 的域宽。
② 可以使用 scanf()或 fscanf()函数的返回值来判断数据获取是否正确。

小   结

输入和输出是程序设计的重要组成部分。在 C 语言中输入和输出都是以函数的形式出现的。程序的输入和输出不仅仅可以从标准的键盘和显示器设备中进行，还可以通过文件进行读写。在学习输入函数时，注意输入数据的类型及对应的格式字符，以及变量地址。在学习输出函数时，注意输出数据项的类型及其对应的格式字符，学会转义字符在其中的妙用。

正确地使用输入和输出函数是本章的学习重点，建议结合习题，加强程序练习，了解更多的使用技巧。

习 题 2

一、选择题

1. 执行如下代码（⎵代表空格）

```
int k;
k=8567;
printf("|%-06d|\n",k);
```

后显示（   ）。

　　A．无法显示　　　　B．|008567|　　　　C．|8567⎵⎵|　　　D．|-08567|

2. 用小数或指数形式输入实数时，在scanf()函数中格式说明字符为（   ）。

　　A．d　　　　　　　B．c　　　　　　　C．f　　　　　　　D．r

3. 可以输入字符型数据存入字符变量c的语句是（   ）。

　　A．putchar(c);　　B．getchar(c);　　C．getchar();　　D．scanf("%c",&c);

4. 若x是int类型变量，y是float类型变量，则为了将数据55和55.5分别赋给x和y，则执行语句scanf("%d, %f",&x,&y);时，正确的键盘输入是（   ）。

　　A．55，55.5✓　　B．x=55, y=55.5✓　C．55✓55.5✓　　D．x=55✓y=55.5✓

5. printf()格式控制与输出项的个数必须相同。格式说明的个数小于输出项的个数，多余的输出项将（   ）。

　　A．不予输出　　　B．输出空格　　　C．正常输出　　　D．输出不定值或0

6. scanf()函数的格式说明的类型与输入的类型应一一匹配。如果类型不匹配，则系统（   ）。

　　A．不予接收

　　B．并不给出出错信息，但不可能得出正确信息数据

　　C．能接受正确输入

　　D．给出出错信息，不予接收输入

7. 以下描述中，正确的是（   ）。

　　A．输入项可以是一个实型常量，如scanf("%f",4.8);

　　B．只有格式控制，没有输入项也能输入，如scanf("a=%d,b=%d");

　　C．当输入一个实型数据时，格式控制部分应规定小数点后的位数，如
　　　　scanf("%5.3f",&f);

　　D．当输入数据时，必须指明变量的地址，如scanf("%f",&f);

8. 执行如下代码

```
int i;
scanf("%f",&i);
printf("%d",i);
```

输入值为 7，输出（　　）。

　A．7　　　　　B．7.000000　　　　C．1088421888　　　D．0.000000

9．有以下代码

```
float x=213.82631;
printf("%-8.2f\n",x);
```

执行后程序的运行结果是（　　）。

　A．不能输出　B．__213.82　　　C．-213.82　　　　D．213.83__

10．设有"char ch;"，与语句"ch=getchar();"等价的语句是（　　）。

　A．printf("%c",ch);　　　　　　　B．printf("%c",&ch);

　C．scanf("%c",ch);　　　　　　　D．scanf("%c",&ch);

二、编程题

1．输入用户的出生日期"6-18"，则输出相应的双子星座的介绍，内容自拟。

2．根据输入的姓名、职务、单位名称、联系方式，输出名片，名片版面自行设计。

3．自行设计一个抢红包的程序欢迎界面。

4．仿照例 2-2，实现一个字的动态显示过程。

5．编写一个少儿数学加减运算出题的程序。

输入格式为

输入两个正整数及运算符号"+"或"−"

输出格式为

A 运算符 B =

输入样例：

　　3 2

　　+

输出样例：

　　3 + 2 =

3 顺序结构程序设计

电子教案

程序由语句组成，例如输入语句、输出语句、变量定义、赋值语句等。在编写程序时，如何组织这些语句呢？当程序运行时，代码执行的顺序又是什么样的？这就是程序的结构。程序有 3 种基本结构，即顺序结构、选择结构和循环结构，本章和后续两章将分别介绍这 3 种基本结构。

3.1 顺 序 结 构

所谓顺序结构，可以理解为语句的执行顺序是从上到下，逐行执行。也就是说，程序中语句的执行顺序是按语句书写的先后顺序进行的，程序中语句的执行与书写先后顺序一致。如图 3-1 所示，直观地解释了顺序结构的代码执行过程。

微视频：
顺序结构程序设计

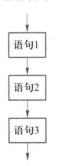

图 3-1 顺序结构示意图

顺序结构是 3 种基本结构中最基本、最重要的结构。一般的程序都是根据程序处理功能的先后顺序组织的。第 2 章介绍的 IPO，即程序结构一般可分为输入、处理和输出 3 个部分，这 3 个部分的执行顺序通常是先输入，再处理，最后输出。因此，从宏观上讲，大多数程序都是顺序结构的。

程序的输入、输出、处理部分可以由多个语句组成，虽然这些语句可以是选择、循环结构语句，但从大的结构上看，也是按照先后顺序来执行。

如图 3-2 所示直观地给出了输入数据、处理和输出数据的执行顺序。

图 3-2　IPO 流程图

3.1.1　设计顺序结构程序

下面通过一个例子来学习顺序结构程序设计过程。

【例 3-1】　计算普通红包金额。

用户用微信发普通红包，输入红包的个数，输入每个红包的金额，然后计算出发红包需要的总金额，并显示结果。

分析：

使用微信发放普通红包，每个红包的金额都相等，假设用 money 表示每个红包的金额，num 表示红包的数量，total 表示发红包的总金额，那么红包的总金额可以用数学公式 total= num×money 来获得。

例 3-1 的实现由以下步骤组成。

① 输入普通红包个数和每个红包金额。

② 计算处理，红包个数乘以每个红包金额得到红包总金额。

③ 输出红包总金额。

如图 3-3 所示为 3 个处理的执行顺序流程图。

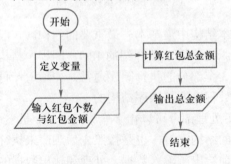

图 3-3　算法流程图

程序代码如下。

```c
#include <stdio.h>
int main()
{
    int  num;      //定义整型变量 num 用于存放红包个数
    int  money;    //定义整型变量 money 用于存放每个红包金额
    int  total = 0 ; //定义整型变量 total
    printf("输入红包个数: ");
    scanf("%d",&num);
    printf("输入红包金额: ");
    scanf("%d",&money);
    printf("计算红包总金额: ");
    total = num * money; //运算得到红包总金额，并存入变量 total
    printf("红包总金额:%d 元\n", total);
    return 0;
}
```

运行结果如图 3-4 所示。

图 3-4　红包程序运行结果

思考：

如果把上述程序代码中的语句

```c
total = num * money;
printf("红包总金额:%d 元\n", total);
```

调换顺序，更改为

```c
printf("红包总金额:%d 元\n", total);
total = num * money;
```

其他都不变，程序的运行结果如何？

3.1.2　语句的分类

语句是程序的构成单位，程序实现的功能也是通过执行语句来实现的。前面已经讲过，一个 C 语言程序包含一个或多个函数，而一个函数又由若干语句组成。C 语言规定语句必须以分号结尾。从功能上分，C 语言有 4 类语句，即数据声明语句、表达式语句、控制语句和特殊语句。为了让读者有一个全面的了解，这里先概要叙述，本书的其他部分将具体介绍。

（1）数据声明语句

数据声明语句是描述数据的语句，一般位于一个函数的最前面。例 3-1 中的语句

```c
int num;
```

就是一个定义变量 num 为整型变量的数据声明语句。在声明变量的同时，给变量赋值，就是变量的初始化。例如代码 int total = 0; 表示声明了整型变量 total 的同时，变量 total 的值设置为 0。

（2）表达式语句

表达式语句是进行数据运算或处理的语句。例 3-1 中完成数据输出和给变量赋值功能的语句

```
printf("输入红包个数：");
```

和

```
total = num * money;
```

都属于表达式语句。

（3）控制语句

控制语句可以完成一定的控制功能，常用于规定语句执行的顺序。C 语言中的控制语句有 if 语句、for 语句、while 语句、do…while 语句、continue 语句、break 语句、switch 语句、return 语句等，后面章节将逐一介绍这些控制语句。

（4）特殊语句

C 语言中有两类特殊语句：空语句和复合语句。空语句是仅由一个分号构成的语句，表示什么也不做；复合语句是由花括号括起来的在逻辑上相关的一组语句。

3.2　表达式语句

表达式语句是 C 语言中最基本的语句，所有的数据运算和数据处理操作都是通过表达式语句来实现的。最常用的赋值语句和函数调用语句都是表达式语句。表达式后面加上分号就成了表达式语句，表达式语句的格式为

表达式；

3.2.1　表达式

表达式是由运算符连接运算对象（操作数）所组成的式子，常见的操作数可以是常量、变量或函数。每个表达式都有一个值和类型。

（1）单个的常量、变量、函数也是表达式

例如 10，num，sin(x)等。

（2）算术表达式

算术表达式是最常用的表达式，又称为数值表达式。算术表达式是由算术运算符和括号将运算对象（也称操作数）连接起来的、符合 C 语法规则的式子。

例如

```
num * money      //进行乘法运算的表达式
nchi + nmat + neng   //进行加法运算的表达式
```

```
( father_Height*0.96+ mather_Height)/2.0    //进行混合运算的表达式
```

（3）赋值表达式

例如 "total= num * money;" 语句是赋值操作，称 "=" 为赋值运算符，它与数学方程中的等号意义不同，程序中 "=" 执行了把其右边的值存入其左边变量的操作。

由 "=" 连接的式子称为赋值表达式。

赋值表达式的一般形式为

变量=表达式

例如

```
total= num * money                  //计算红包总金额的赋值表达式
pre_Height =( father_Height*0.96+ mather_Height)/2.0
                                    //预测身高赋值表达式
s = sqrt(p*(p-a) *(p-b)* (p-c))  //求三角形面积的赋值表达式
```

赋值表达式执行的过程是先计算表达式的值，再将表达式的值赋给 "=" 左边的变量。

注意：赋值表达式中 "=" 右边的表达式也可以是赋值表达式。赋值运算符 "=" 具有右结合性。

例如

```
total= (num = 5) * (money = 10);
```

执行的结果是把 5 赋值给 num，10 赋值给 money，然后再把 num 与 money 相乘的结果赋值给 total。又如

```
num = money = 10;
```

执行的结果是把 10 赋值给 money，然后再把 money 的值赋值给 num。

3.2.2 算术运算符

运算是指操作数间通过不同的运算符连接、执行相应的计算，如例 3-1 中用到了乘法运算符号 "*"。除了 "*" 号，C 语言还提供了 "+" "−" "/" "%" 等运算符号，它们分别表示数的加、减、除和求余数的运算。表 3-1 给出了这 5 种常用的算术运算符的描述。

表 3-1　算术运算符

运　算　符	示　　例	描　　　　述
+	a+b	a 和 b 的和
−	a−b	a 和 b 的差
*	a*b	a 和 b 的乘积
/	a/b	a 除以 b 所得到的商（若 a,b 是整数，则为整除）
%	a%b	a 除以 b 所得到的余数（a 和 b 都必须是整数）

作为运算对象的变量或常量称为操作数。如果参与+、−、*、/运算的两个操作数全部都是整型，则运算结果也是整型；如果有一个是浮点型，则结果也是浮点型。

根据操作数的个数，算术运算符分为双目运算符和单目运算符。加、减、乘、除和求余运算，都有两个数参加运算，有两个数参加运算的运算符称为双目运算符。只有一个操作数的运算符称为单目运算符。例如，对整型数值进行符号取反操作，可以通过前面添加单目运算符"-"实现。例如，对整数变量 x 符号取反，就是-x。正号"+"也是单目运算符，但单目"+"实际上没有进行什么运算，运算后变量的值不变。

不同运算符参加运算的优先级和结合性是不同的。

【例 3-2】 输入两个整数，输出它们的和、差、积、商和余数。

分析：

本例实现了两个整数的基本算术运算。定义两个整型操作数 x、y，定义存放运算结果的变量 result。

程序代码如下。

参考资料：
运算符优先级和
结合性

源代码：
例 3-2

```c
#include <stdio.h>
int main()
{
    int  x;
    int  y;
    int result;
    printf("请输入整数x: ");
    scanf("%d",&x);
    printf("请输入整数y: ");
    scanf("%d",&y);
    result= x + y;
    printf("x + y = %d \n", result);
    result= x - y;
    printf("x - y = %d \n", result);
    result= x * y;
    printf("x * y = %d \n", result);
    result= x / y;
    printf("x / y = %d \n", result);
    result= x % y;
    printf("x mode y = %d \n", result);
    return 0;
}
```

程序运行结果如图 3-5 所示。

```
请输入整数x: 7
请输入整数y: 2
x + y = 9
x - y = 5
x * y = 14
x / y = 3
x mode y = 1
```

图 3-5 程序运行结果

代码中，result 变量定义一次，被多次赋值使用。程序执行 result= x+y;后，result 的值为 x 与 y 的和，当程序执行 result= x*y;后，result 的值为 x 与 y 的积。定义了变量之后，可以重复使用和赋值，变量在执行多次赋值操作时，新的数据值会覆盖原有的值。x/y 的值得到的结果与数学中并不一样。

> 思考：
> 为什么 result = x / y;的结果是整数？

> 常见错误：
> ① 变量没有定义就使用，如"int a = b + 10;"如果前面没定义变量 b，那么会出现编译错误。
> ② 变量没赋值就使用，如"int a; int b = a + 10;"。
> ③ 变量名不符合变量命名规则，例如 3num、int 等都是非法的。
> ④ 变量名重名，例如"int a; int a;"，变量 a 定义了两次是不允许的。
> ⑤ 语句漏掉了分号。
> ⑥ 使用除法运算符时，除数(/右边的操作数)等于 0，例如 result = 9 / 0。

3.2.3 赋值语句

最常见的表达式语句是赋值语句，赋值语句是由赋值表达式加分号构成的，其一般形式为

变量名 = 表达式;

例如

```
num = 10;
total = num * money;
pre_Height = (father_Height*0.96+ mather_Height)/2.0;
```

因为赋值表达式中"="右边的表达式也可以是赋值表达式，所以下面的语句是成立的。

变量 = 变量 = 表达式;

例如

```
num = money = 10;
```

对于上面的情况，为了使程序具有良好的可读性，不建议读者编程时出现上面的语句，出现上述情况可以用下面两条语句替代。

变量1 = 表达式;
变量2 = 变量1;

例如

```
money = 10;
num = 10;
```

注意：

① 变量初始化时，不允许给多个变量赋初值，这时可以利用逗号间隔给多个变量赋初值。

例如，"int num=money=10;"是错误的变量初始化。"int num = 10, money = 10;"

是正确的变量初始化。

② 语句不可以出现在表达式中。

例如，total= (num = 5;) * (money = 10;) 是错误的。

C 语言还支持+=、-=、*=、/=等复合赋值运算符。例如

```
a += b;  等价于  a = a + b;
a -= b;  等价于  a = a - b;
a *= b;  等价于  a = a * b;
a /= b;  等价于  a = a / b;
a %= b;  等价于  a = a % b;
```

复合赋值运算符的优点是使程序简洁易读，刚开始学习时会觉得比较难，但是熟悉之后，使用起来会觉得得心应手。

3.3   数据与数据类型

计算机能处理的数据是多种多样的，例如整数、实数、字符、文本、图像、音频等。为了能很好地处理这些数据，C 语言对这些数据进行了分类，图 3-6 给出了C 语言中的数据类型。

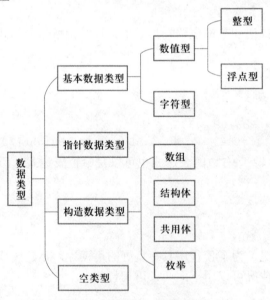

图 3-6   C 语言中的数据类型

C 语言中不同数据类型的数据所占内存空间大小不同，因而取值范围也不同，可以执行的运算也不同。

3.3.1   常量与变量

根据数据在程序运行过程中其值是否会发生变化，可以分为常量和变量。常量

是指在程序运行全过程中，其值保持固定不变，而变量的值会随着程序的运行发生变化。

在编写程序时，有时会用到圆周率、重力加速度等其值固定不变的数据，即常量。常量在程序中可以直接以常量的方式表示，也可以用符号常量的形式表示。例如，程序中使用圆周率时，可以直接用 3.14 表示，也可以通过如下预定义语句

```
#define PI 3.14
```

来定义一个符号常量 PI，这样在程序中用到圆周率的地方就可以使用符号常量 PI。

> **编程经验:**
> 尽量使用符号常量，可以提高程序的可读性。

每个变量根据其类型对应到一个大小不同的内存空间，变量值是存储在这个空间里的数据，变量名是代表这个内存空间的别名的标识符。

例如"int num; num = 10;"，变量 num 与内存空间的关系如图 3-7 所示。

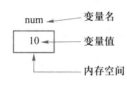

图 3-7　变量的名和值

内存空间是以字节（Byte）为基本存储单位的，每个字节由 8 个位（bit）构成，每个 bit 只能存放 0 或者 1。通过 0 和 1 的组合来表示各种各样的数据，就是二进制计数法。

8 个 bit 称为 1 个字节（Byte），1 024 个字节就是 1 KB 空间，1 024 KB = 1 MB，1 024 MB = 1 GB，1 024 GB = 1 TB。

在程序中，定义了变量，程序运行时，为它分配的内存空间的大小就固定了，其存放的数据的类型和范围也确定了。变量在内存空间中分配的空间大小称为变量的长度，变量的长度用字节来描述。

综上所述，变量的类型对应 3 个方面的内容，即变量可以执行的运算、变量长度和变量取值范围。

3.3.2　整型变量与整型常量

整型对应数学中的整数，但在 C 语言程序中，整型数据及其运算的表示与使用与数学中不完全相同。

【**例 3-3**】　计算骑共享单车的费用。

小明每天骑共享单车上下班，一年 12 个月中，考虑到假日，小明平均每月上 20 天班，小明单程骑车时间为 20 分钟，计算小明一年骑共享单车的费用。

分析:

假定小明每天骑 ofo 共享单车上下班，现在 ofo 用车收费标准如下。

若是 ofo 共享单车个人用户，则系统会按照 1 元/小时的收费标准进行计费，不满 1 小时按 1 小时结算。

根据 ofo 的收费标准，小明一天骑车费用为 1 元+ 1 元= 2 元。一年所需要的费用为

12×20×(1+1)= 480(元)

上面计算公式中，用到的数值为整数，int 可以用来定义整型变量。

程序代码如下。

```c
#include <stdio.h>
#define PRICE  1    //自定义符号常量 PRICE
int main()
{
    int months = 12;
    int days = 20;
    int money = months * days * (PRICE + PRICE);
    printf("小明一年骑共享单车的费用为：%d 元\n", money);
    return 0;
}
```

运行结果如图 3-8 所示。

小明一年骑共享单车的费用为： 480元

图 3-8   程序运行结果

（1）整型变量

整型变量根据分配的内存空间大小，又分为短整型 short、整型 int 和长整型 long。

short、int 和 long 这 3 种整型变量的内存空间大小从小到大排序为 short<int= long。例如，int 型的内存空间长度是 4 个字节，取值范围为 $-2^{31} \sim 2^{31}-1$。

使用 int、short、long 定义的变量既可以表示正数也可以表示负数，有时在程序中若定义大于等于 0 的整数类型，这时要用到类型说明符 unsigned。

类型说明符有 unsigned 和 signed，其使用如下。

① unsigned 整数类型：表示 0 和正数的整型。

② signed 整数类型：表示 0 和正负数的整型。

例如

① 无符号短整型：类型说明符为 unsigned short。

② 无符号整型：类型说明符为 unsigned int。

③ 无符号长整型：类型说明符为 unsigned long。

有符号整型符为 singed，如果不加类型说明符，则默认为有符号的，如前面程序中定义的整型变量，没有加 singed，都是有符号的整型变量。

例如

int x; 等价于 signed int x;

short x;等价于 signed short x;

表 3-2 给出了整数变量的长度和取值范围。

表 3-2　整数变量的长度和取值范围

类　　型	变量长度（B）	数　值　范　围
short	2	$-2^{15} \sim 2^{15}-1$
int	4	$-2^{31} \sim 2^{31}-1$
long	4	$-2^{31} \sim 2^{31}-1$
unsigned short	2	$0 \sim 2^{16}-1$
unsigned　int	4	$0 \sim 2^{32}-1$
unsigned long	4	$0 \sim 2^{32}-1$

（2）整型常量

程序中用到了数值 10、20、1，称为整数的常量，或称之为整型常量，整型常量默认类型是 int。

整型常量可以用十进制、八进制、十六进制 3 种记法来描述。

例如，2、35、94 等整型常量称为十进制常量，十进制数的码字为 0～9。

为了区分十进制常量，八进制常量以 0 开头，十六进制常量分别以 0x 或 0X 开头。

例如，02、043、0136 为八进制数，八进制数的码字为 0～7。

例如，0x2、0x23 为十六进制数，十六进制数的码字为 0～9 和 A～F 或 a～f。

例如，十进制数 2、35、94 对应的八进制、十六进制数如表 3-3 所示。

表 3-3　十进制数对应的八进制、十六进制数

十　进　制　数	八　进　制　数	十六进制数
2	02	0x2
35	043	0x23
94	0136	0x5E

整型常量后可附有后缀 U 和 L，后缀 u 和 U 表示该整型常量为无符号类型，后缀 l 和 L 表示该整型常量为 long 型。

例如，1024U 为 unsigned 型，345798L 为 long 型。

注意：

① 十进制整型常量不能含有非十进制数，且首数字不能为 0。例如 066（首数字为 0）、20K（含非十进制数码）是非法十进制整型常量。

② 八进制整型常量必须有前缀 0，且不能含有非八进制数码。

例如 345（没有前缀）、0789（含非八进制数码）是非法八进制整型常量。

③ 十六进制整型常量必须有前缀 0x，且不能含有非十六进制数码。例如 5E（没有前缀）、0x89EK（含非十六进制数码）是非法十六进制整型常量。

3.3.3　浮点型变量与浮点型常量

数学中的实数在 C 语言中用浮点型表示。为了在程序中使用实数，要用到浮点

型，本节学习浮点型变量和浮点型常量的定义和使用方法。

【例 3-4】 身高预测。

孩子的身高可以利用遗传因素即利用父母的身高进行预测（此方法未考虑环境因素的影响），要求编写程序预测女孩身高。

计算公式为

$$儿子成人时的身高 ＝（父身高＋母身高）×0.54$$
$$女儿成人时的身高 ＝（父身高×0.96+母身高）÷2$$

其中，父身高和母身高的单位都是 cm。

分析：

身高预测的计算公式中用到了带有小数的实数，程序中需要使用浮点型变量来存放实数，浮点型变量可以用 float 或 double 来定义。

程序代码如下。

```c
#include <stdio.h>
int main()
{
    float father_Height, mather_Height; //父母身高
    float pre_Height;//预测的身高下限
    printf("请输入父亲身高: \n");
    scanf("%f",&father_Height);
    printf("请输入母亲身高: \n");
    scanf("%f",&mather_Height);
    pre_Height =(father_Height*0.96+ mather_Height)/2.0;
    printf("你长大后身高为%.2fcm\n", pre_Height);
    return 0;
}
```

运行结果如图 3-9 所示。

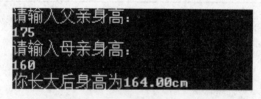

图 3-9 身高预测运行结果

（1）浮点型变量

浮点型变量类型有两种，即 float、double。

类型名 float 来源于浮点数（floating-point），double 来源于双精度（double precision）。这两种浮点型变量类型都是用来定义浮点型变量的，它们的区别就是变量长度和取值范围不同。

① float 的内存空间长度为 4，取值范围为 $-3.4×10^{-38} \sim +3.4×10^{38}$。

② double 的内存空间长度为 8，取值范围为 $-1.7×10^{-308} \sim 1.7×10^{308}$。

例如

```
float father_Height; //定义了 float 型变量 father_Height
double  vol; //定义了 double 型变量 vol
```

（2）浮点型常量

程序中用到了小数 0.96，像 0.96、圆周率等被称为浮点型常量。浮点型常量默认类型是 double，和整型常量有后缀 U 和 L 一样，浮点型常量末尾也可以加上浮点型后缀，后缀 f 或 F 表示 float 型。

例如 3.14   /* double 型*/

例如 3.14F   /* float 型*/

另外，浮点型数还可以用科学计数法表示，例如

```
1.23E4      /* 1.23 × 10⁴ */
85.67E-5    /* 85.67 × 10⁻⁵ */
```

科学计数法的标准格式为 aEb，其中，a 称为尾数，为整数或小数且必须有数字，b 称为阶码，必须为整数。

下面是不正确的浮点型常量表示。

```
E15         /* 缺少尾数部分 */
0.35E       /* 缺少阶码 */
78e-1.2     /* 不是整数阶码 */
```

3.3.4 字符变量与字符常量

程序中除了使用数字外，还会用到如'a', 'b', 'c', '9'等字符类型数据，本节介绍字符变量和字符常量的定义与使用方法。

源代码：
例 3-5

【例 3-5】 抢红包游戏。

计算机随机产生 5 个红包，分别放入变量 a、b、c、d、e 中，金额大小为 0 到 100 的随机数，用户通过输入字符'A', 'B', 'C', 'D', 'E'来抢红包。

分析：

需要定义 5 个整型变量来储存红包金额，金额可以用随机函数 rand()获得。根据问题描述，记录用户输入的字符需要字符变量存储。在 C 语言中，字符变量用 char 声明。

设计用户界面如下。

这是一个抢红包小游戏，请输入你要抢的红包：

A:红包 A

B:红包 B

C:红包 C

D:红包 D

E:红包 E

此时输入要抢的红包字母：

红包 A：××元

红包 B：××元

红包 C：××元

红包 D：××元

红包 E：××元

你抢到了红包××

程序代码如下。

```c
#include <stdio.h>
#include <stdlib.h>
#include <time.h>
int main()
{
    int a,b,c,d,e;
    char gamer;
    printf("这是一个抢红包小游戏，请输入你要抢的红包：\n");
    printf("A:红包 A\nB:红包 B\nC:红包 C\nD:红包 D\nE:红包 E \n");
    scanf("%c ",&gamer);

    srand( (unsigned)time( NULL ) );  // 随机数种子
    a = rand() % 100;  // 产生随机数
    b = rand() % 100;  // 产生随机数
    c = rand() % 100;  // 产生随机数
    d = rand() % 100;  // 产生随机数
    e = rand() % 100;  // 产生随机数

    printf("红包 A: %d 元\n", a);
    printf("红包 B: %d 元\n", b);
    printf("红包 C: %d\n", c);
    printf("红包 D: %d 元\n", d);
    printf("红包 E: %d 元\n", e);

    printf("你抢到了红包%c\n", gamer);
    return 0;
}
```

程序结果如图 3-10 所示。

图 3-10 抢红包游戏运行结果

（1）字符变量

字符变量使用 char 声明。如本例程序中的语句"char gamer；"，gamer 就是字符变量。

（2）字符常量

在程序中，字符常量要用单引号把字符括起来，大小写字母代表不同的字符常量；单引号中的空格也是字符常量；字符常量只能包含一个字符。例如'a'、'm'、'A'、'M'、'0'、'8'等都是字符常量。

参考资料：转义字符及其含义

（3）转义字符

第 2 章中介绍了转义字符的使用，本节再继续学习。假如一个字符前面以"\"开头，则字符将具有特殊含义。例如'\n'、'\t'、'\a'、'\b'、'\v'、'\r'等。下面程序代码中给出了字符变量和转移字符的使用案例。

```c
#include "stdio.h"
int main()
{
    char ch1,ch2,ch3;
    ch1='n';               /*字符变量赋值*/
    ch2='e';
    ch3='\167';            /*八进制数 167 代表的字符 w*/
    printf("%c%c%c\n",ch1,ch2,ch3);         /*以字符格式输出*/
    printf("%c\t%c\t%c\n",ch1,ch2,ch3);  /*应用转义字符\t*/
    printf("%c\n%c\n%c\n",ch1,ch2,ch3);  /*应用转义字符\n*/
    return 0;
}
```

运行结果如图 3-11 所示。

图 3-11　运行结果

字符串中若有字符、单引号或双引号，就必须使用转义字符"\"。例如，表示字符串"张三'你好'"，那么字符串的写法是"张三\'你好\'"。表示文件路径的字符串"C:\temp\sample.c"，那么字符串的写法是"C:\\temp\\sample.c"。关于字符串的存储，本节不展开描述，第 6 章数组会重点讲述。

（4）ASCII 码

C 语言中，每一个字符都有一个整数值与之相对应，该值就是字符的编码。

计算机中使用最广泛的字符编码是 ASCII 码，ASCII 码是美国标准信息交换码，共 128 个，包括 52 个英文字母大小写、10 个阿拉伯数字和英文标点及一些控制符。

查看 ASCII 码表可知，65～90 为 26 个大写英文字母，97～122 为 26 个小写英文字母。其中，大写英文字母和它的小写字母的 ASCII 码相差 32。例如'A'的 ASCII 码为 65，'a'的 ASCII 码为 97。

> 常见错误：
> 数字字符'0'～'9'与数字 0～9 完全不同，不能混淆，数字字符'0'～'9'的字符编码十进制数为 48～57。

> 思考：
> 如何将'a'转换为'A'？如何将'0'转换为整数 0？

3.3.5　变量类型的转换

（1）自动类型转换

当不同类型的数据在运算符的作用下进行运算时，要进行类型转换，即先把不同类型转换为统一的类型，然后再进行运算。通常，数据之间的转换遵循"类型自动转换"的原则。即两个操作数进行运算之前，先将较低的数据类型转换为较高类型，使得两者的类型一致，然后再进行运算，运算结果为较高类型的数据。

【例 3-6】　小写字母转换为大写字母。

分析：

由 ASCII 码表可知，大写字母'A'～'Z'与小写字母'a'～'z'的编码是递增的，且小写字母与其对应的大写字母的编码相差 32，这样，大小写字母之间的转换可以通过编码加减 32 来实现。

程序代码如下。

```c
#include "stdio.h"
int main()
{
    char c1,c2;
    printf("输入一个小写字母");
    c1 = getchar();
    c2=c1-32; //将小写字母转换为大写字母
    printf("%c 的大写字母为%c\n",c1,c2);
    return 0;
}
```

运行结果如图 3-12 所示。

输入一个小写字母b
b的大写字母为B

图 3-12　大小字母转换运行结果

分析语句 "c2=c1-32;"，c1 和 c2 都是字符变量，数值 32 是整型常量，字符和整型不是同一个类型，又是如何进行运算的呢？其实在程序中，当参加运算的两个变量进行运算时，如果它们的类型不同，会自动把它们转换成同一种类型。本例是把 c1 转换为整型进行运算的。基本数据类型转换规则如图 3-13 所示。

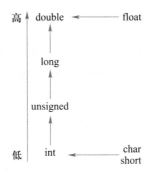

图 3-13　基本数据类型的自动转换规则

由图 3-13 可知，在表达式中，char 和 short 类型的值，无论有符号还是无符号，都会自动转换成 int。

在赋值语句中，"="右边的值在赋予"="左边的变量之前，首先要将右边的值的数据类型转换成左边变量的类型。也就是说，左边变量是什么数据类型，右边的值就要转换成该数据类型的值。这个过程可能导致右边的值的类型升级，也可能导致其类型降级（demotion）。所谓"降级"，是指等级较高的类型被转换成等级较低的类型。"降级"可能导致数据溢出或截断小数部分等问题。

例如，short 的值范围为 -32 768～32 767，如果把大于该范围的值赋给 short 变量，就有可能因类型"降级"导致数据溢出，观察如下代码。

```c
#include <stdio.h>
int main()
{
    short  x, y, z;
    x = 30000;
    y = 20000;
    z = x + y;
    printf("z = %d\n", z);
    return 0;
}
```

输出结果为

```
z = -15536
```

显然，x+y 的值是 50 000，超过了 short 型的值范围，这时会发生什么情况呢？这种情况会发生数据溢出现象。编译器会把高位部分截断。

（2）强制类型转换

整型类型之间互相转换时，如果原数值能用转换后的数据类型表示，且内存空间能容纳下原数值，那么，数值不会发生变化；如果内存空间长的变量类型转换为内存空间短的类型，那么就有可能造成数据溢出现象。不同类型间的类型转换时，当较高的类型转换为较低的类型时，也会造成数据丢失现象，例如将浮点型的值转换为整数类型时，会截断小数部分。

【例 3-7】　计算考生平均分。

已知某考生的语文、数学、英语成绩分别为 87、90、95，计算该生考试的总成绩和平均分。

分析：

考生的 3 门科目的成绩已知，由题目可知，各科成绩都是整数，所以可以定义整型变量来保存各科成绩和总成绩。因为平均成绩可能带有小数，所以记录平均分的变量定义为浮点型。

程序代码如下。

```c
#include <stdio.h>
int main()
{
    int  nchi,nmat,neng,nsum;
    float  favg;
    nchi = 87;
    nmat = 90;
    neng = 95;
    nsum = nchi + nmat + neng;
    favg = nsum / 3;
    printf("总成绩:%d\n", nsum);
    printf("平均分:%f\n", favg);
    return 0;
}
```

运行结果如图 3-14 所示。

```
总成绩:272
平均分:90.000000
```

图 3-14　运行结果

结果发现，计算的平均成绩小数部分都是零，例 3-2 中也发生了同样的问题，当输入 x=9，y = 2 时，语句 "result = x / y;" 得到的值是 4，而不是 4.5，原因是当整型除以整型时，其结果把小数点后的部分给舍弃了。如何使得两个整数相除得到浮点型商呢？就需要数据强制类型转换。

强制类型转换的一般形式为

(类型说明符) (表达式)；

例如，(float) a 把 a 转换为浮点型。

为了获得准确的平均分，程序中语句 "favg = nsum / 3;" 可以修改为下面两种形式。

```c
favg = (float)nsum / 3; //利用强制类型转换
favg = nsum / 3.0; //自动类型转换，因 3.0 是浮点型常量，nsum 自动转换为浮点型
```

正确的程序代码如下。

```c
#include <stdio.h>
int main()
```

```
{
    int  nch,nma,neg,nall;
    float  favg;
    nch = 87;
    nma = 90;
    neg = 95;
    nall = nch + nma + neg;
    favg = (float)nall / 3;
    printf("总成绩:%d\n", nall);
    printf("平均分:%f\n", favg);
    return 0;
}
```

运行结果如图 3-15 所示。

总成绩:272
平均分:90.666664

图 3-15　运行结果

常见错误：

① 字符常量缺少单引号，如"char c = a;"。

② 使用整型变量保存浮点型数据，如"int a = 2.0/3;"计算结果值的小数部分被截去。

③ 数值超出了变量的取值范围，如"short a = 50000;"造成程序运算结果不正确。

④ 把多个字符复制给字符变量，如"char c = '50'"。

3.4　变量的存储

到此已经学习了整型变量、浮点型变量和字符变量，以及这些类型变量的内存空间大小和取值范围。存放在内存空间的数据，除了使用变量可以直接访问外，还有没有其他的方法访问？整型变量、浮点型变量和字符变量在内存空间中的数据表现形式是什么样的？下面具体介绍这些内容。

3.4.1　变量与内存的关系

程序中声明了一个变量 num，程序运行时就给 num 分配了一块内存空间。如图 3-16 所示，用矩形框表示变量内存空间。

微视频：
变量的储存

图 3-16   变量定义

变量赋值就是把值存入变量的内存空间。

例如"num = 10;"就是把数值 10 赋值给变量 num,也就是把 10 放入了标识符为 num 的内存空间。

在程序中定义了很多变量,这些变量在内存中都占有一段内存空间,并且这些内存空间不是无序存放的,而是有序地排列在内存里的,每个内存空间都有一个唯一的地址。内存空间地址类似门牌号,是数据在内存中的存储位置编号。例如图 3-17所示,变量 num 的地址为 0x0022ff44,变量 money 的地址为 0x0022ff52。

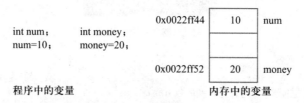

图 3-17   程序与内存中变量的表现形式

例 3-1 程序中的语句"scanf("%d",&num);"和"scanf("%d",&money);"都用到了"&"符号,"&"就是用来取变量地址的,这样用户输入的值就通过变量地址存放到变量 num 和 money 所标识的内存空间中。

单目运算符"&"通常被称为取址运算符。

3.4.2   变量在内存中的表示形式

char 型数据占内存空间为 1 个字节,例如字符常量'x'在内存空间中的表示形式为

0	1	1	1	1	0	0	0

对于 32 bit 的 unsigned int,内存空间大小为 4 个字节,它存储的最大值和最小值的数据表示形式为

最小值

| 0 | 0 | 0 | 0 | 0 | 0 | 0 | 0 | 0 | 0 | 0 | 0 | 0 | 0 | 0 | 0 | 0 | 0 | 0 | 0 | 0 | 0 | 0 | 0 | 0 | 0 | 0 | 0 | 0 | 0 | 0 | 0 |

最大值

| 1 | 1 | 1 | 1 | 1 | 1 | 1 | 1 | 1 | 1 | 1 | 1 | 1 | 1 | 1 | 1 | 1 | 1 | 1 | 1 | 1 | 1 | 1 | 1 | 1 | 1 | 1 | 1 | 1 | 1 | 1 | 1 |

高位   低位

unsigned short 的内存空间大小为两个字节，它存储的最大值和最小值的数据表示形式为

最小值

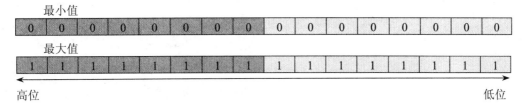

最大值

高位   低位

以 20 为例，其在内存中的表示形式为

① unsigned short 型：0000000000010100

② unsigned int 型：00000000000000000000000000010100

内存空间的 0 和 1 表示的数值可以由下面公式计算得到

$$B_{n-1}\times 2^{n-1}+B_{n-2}\times 2^{n-2}+\cdots+B_1\times 2^1+B_0\times 2^0$$

对于无符号整数，假设该变量的位数为 n，那么表示数值范围为 $0\sim 2^n-1$。

对于有符号整数，当最高位为 0 时，表示正数，当最高位为 1 时，表示负数，负数用补码表示，如果位数为 n，那么能够表示的数值范围为 $-2^{n-1}\sim 2^{n-1}-1$。

参考资料：反码与补码

对于 32 位的 int 类型，2017 与 −2017 的内存表示形式为

(a) −2017 的内存表示

高位   低位

(b) 2017 的内存表示

浮点型变量的取值范围是由长度和精度共同决定的。

如果要想知道变量的内存空间长度，可以使用 sizeof()函数来获得。sizeof()函数可用来获得变量类型或变量的长度，如果想了解数据类型的长度，那么可以用 sizeof(类型名)来获得；如果想了解变量或表达式的长度，那么就用 sizeof(表达式)来获得。

参考资料：浮点型变量的数据存储方式

例如，语句"int a=10;"，使用 sizeof(int)可看到整数类型 int 的占用内存空间长度为 4。使用 sizeof(a)可看到 int 型变量 a 占用的内存空间长度为 4。

3.5　指　针　变　量

通过变量名可以把数据放入内存空间中，也可以从内存空间中取出数据，那么内存地址有什么用处呢？其实，通过内存地址，可以找到变量的内存空间位置，把数据存放到该内存空间中，也可以从内存空间中取出数据。想要使用内存地址来存

储数据，就要定义存放内存地址的变量，这是一种特殊类型的变量，称为指针变量。指针变量就是专门用于存放变量内存地址值的变量。如果定义了一个指针变量并且存放了另一个变量的地址，那么就称该指针变量指向那个变量，然后就可以通过指针变量来间接访问它指向的变量。通过指针变量来间接访问变量的基本操作可以分为以下几个步骤。

（1）定义指针变量

指针变量要先定义，再使用。指针变量定义的一般形式为

类型名 *指针变量名；

其中类型名代表指针变量期望指向的变量的数据类型，*标识出定义的是一个指针变量，用来存放变量内存地址。例如

```
int *pa;
```

这条语句定义了一个指针变量，此指针变量的名字是 pa，它可以用来指向一个整型变量，即可以存放一个整型变量的地址。

（2）指针变量赋值

指针变量定义后不能被直接使用，必须先给它赋值为某个变量的内存地址，然后才能使用。例如，已经有变量 a 和指针变量 pa 的定义语句

```
int a=0;
int *pa;
```

那么可以在此基础上给指针变量 pa 赋值为 a 变量的内存地址

```
pa=&a;
```

pa 存放了 a 变量的地址，则称 pa 指向变量 a。

（3）指针变量初始化

在定义指针变量的同时完成赋值称为指针的初始化。例如

```
int a=0;
int *pa=&a; //定义指针变量 pa 并用 a 变量的地址对其初始化，使 pa 指向 a
```

指针变量 pa 被初始化为 &a，即 a 变量的地址，内存示意图如图 3-18 所示，此时指针变量 pa 的内存空间里是 a 变量的内存首地址（0x0022ff44），即 pa 指向变量 a。为了表示方便，可以把内存示意图转化成如图 3-19 所示的简化形式。

当然，指针变量在赋值或者初始化后也可以被重新赋值为其他变量的地址，重新赋值后即指向其他变量。可以把指针、引用和变量的关系类比为信封、地址和房子。一个指针就好像是一个信封，可以在上面填写其他房子的地址。一个引用（地址）就像是一个邮件地址，它是房子实际的地址。信封上的地址可以被擦掉，重新写上另外一个地址。

（4）通过指针间接访问变量

当为指针变量建立了指向关系后，可以通过指针变量来间接访问它指向的变量，此时需用间接访问运算符"*"作用于指针变量来得到指针变量指向的那个变量的值。

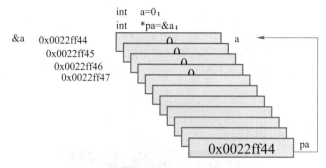

图 3-18　指针变量指向变量内存示意图

　　例如，若已经通过赋值或初始化将指针变量 pa 指向了变量 a，那么除了直接用变量名 a 访问 a 变量之外，还有另一种间接访问变量 a 的方法，那就是用间接访问运算符"*"作用于指针变量 pa，即*pa。如图 3-20 所示，当 pa 指向变量 a 后，*pa 就和 a 完全等价，读写*pa 就是读写变量 a。

图 3-19　指针变量指向变量简图

图 3-20　指针变量间接访问变量图示

　　例如，若有两条语句

```
int a=0;
int *pa=&a;
```

那么 pa 指向变量 a，*pa 就和 a 完全等价，则下列语句的意义是

```
printf("%d",*pa);    //输出指针变量 pa 所指向的变量 a 的值，屏幕输出为 0
*pa=1;               //修改指针变量 pa 所指向的变量 a 的值，修改后 a 变量值为 1
printf("%d",*pa);    //修改后屏幕输出 pa 指向的变量 a 的值，为 1
```

下面利用指针实现例 3-1 计算普通红包金额。

【例 3-8】　使用指针实现计算普通红包金额。

程序代码如下。

源代码：
例 3-8

```
#include <stdio.h>
int main()
{
    int num;       //定义整型变量 num 用于存放红包个数
    int money;     //定义整型变量 money 用于存放每个红包金额
    int total = 0;     //定义整型变量 total，并置初值为 0
    int *pnum=&num;    //定义指针变量 pnum 并对其初始化，使其指向变量 num
    int *pmoney=&money;//定义指针变量 pmoney 并对其初始化，使其指向变量 money
    /*定义指针变量 ptotal 并对其初始化，使其指向变量 total */
    int *ptotal=&total;
    printf("输入红包个数：");
    scanf("%d",pnum);    //输入红包个数，并存放到变量 num 的内存空间
    printf("输入红包金额：");
    scanf("%d",pmoney);  //输入红包金额，并存放到变量 money 的内存空间
```

```
        printf("计算红包总金额: ");
        *ptotal = (*pnum) * (*pmoney);  /*取出红包个数和单个红包金额, 计算出红
        包总金额, 并存放到变量 total 的内存空间 */
        printf("红包总金额:%d 元\n", total);
        return 0;
    }
```

运行结果如图 3-21 所示。

图 3-21　利用指针计算普通红包金额运行结果

3.6　综合案例

源代码:
例 3-9

【例 3-9】　计算银行贷款本息。

从文件 credit.txt 中读入贷款金额 money、贷期 year 和贷款年利息 rate, 计算贷款到期时的本息合计 sum 并输出。

分析:

到期还款本息的计算公式为　$sum = money * (1 + rate)^{year}$。这里用到了幂运算, 幂运算可以使用数学库函数提供的幂函数 pow(x,y)求出, 只需在程序头部添加一行 "#include <math.h>" 语句, 在程序中就可以使用该文件中定义的数学处理函数。

程序代码如下。

```c
#include <stdio.h>
#include <math.h>
#include <time.h>
int main()
{
    FILE *fp;
    int money, year;
    double rate, sum;
    fp =fopen("credit.txt", "r");
    fscanf(fp,"%d%d%lf",&money, &year, &rate);
    sum = money * pow(1+rate, year);
    printf("%d元钱贷款利率%f,%d年后贷款本息是%f", money, rate, year, sum);
    fclose(fp);
    return 0;
}
```

假设 credit.txt 的内容为

200000 15 0.06

运行结果如图 3-22 所示。

200000元钱贷款利率0.060000，15年后贷款本息是479311.638620

图 3-22 计算贷款本息运行结果

常用的数学函数有平方根函数 sqrt(x)、绝对值函数 fabs(x)、幂函数 pow(x,n)、指数函数 exp(x)、以 e 为底的对数函数 log(x)等。

【例 3-10】 猜拳小游戏。

这是一个简单的猜拳小游戏（剪子、石头、布），人与计算机对决。人出的手势由人自己决定，计算机则随机出。

人用 A 代表"剪刀"，B 代表"石头"，C 代表"布"；计算机用 0 代表"剪刀"，1 代表"石头"，2 代表"布"。

设计用户界面如下。

猜拳小游戏，请输入你要出的拳头：

A:剪刀

B:石头

C:布

此时，输入玩家出的拳头编号

电脑出了 2

你出了 C

你赢了！

本题需要定义两个变量来储存玩家出的拳头(gamer)、电脑出的拳头(computer)，根据案例要求，储存玩家出的拳头的变量需要字符变量。为了处理方便，电脑出的拳头(computer)用整型变量 int，电脑出拳可用随机函数 rand()获得。

程序代码如下。

源代码：
例 3-10

```c
#include <stdio.h>
#include <stdlib.h>
#include <time.h>
#include "showresult.h"
int main()
{
    char gamer;  // 玩家出拳
    int computer;  // 电脑出拳
    printf("猜拳小游戏，请输入你要出的拳头：\n");
    printf("A:剪刀\nB:石头\nC:布 \n");
    scanf("%c%*c",&gamer);
    srand( (unsigned)time( NULL ) );  // 随机数种子
    computer=rand();  // 产生随机数
    computer %= 3;  // 随机数取余，得到电脑出拳
    printf("电脑出了");

    show_comp_fist(computer);
```

源代码：
showresult.h

```
        printf("你出了");
        show_gamer_fist(gamer);
        show_result(computer, gamer);
        return 0;
}
```

运行结果如图 3-23 所示。

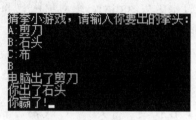

图 3-23   猜拳游戏结果

程序头部包含了头文件 showresult.h，文件中定义了显示电脑的拳头、显示用户的拳头和计算结果的函数，因为这些函数用到了分支语句。关于分支语句，下章会详细讲述，这里可先根据程序代码运行查看结果即可。这几个函数的定义在一个头文件中，在程序头部加上"#include "showresult.h""语句，头文件中的函数就可以直接使用了。

小   结

顺序结构是程序最简单的，也是最基本的结构，即按语句的书写顺序先后逐条执行。读者在了解程序的基本元素（语句、常量变量、算术运算符、数据类型以及表达式等概念）后，学习使用赋值语句，并掌握最简单的程序设计——顺序结构程序设计。

不同数据类型的数据所占内存空间不同，取值范围不同，可以执行的运算也不同。在进行运算时，不同的数据类型之间会自动转换，也可以强制进行类型转换。

理解变量在内存中的表示形式是学习的重点和难点，读者一定要弄明白变量名、变量值、内存空间地址和指针变量的概念，利用指针变量间接访问内存空间数据的方法。

习   题   3

一、选择题

1. 下列不属于 C 语言中关键字的是（   ）。

    A. long   B. print   C. default   D. typedef

2．假设变量名 i、c、f 的定义为 int i；char c；float f；，那么以下结果为整型的表达式是（　　）。

　　A．i+f　　　　　　B．i*c　　　　　　C．c+f　　　　　　D．i+c+f

3．下面 4 个选项中，均为合法的常量的选项是（　　）。

　　A．160、-0xffff、011　　　　　　　　B．-0xcdf、01A、0xe

　　C．-01、986,012、0668　　　　　　　D．-0x48A、2e5、0x

4．以下正确的变量定义是（　　）。

　　A．int d=10.23;　　　　　　　　　　B．float m1=m2=10.0;

　　C．char c1='A',c2=A;　　　　　　　 D．double x=0.618,x=3.14;

5．定义字符型变量 "char c;"，将字符 a 赋给变量 c，则下列语句中正确的是（　　）。

　　A．c='a';　　　　B．c="a";　　　　C．c="97";　　　　D．c='97';

6．若有定义 "int x=20;"，则执行语句 "x+=x/=4;" 后，x 的值为（　　）。

　　A．5　　　　　　B．10　　　　　　C．25　　　　　　D．无答案

7．以下程序的输出结果是（　　）。

```
void main()
{
    int num=0xF;
    int money=010;
    int total = num * money;
    printf("%d,%d,%d\n",num,money, total);
}
```

　　A．10,10,100　　B．15,8,120　　　C．15,10,150　　D．6,10,60

8．若有定义 "int x = 9; float y;"，则以下语句执行的结果是（　　）。

```
y = x/2;
printf("%f", y);
```

　　A．4.500000　　B．4.5　　　　C.4　　　　　　D．4.000000

9．char 和 short 数据类型所占内存空间大小为（　　）。

　　A．都是两个字节　　　　　　　　　B．用户自己定义的

　　C．任意的　　　　　　　　　　　　D．1 个字节和两个字节

10．-8 作为 short 型数据，在内存中的表示形式为（　　）。

　　A．0000 0000 0000 1000　　　　　　B．1000 0000 0000 0000

　　C．1111 111 1111 0111　　　　　　　D．1111 1111 1111 1000

二、编程题

1．温度转换。输入摄氏温度，求对应的华氏温度。华氏温度 F 和摄氏温度 C 两者的对应关系是 F=(9/5)C+32。

2．输入三角形的 3 条边，计算该三角形的面积。假设三角形 3 边长分别为 a、b、c，s=(a+b+c)/2，那么三角形的面积公式为

$$s = sqrt(s*(s-a)*(s-b)*(s-c))$$

3．编写一个程序求出任意一个输入字符的 ASCII 码。

4．编程求出变量类型 char、short、int、long、long long、float、double、long double 的内存空间长度。

5．编程实现对键盘输入的大写英文字母进行加密。加密方法是，当字母为 A～W 之间时，用该字母后第 3 个字母加密，字母 X、Y、Z 分别用字母 A、B、C 来加密。

6．编写一段程序，输入自己的身高，输出自己的标准体重。标准体重计算公式为

$$（身高-100）\times 0.9$$

所得结果保留两位小数。

4 选择结构程序设计

电子教案

生活中不是所有的问题都是按顺序结构执行的，常常需要根据遇到的情况，在可能的选项中选择执行，可能的选项可以是一项、两项或者多项。

例如，同样一件衣服，京东、天猫、唯品会、官网、实体店都有售，价格、送货时间、品质保障、优惠方式等各不同，到底选择买哪一家的呢？

在程序设计中，这种根据条件进行判断选择执行相应操作的问题，就是选择结构。

选择结构也称为分支结构，根据不同的条件从多个选项中转向不同的程序分支执行。选择结构一般分为单分支、双分支和多分支 3 种结构。

选择结构实现的关键，在于判断条件的合法描述，以及选择操作流程的合理设计，以完成从简单的判断到复杂的决策问题。

4.1 门票价格问题

上海迪士尼乐园是我国内地首座迪士尼主题乐园，位于上海市浦东新区川沙新镇，于 2016 年 6 月 16 日正式开园。它是我国内地第一个、亚洲第三个、世界第六个迪士尼主题公园。

要迎接海内外的众多游客，很重要的环节就是出售主题乐园的门票，那么怎样考虑门票价格问题呢？

2016 年上海迪士尼主题乐园门票的官方规则如下。

- 平日门票价格为人民币 370 元。
- 高峰日门票价格为人民币 499 元，适用于节假日、周末和暑期。
- 儿童（身高 1.0 米以上至 1.4 米，包括 1.4 米）、老年人（65 周岁及以上）和残障游客购买门票可享受七五折特别优惠。
- 婴幼儿（身高 1.0 米及以下）可免票入园。
- 购买两日联票可享有总价九五折优惠。
- 每个身份证件每次最多可购买 5 张门票。

门票价格说明如表 4-1 所示。

表 4-1　上海迪士尼主题乐园的门票价格表

条　　目	票 务 详 情	平 日 票	高 峰 日 票
票价	所有门票均为指定日票 高峰日票价适用于： ● 节假日 ● 周末 ● 暑期（7 月和 8 月） 平日票价格用于： ● 非高峰日	¥370	¥499
	盛大开幕期（2016 年 6 月 16 日至 30 日）	¥499	
票价分类	常规门票 身高 1.4 米以上，65 周岁以下	¥370	¥499
	老年人 65 周岁及以上	¥280（75 折）	¥375（75 折）
	儿童 身高 1.0 米以上至 1.4 米（包括 1.4 米）	¥280（75 折）	¥375（75 折）
	残障游客 需提供残障证明	¥280（75 折）	¥375（75 折）
	婴幼儿 身高 1.0 米及以下	免票	免票
	两日联票	95 折	

一般来说，门票总价的计算首先要根据不同日期、不同游客类型以及是否联票等情况选择各自不同的价格，再总加起来。这些不同日期、不同游客类型以及是否联票等情况实际上就是条件，根据这些情况选择不同的价格实际上就是进行条件判断，再按照判断结果选择不同的基准价格，最后计算票价总和，实际上就是选择结构问题。

那么怎样用 C 语言来表达各种各样的条件和选择结构呢？下面就把问题分解，先介绍各种条件的表示方法，再介绍选择结构的不同实现方式，进而综合地解决问题。

4.2　条件的表示

在 C 语言中，怎样表示各种条件，判断条件的依据又是什么呢？

例如，购票规则中游客分类和购票类型就有条件的描述，条件进一步明确如下。

（1）老年人票：65 周岁及以上

游客的年龄要与 65 比较，判断是否大于等于 65。

（2）两日联票

门票类型有 1 日票、两日票，两日票有九五折优惠，需要判断游客是否选择两日票。

（3）标准票：身高 1.4 米以上，16~65 周岁

标准票的条件是游客身高大于 1.4 米，或者游客年龄在 16 岁至 65 岁之间，满足其一则可。

（4）儿童票：身高 1.0 米以上至 1.4 米（包括 1.4 米），且年龄 16 周岁及以下

儿童票的条件是游客身高大于 1.0 米，且小于等于 1.4 米，同时游客年龄小于等于 16 岁，3 个条件要同时满足。

（1）、（2）的问题实际上是比较对象之间的大小关系，C 语言中可以用表示比较关系的关系表达式来表示这样的条件。

（3）、（4）的问题除了要表示比较对象之间的大小关系外，还要表示需要多个条件同时满足，或者多个条件中满足其中部分条件的情况。对于这样较为复杂的条件，可以用表示逻辑关系的逻辑表达式表示。

下面介绍表示条件的相关规则。

4.2.1　关系运算

比较两个操作数的大小，可以用关系运算符实现，关系运算符也称比较运算符。用关系运算符将两个操作数（可以是算术表达式、关系表达式、逻辑表达式、赋值表达式或字符表达式等）连接起来的式子，称为关系表达式。

C 语言提供 6 种关系运算符：>、>=、<、<=、==、!=，用来比较两个操作数的大小关系。

关系表达式的结果只有以下两种。

① 如果关系成立，则运算结果为 1，具有逻辑值"真"。

② 如果关系不成立，则运算结果为 0，具有逻辑值"假"。

判断表达式的值要注意依据优先级和结合性。

关系运算符的优先级低于算术运算符。

关系运算符的优先级高于赋值运算符。

6 种关系运算符中，>、>=、<、<=的优先级相同，==、!=的优先级相同，前 4 种的优先级高于后两种。

关系运算符及其优先级和结合性如表 4-2 所示。

表 4-2　关系运算符及其优先级和结合性

运算符	含　义	优　先　级	结　合　方　向	示　　例	示　例　的　值
>	大于	6	自左至右	9>1	1（真）
>=	大于或等于			7>=15	0（假）
<	小于			4<0	0（假）
<=	小于或等于			6<=21	1（真）
==	等于	7	自左至右	4==5	0（假）
!=	不等于			3!=9	1（真）

对于前面所述游客分类和购票类型问题中，定义两个变量表示。

```
int age;      //存放游客年龄
char style;   //存放购票类型，1日票用'1'表示，两日票用'2'表示
```

则条件表示可以用关系表达式表示，如表 4-3 所示。

表 4-3　老年人票和两日联票的条件表示

条　　目	票 务 详 情		条件表示（关系表达式）
票价分类	老年人票	65 周岁及以上	age>=65
	两日联票	选择两日联票	style=='2'

常见错误：

（1）条件表示时，"=="运算符误写为"="运算符

"=="是关系运算符"等于"，用于判断表达式左右两端的操作数是否相等，若相等关系成立，表达式的值为 1，具有逻辑值"真"；若相等关系不成立，表达式的值为 0，具有逻辑值"假"。

初学者经常将"style= ='2'"误写作"style='2'"，把'2'赋给 style，结果为非 0，表达式始终为"真"，这样得到的结果是不论游客的选择如何，购票类型都是两日联票，与实际情况不符。

（2）数值 0，1，…，9 与数字字符'0'，'1'，…，'9'的混淆

如果条件表示写为"style==2"，由于 style 是字符变量，假如输入数据为'2'，表示选择两日票，则现在条件变为'2'==2，字符'2'的 ASCII 值是 50，实际要比较 50==2，这肯定是不成立的，导致出错。

4.2.2　逻辑运算

C 语言提供 3 种逻辑运算符：逻辑非（!）、逻辑与（&&）和逻辑或（||）。

用逻辑运算符将操作数连接起来的式子为逻辑表达式，操作数可以是算术表达式、关系表达式、逻辑表达式、赋值表达式、字符表达式及数值表达式等。

逻辑运算符及其优先级和结合性如表 4-4 所示。

表 4-4　逻辑运算符及其优先级和结合性

运算符	含义	优先级	结合方向	示例	等效表达式	示例的值
!	逻辑非	2	自右至左	!5&&3||8	((!5)&&3)||8	1
&&	逻辑与	11	自左至右	!2&&5%7	(!2)&&(5%7)	0
||	逻辑或	12		0||8<3&&5/2	0||((8<3)&&(5/2))	0

逻辑表达式的结果只有两种，即逻辑值"真"和逻辑值"假"，分别用 1 和 0 表示。

逻辑非运算表示若操作数的值为真，则其逻辑非的运算结果为假；反之，则为真。

　　逻辑与运算表示仅当两个操作数都为真时，运算结果才为真；只要有一个为假，运算结果就为假。

　　逻辑或运算表示两个操作数中只要有一个为真，运算结果就为真；仅当两个操作数都为假时，结果才为假。

　　由于操作数不仅限于关系表达式和逻辑表达式，可以得到真（1）和假（0）的结果，对于操作数的值为数值的情况，C 语言规定非 0 为真，0 为假。

　　例如，有两个操作数分别为 a 和 b，则逻辑运算规则（真值表）如表 4-5 所示。

表 4-5　逻辑运算规则（真值表）

a	b	!a	!b	a&&b	a||b
非 0	非 0	0	0	1	1
非 0	0	0	1	0	1
0	非 0	1	0	0	1
0	0	1	1	0	0

　　对于前面所述游客分类购票类型问题中，标准票和儿童票的条件，定义两个变量表示。

```
int age;          //存放游客年龄
float height;     //存放游客身高
```

则上述条件表示可以用逻辑表达式表示，如表 4-6 所示。

表 4-6　标准票和儿童票的条件表示

条目		票 务 详 情	条 件 表 达
票价分类	标准票	身高 1.4 米以上，16～65 周岁	height>1.4||age>16 && age<65
	儿童票	身高 1.0 米以上至 1.4 米（包括 1.4 米），且年龄 16 周岁及以下	height>1.0 && height<=1.4 && age<=16

　　常见错误：

　　有时，相同形式的数学表达式与 C 语言表达式的含义混淆。例如，条件游客年龄在 16 岁至 65 岁之间，数学表达式可以表示为"16<age<65"。但是 C 语言要表示为"age>16 && age<65"。因为在 C 语言中，"16<age<65"的含义是先判断 16<age 的值（结果为 0 或 1），再判断（0 或 1）<65 的值，这与要表示的含义不符合。

【例 4-1】　写出满足下列命题的 C 语言表达式。

① number 是偶数。

② x 和 y 中有一个小于 z。

③ x、y 和 z 中有两个为负数。

分析：

① number 是偶数。设 number 为 int 型变量，则对应的表达式为

`number%2==0`

② x 和 y 中至少有一个小于 z。设 x、y、z 均为 int 型变量，则对应的表达式为

`(x<z)||(y<z)`

③ x、y 和 z 中有两个为负数。设 x、y、z 均为 int 型变量，则对应的表达式为

`(x<0&&y<0&&z>=0)|| (x>=0&&y<0&&z<0)|| (x<0&&y>=0&&z<0)`

注意：

一个条件的逻辑表达式的形式不是唯一的，例如②中 x 和 y 中有一个小于 z 的逻辑表达式也可以用如下形式表示。

`((x<z)||(y<z))==1`

`((x<z)||(y<z))!=0`

`((z-x)>0+(z-y)>0)!=0`

`(x<z && y>=z)||(x>=z && y<z)||(x<z && y<z)`

使用时应通过适当的分析，尽量写出简洁、明晰的逻辑表达式。

4.2.3　短路求值

在逻辑表达式的求解中，并不是所有的逻辑运算符都要被执行。逻辑运算符"&&"和"||"都具有短路特性。例如

① a&&b 只有 a 为真时，才需要判断 b 的值。如果 a 为假时，就不必判断 b 的值，表达式的结果始终为假，则 b 被短路，即为逻辑与的短路特性。

② a||b 只有 a 为假时，才需要判断 b 的值。如果 a 为真，就不必判断 b 值，表达式的结果始终为真，则 b 被短路，即为逻辑或的短路特性。

逻辑表达式求值方法是，在逻辑表达式的求值过程中，按其操作数从左至右的计算顺序，当某个操作数的值可以确定整个逻辑表达式的值时，其余的操作数不再计算。

例如假如有变量定义为

`int x,y,z;`

则下列表达式执行后，表达式的值和变量的值如表 4-7 所示。

表 4-7　短路求值示例

序号	变量初始值	表　达　式	表达式的值	执行后变量的值
①	x=y=z=1;	++x&&--y&&++z	0	x 为 2，y 为 0，z 为 1
②	x=2,y=0,z=1;	--x||++y||++z	1	x 为 1，y 为 0，z 为 1
③	x=y=z=1;	--x&&++y||++z	1	x 为 0，y 为 1，z 为 2
④	x=0,y=1,z=2;	++x||--y&&--z	1	x 为 1，y 为 1，z 为 2
⑤	x=0,y=1,z=2;	x||--y&&--z	0	x 为 0，y 为 0，z 为 2
⑥	x=0,y=1,z=2;	x||y&&--z	1	x 为 0，y 为 1，z 为 1

4.3　单分支结构

有了表示条件的表达式，怎样控制后续操作的执行步骤呢？这就需要用选择结构实现。

例如，迪士尼门票规定 65 周岁以上的老年人，平日票价为 280 元，高峰日票价为 375 元。需要对条件（年龄大于等于 65）进行判断，如果为真，则享受优惠票价。

对于这种只有一种可能性的选择结构，叫单分支结构。

4.3.1　if 语句

根据给定条件是否成立来决定是否执行指定操作的语句称为条件语句，也称 if 语句。单分支结构可用一个选项的 if 语句实现，流程图如图 4-1 所示。

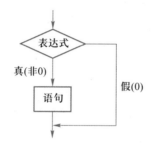

图 4-1　一个选项的 if 语句流程图

if 语句的一般形式为

```
if(表达式)
    语句
```

其中表达式可以是关系表达式、逻辑表达式或数值表达式。语句为内嵌语句，只允许是一条语句，可以是简单的语句、复合语句或者另一个 if 语句等。

if 语句的执行过程是，先求解表达式的值，如果表达式的值为"真"，则执行语句；如果表达式的值为"假"，则什么都不做。

4.3.2　复合语句

如果当条件满足时，需要执行的操作不是一个语句，而是由两条或两条以上语句组成的语句序列，则需要将这一组语句序列组合成一个复合语句，以满足 if 语句的语法要求。

复合语句就是用一对大括号将一组语句序列括起来，通常可以出现在允许单条语句出现的地方，可等价于一条语句，也可以嵌套使用。

复合语句格式为

```
    {
        <语句序列>
    }
```

【例 4-2】 迪士尼门票规定 65 周岁及以上的老年人，平日票价为 280 元，高峰日票价为 375 元。

分析：

需要对条件"年龄大于等于 65"进行判断，如果为真，则享受优惠票价。

程序代码如下。

源代码：
例 4-2

```c
#include <stdio.h>
int main()
{
    int age;  //age 存放游客年龄
    //ticket_o 存放老年人平日票票价，ticket_p 存放老年人高峰日票票价
    int ticket_o=0,ticket_p=0;
    printf("请输入您的年龄（周岁）：\n");
    scanf("%d",&age);
    if(age>=65)
    {
        ticket_o=280;
        ticket_p=375;
        printf("欢迎光临迪士尼乐园！您购买的是老年人票！\n");
        printf("平日票价为：%d 元\n高峰日票价为：%d 元\n", ticket_o,
        ticket_p);
    }
    return 0;
}
```

运行结果如图 4-2 和图 4-3 所示。

```
请输入您的年龄（周岁）：
26
```

```
请输入您的年龄（周岁）：
78
欢迎光临迪士尼乐园！您购买的是老年人票！
平日票价为：280元
高峰日票价为：375元
```

图 4-2　输入不符合老年人条件的年龄　　　　图 4-3　输入符合老年人条件的年龄

常见错误：

if 语句结构中的语句部分没有加大括号构成复合语句。本例代码

```c
    {
        ticket_o=280;
        ticket_p=375;
        printf("欢迎光临迪士尼乐园！您购买的是老年人票！\n");
        printf("平日票价为：%d 元\n高峰日票价为：%d 元\n", ticket_o, ticket_p);
    }
```

为复合语句，当条件成立时，执行复合语句的代码。

如果没有写大括号，这部分代码为

```
if(age>=65)
    ticket_o=280;
ticket_p=375;
printf("欢迎光临迪士尼乐园！您购买的是老年人票！\n");
printf("平日票价为：%d元\n高峰日票价为：%d元\n",ticket_o,ticket_p);
```

如果条件成立，后续语句都执行，语句执行后看不出问题。但是如果条件不成立，高峰日票还是会赋值为优惠票价 375，还会输出相关老人票的信息，与门票规定的含义不一样，这是初学者很容易出错的地方。

4.4 双分支结构

在门票价格计算问题中需要判断输入日期是否合法，需要知道每个月的天数。对于二月份来说，平年和闰年不一样，平年 28 天，闰年 29 天。那么就需要判断年份是否为闰年，如果为闰年，则二月份天数为 29 天；否则二月份天数为 28 天。

这种根据判断条件是否成立有两种选择，而且需要在这两种选择中选择其一执行，就是双分支结构。

4.4.1 if-else 语句

双分支结构可用两个选项的 if 语句实现，流程图如图 4-4 所示。

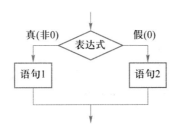

图 4-4 两个选项的 if 语句流程图

if-else 语句的一般形式为

if(表达式)
    语句 **1**
else
    语句 **2**

其中语句 1、语句 2 为内嵌语句，只允许是一条语句。

if-else 语句的执行过程是，先求解表达式的值，如果表达式的值为"真"，则执行语句 1；如果表达式的值为"假"，则执行语句 2。

【例 4-3】 判断年份是否为闰年，如果为闰年，则二月份天数为 29 天；否则二月份天数为 28 天。

源代码：
例 4-3

分析：

判断闰年的条件如下。

① 能被 4 整除，但不能被 100 整除的年份；

② 能被 400 整除的年份。

可简化条件方便记忆为

四年一闰，

百年不闰，

四百年再闰。

若已知年份 year，则判断年份 year 是否为闰年的逻辑表达式为

```
((year%4==0)&&(year%100!=0))||(year%400==0)
```

考虑运算符的优先级和结合性，上述表达式也可写为

```
year%4==0&&year%100!=0||year%400==0
```

一般情况下，如果条件比较复杂，建议把需要优先计算的部分用圆括号括起来，这样计算的优先顺序很清晰，不容易出错，这也是初学的经验。

程序代码如下。

```c
#include <stdio.h>
int main()
{
    //存放到访日期年、月、日
    int year=0,month=0,day=0;
    printf("\n 请输入到访日期\n\37\37\37 格式为年  月  日：2017 1 1 \37\37\37\n");
    printf("请输入：");
    scanf("%d %d %d",&year,&month,&day);
    //闰年判断，如果是闰年二月份天数加 1
    if(year%4==0&&year%100!=0||year%400==0)
        day=29;
    else
        day=28;
    printf("二月天数为：%d。\n",day) ;
    return 0;
}
```

运行结果如下。

① 输入"2008   5   8"，是闰年，输出二月天数为 29 天，如图 4-5 所示。

② 输入"2017   11   25"，不是闰年，输出二月天数为 28 天，如图 4-6 所示。

图 4-5　闰年的二月天数 　　　　图 4-6　非闰年的二月天数

4.4.2　条件运算

条件运算符是 C 语言中唯一的一个三目运算符，运算时需要 3 个操作数，由条件运算符及其运算对象构成的表达式也称为条件表达式，一般形式为

表达式 1 ? 表达式 2：表达式 3

其中"?""："为条件运算符；表达式 1、表达式 2 和表达式 3 为操作数。

条件表达式的执行过程是，首先计算表达式 1 的值，如果表达式 1 的值为非 0，整个表达式的值为表达式 2 的值；如果表达式 1 的值为 0，整个表达式的值为表达式 3 的值。

整个表达式的类型取决于表达式 2 和表达式 3 中类型高的那个。

例如

```
int a=9, b=2;
a > b ? a : b;
//表达式的值为 9
```

作用是求出两个数中较大者。

说明：

① 条件运算符优先级高于赋值运算符，低于关系运算符和算术运算符。

② 条件运算符的结合方向为自右至左。

③"表达式 2"和"表达式 3"不仅可以是数值表达式，还可以是赋值表达式或函数表达式。

④ 条件表达式中，表达式 1 的类型可以与表达式 2 和表达式 3 的类型不同。

有一种 if 语句，当被判别的表达式的值为"真"或"假"时，都执行一个赋值语句且向同一个变量赋值，这种情况下就可以用条件表达式替换。

例如，把例 4-3 中的双分支结构语句

```
if(year%4==0&&year%100!=0||year%400==0)
    day=29;
else
    day=28;
```

用条件表达式可改写为

```
day=(year%4==0&&year%100!=0||year%400==0) ? 29 : 28;
```

4.4.3　if-else 嵌套

一个完整的控制结构，如 if-else 语句结构可以当成一条语句看待，这个规则使得控制结构可以嵌套使用。如果 if-else 语句结构中的语句 1 或语句 2 又是一个 if 语句，则构成嵌套的 if 语句。其一般形式为

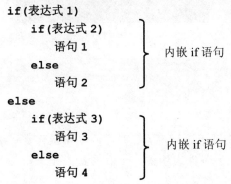

```
if(表达式1)
    if(表达式2)
        语句1                  内嵌 if 语句
    else
        语句2
else
    if(表达式3)
        语句3                  内嵌 if 语句
    else
        语句4
```

语句 1、语句 2、语句 3、语句 4 又可以是复合语句，所以，嵌套的 if 语句可以非常复杂。

4.4.4　if-else 配对

嵌套的 if 语句可能又是 if-else 语句，这将会出现多个 if 和多个 else 重叠的情况，这时要特别注意 if 和 else 的配对问题。

if -else 配对原则如下。

① 缺省 { } 时，else 总是与它上面离它最近的、未配对的 if 配对。

② if 和 else 的数目一样时，注意书写格式，采用如下锯齿形式。

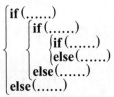

```
if(……)
    if(……)
        if(……)
        else(……)
    else(……)
else(……)
```

③ if 和 else 的数目不一样时，可以加大括号来确定配对关系。

下面结合票价问题中游客类型判断功能设计来分析配对关系。

【例 4-4】　假如来到宝藏湾景点，针对不同年龄的游客，发出不同的问候语，如表 4-8 所示。

表 4-8　游客类型与宝藏湾问候语

游客类型	问候语
老年人（65 周岁及以上）	Hi！老伙计！欢迎加入海盗队伍，去找寻返老还童的灵丹妙药吧！
标准（16～65 周岁）	Hi！年轻人！向海洋进发，来一场寻宝之旅吧！
儿童（16 周岁及以下）	Hi！小水手！戴好眼罩，与杰克船长同行，扬帆宝藏湾！

分析：

由于游客年龄分了 3 类，相应的问候语有 3 种，就不能只用一个没有内嵌 if 语句的 if 语句来实现，可以有以下两种方法来解决。

（1）先后用 3 个独立的 if 语句实现

算法如下。

输入年龄

如果年龄>=65，则输出"Hi！老伙计！……"

如果年龄>16 且年龄<65，则输出"Hi！年轻人！……"

如果年龄<=16，则输出"Hi！小水手！……"

（2）用一个嵌套的 if 语句实现

下面用两种算法写出程序代码

算法 1：

输入年龄

如果年龄>=65，则输出"Hi！老伙计！……"

否则

　　　如果年龄>16，则输出"Hi！年轻人！……"

　　　否则（即年龄<=16），则输出"Hi！小水手！……"

程序代码 1 如下。

源代码：
例4-4

```
#include <stdio.h>
int main()
{
    int age;
    printf("欢迎来到神秘的宝藏湾~~\n");
    printf("请输入您的年龄（周岁）:\n");
    scanf("%d",&age);
    if(age>=65)
        printf("Hi！老伙计！欢迎加入海盗队伍，去找寻返老还童的灵丹妙药吧！\n");
    else
        if(age>16)
            printf("Hi！年轻人！向海洋进发，来一场寻宝之旅吧！\n");
        else
            printf("Hi！小水手！戴好眼罩，与杰克船长同行，扬帆宝藏湾！\n");
    return 0;
}
```

算法 2：

输入年龄

如果年龄<65：

　　再判断：

　　如果年龄>16，则输出"Hi！年轻人！……"

　　否则

　　输出"Hi！小水手！……"

否则（即年龄>=65），则输出"Hi！老伙计！……"

程序代码 2 如下。

```
#include <stdio.h>
int main()
{
```

```
    int age;
    printf("欢迎来到神秘的宝藏湾~~\n");
    printf("请输入您的年龄（周岁）：\n");
    scanf("%d",&age);
    if(age<65)
        if(age>16)
            printf("Hi！年轻人！向海洋进发，来一场寻宝之旅吧！\n");
        else
            printf("Hi！小水手！戴好眼罩，与杰克船长同行，扬帆宝藏湾！\n");
    else
        printf("Hi！老伙计！欢迎加入海盗队伍，去找寻返老还童的灵丹妙药吧！\n");
    return 0;
}
```

程序分析：

有多个 if 和 else 语句时要先分析配对关系，else 总是与它上面离它最近的未配对的 if 配对。

程序是 if 和 else 数目相等的情况。

程序代码 1 中，第一个 else 与第一个 if 配对，第二个 else 与第二个 if 配对。嵌套的 if 语句放在 else 子句中，内嵌的 else 不会被误认为和外层的 if 配对，只能与内嵌的 if 配对。

程序代码 2 中，第一个 else 与第二个 if 配对，第二个 else 与第一个 if 配对。嵌套的 if 语句放在 if 子句中，内嵌的 else 前面有两个 if，可能会被误认为和外层的 if 配对。

为了逻辑关系看起来更清晰，一般提倡把嵌套的 if 语句放在外层的 else 子句中，如像程序代码 1 的形式，也就是后面提到的 if 语句级联形式。

对于 if 和 else 数目不相等的情况，假如把程序代码 2 改写一下，代码功能只判断年轻人和老年人的情况，这时，如果直接把内嵌 if 语句的 else 部分删去，则为如下程序代码 3 所示。

```
#include <stdio.h>
int main()
{
    int age;
    printf("欢迎来到神秘的宝藏湾~~\n");
    printf("请输入您的年龄（周岁）：\n");
    scanf("%d",&age);
    if(age<65)
        if(age>16)
            printf("Hi！年轻人！向海洋进发，来一场寻宝之旅吧！\n");
    else
        printf("Hi！老伙计！欢迎加入海盗队伍，去找寻返老还童的灵丹妙药吧！\n");
    return 0;
}
```

这时，有一个 else、两个 if，按照 else 总是与它上面离它最近未配对的 if 配对的规则，else 和第二个 if 配对。这样的结果，就会出现如果年龄小于等于 16，属于儿童年龄范围时，会输出对老年人的问候，逻辑上有错。

实际上，在逻辑关系上，如果 else 能与第一个 if 配对，问题就解决了。那么，有办法实现 else 与不是离得最近的 if 配对吗？

回答是肯定的，这时，可以用大括号来强行改变配对关系。把第二个 if 部分用大括号括起来，作为外层 if 的内嵌 if 语句，这样 else 就可以与外层的 if 配对，逻辑关系正确。再改写一下程序代码 3，成为如下程序代码 4 所示。

```c
#include <stdio.h>
int main()
{
    int age;
    printf("欢迎来到神秘的宝藏湾~~\n");
    printf("请输入您的年龄（周岁）：\n");
    scanf("%d",&age);
    if(age<65)
    {
        if(age>16)
            printf("Hi！年轻人！向海洋进发，来一场寻宝之旅吧！\n");
    }
    else
        printf("Hi！老伙计！欢迎加入海盗队伍，去找寻返老还童的灵丹妙药吧！\n");
    return 0;
}
```

4.5 多分支结构

在门票价格计算问题中需要对输入日期是否为工作日或周末进行判断，来决定票价。一周有 7 天，要从 7 个选择中选择一项执行，怎样实现这种选择结构呢？

4.5.1 if 语句级联

在程序中经常会遇到需要对多个可能的排他性条件进行判断，在一个条件不满足时继续判断下一个条件，直到得出一个排他性结果的情况。对于这种判断多个排他性条件，并且分别得到相应的多个排他性结果的情况，可以用多选项的 if 语句实现，即可以用嵌套的 if 语句实现，在 if 部分不嵌套，而在 else 部分嵌套另一个 if 语句或者 if-else 语句。这种形式常常称为 if 语句的级联形式。

if 语句的级联形式为

if(表达式 1)

　　　　语句 1　　　　　　　　　　//选项 1

```
else
    if(表达式2)
        语句2                              //选项2
    else
        if(表达式3)
            语句3                        //选项3
            ...
        else
            if(表达式n)
                语句n              //选项n
            else
                语句n+1           //选项n+1
```

可以看出，这种书写形式在选项较多的时候，书写和阅读 if 语句的逻辑结构非常不便，所以将上面的书写形式改写一下，else 和下一个 if 放置在同一行，用空格隔开，所有的 else 都与第一个 if 左对齐，且每一个语句都在控制该语句执行的条件后面。形成常用的多选项的 if 语句的一般形式，如下所示。

```
if(表达式1)          语句1         //选项1
else if(表达式2)     语句2         //选项2
else if(表达式3)     语句3         //选项3
...
else if(表达式n)     语句n         //选项n
else                语句n+1       //选项n+1
```

执行过程如图 4-7 所示。

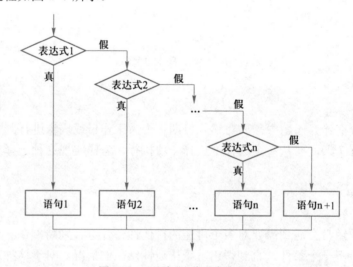

图 4-7 if 语句级联形式流程图

依次判断表达式的值，当出现某个表达式值为真时，则执行其对应的语句。然后跳到整个 if 语句之外继续执行程序。如果所有的表达式均为假，则执行语句 n+1。然后继续执行后续程序。

【例 4-5】 根据输入日期判断是星期几，运用基姆拉尔森计算公式。

分析：

基姆拉尔森计算公式为

```
W=(d+2*m+3*(m+1)/5+y+y/4-y/100+y/400+1)%7 //C语言计算公式
```

在公式中 d 表示日期中的日数，m 表示月份数，y 表示年数。

注意：

把一月和二月看成是上一年的十三月和十四月，例如，2004-1-10 换算成 2003-13-10 来代入公式计算。

程序代码如下。

参考资料：
基姆拉尔森公式

源代码：
例 4-5

```c
#include <stdio.h>
int main()
{
    //存放到访日期年、月、日
    int year=0,month=0,day=0;
    //存放基姆拉尔森计算公式计算结果
    int iweek;
    printf("\n请输入到访日期\n\37\37\37 格式为年 月 日：2017 1 1  \37\37\
37\n");
    printf("请输入: ");
    scanf("%d %d %d",&year,&month,&day);
    //如果是一月和二月，换算成上一年的十三月和十四月
    if(month==1||month==2)
    {
        month+=12;
        year--;
    }
    iweek=(day+2*month+3*(month+1)/5+year+year/4-year/100+year/400)%7;
    if(iweek==0)
        printf("星期一\n");
    else if(iweek==1)
        printf("星期二\n");
    else if(iweek==2)
        printf("星期三\n");
    else if(iweek==3)
        printf("星期四\n");
    else if(iweek==4)
        printf("星期五\n");
    else if(iweek==5)
        printf("星期六\n");
    else
        printf("星期日\n");
    return 0;
}
```

【例 4-6】判断键盘输入的字符是否为英文字母、数字字符、字符*和其他字符。

分析：

使用多分支选择结构，输入一个字符，先判断是否为英文字母，再判断是否为

数字字符，再判断是否为字符*，剩下的部分为其他字符，可以用 if 语句级联形式
实现。

源代码:
例 4-6

程序代码如下。

```c
#include <stdio.h>
int main()
{
    char ch;            //ch 存放输入的字符
    printf("Enter a character:");
    //变量 ch 接收从键盘输入的一个字符
    ch=getchar();
    //判断是否为英文字符，含大小写
    if((ch>='a' && ch <='z' )|| (ch>='A' && ch<='Z'))
        printf("It is a letter.\n");
    //判断是否为数字字符
    else if(ch>='0' && ch <='9')
        printf("It is a number.\n");
    //判断是否为字符*
    else if(ch=='*')
        printf("It is a *.\n");
    else
    //其余为其他字符
        printf("It is a other letter.\n");
return 0;
}
```

运行结果如图 4-8～图 4-11 所示。

```
Enter a character:d
It is a letter.
```

图 4-8　输入英文字符

```
Enter a character:5
It is a number.
```

图 4-9　输入数字字符

```
Enter a character:*
It is a *.
```

图 4-10　输入字符*

```
Enter a character:#
It is a other letter.
```

图 4-11　输入其他字符

编程实现时的注意要点：
① 对判断条件的逻辑表达式的书写。
② 对英文字母的判断包括大小写。
③ 对数字字符的判断。
④ 对特定字符的判断。
⑤ 对其他字符的判断。

4.5.2　switch 语句

if 语句级联形式也可看作描述的是一种多路选择的分支结构。在程序中，经常

会遇到这种多路选择的分支结构，并且选择的条件往往是 int 型的常量表达式，即当某个表达式的值等于一个常量时执行某种操作，当该表达式的值等于另一个常量时执行另一种操作。例如例 4-5 中，需要比较的常数较多，使用 if 语句级联形式会使程序结构不够清晰，代码也会显得冗长。为方便对这类多路选择的描述，C 语言提供了一种 switch 语句。

switch 语句常用于从多个选项中选择一个，基于单个变量或者一个简单表达式（控制表达式）的值进行选择时，常用于各种分类统计、菜单设计等。其一般形式为

```
switch(表达式)
{
    case  常量1:
            语句组 1;
    case  常量2:
            语句组 2;
        …
    case  常量n:
            语句组 n;
    [default:
            语句组 n+1; ]
}
```

switch 语句的执行流程图如图 4-12 所示。

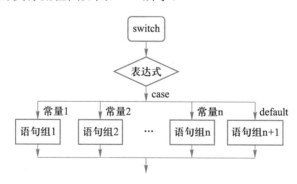

图 4-12　switch 语句流程图

说明：

① 常量 1，常量 2，…，常量 n 是整型表达式，且值必须互不相同，通常使用 int 型数字和字符组成表达式。

② 语句组由若干语句组成，也可为空。

③ case 后可包含多个可执行语句，且不必加 { }。

④ 多个 case 可共用一组执行语句。

⑤ switch 也可嵌套使用。

执行过程注意事项：

表达式的值依次与常量 1，常量 2，…，常量 n 比较，当发现与其中的某个相等时便停止下面的比较，转去执行其后的语句序列。

执行语句序列时，从头开始逐条执行，遇到 break 语句时，则退出该开关语句。若未遇到 break 语句，则继续执行该语句序列后面的语句序列，而不论表达式的值是否与常量 n 的值相等。

开关语句的右花括号具有退出该开关语句的作用。

default 语句可以省略，也可放在开关语句大括号内的任何位置。

源代码：
例 4-7

【例 4-7】 用 switch 语句改写例 4-5。

程序代码如下。

```c
#include <stdio.h>
int main()
{
    //存放到访日期年、月、日
    int year=0,month=0,day=0;
    //存放基姆拉尔森计算公式计算结果
    int iweek;
    printf("\n 请输入到访日期\n\37\37\37 格式为年 月 日：2017 1 1  \37\37\37\n");
    printf("请输入：");
    scanf("%d %d %d",&year,&month,&day);
    //如果是一月和二月，换算成上一年的十三月和十四月
    if(month==1||month==2) {
        month+=12;
        year--;
    }
    iweek=(day+2*month+3*(month+1)/5+year+year/4-year/100+year/400)%7;
    switch(iweek)
    {
        case 0: printf("星期一\n"); break;
        case 1: printf("星期二\n"); break;
        case 2: printf("星期三\n"); break;
        case 3: printf("星期四\n"); break;
        case 4: printf("星期五\n"); break;
        case 5: printf("星期六\n"); break;
        case 6: printf("星期日\n"); break;
    }
    return 0;
}
```

4.6 综合案例

本节针对上海迪士尼主题乐园门票价格计算功能的设计，阐述一个实际案例的程序实现过程，重点突出选择结构的程序设计方法。

生活中的实际问题，往往涉及的因素很多，需要用计算机解决问题，首先就需

要把问题的主要因素抽象出来，而且对一些不清晰的因素还要进一步明确，再提炼、简化问题，也即导言部分所述编程的第一个步骤——明确问题需求，进而用程序实现。

正如前面所述的官方门票规则，还是比较烦琐的，初看条件似乎很多，有些规则也不是很清晰。下面分析一下门票价格计算涉及的问题，抽象出便于设计门票价格计算程序的规则。

由于婴幼儿不需要门票，残障游客的门票由专门机构购买，高峰日暂不考虑节假日和暑期的情况，对于游客类型的判定由游客自己解决，以及暂不考虑购票数量的限制问题等，为了更清晰表示抽象出来的门票规则，将表 4-1 门票价格情况表改进、简化为表 4-9 所示。

表 4-9 改进的上海迪士尼主题乐园的门票价格表

购票类型	游客类型	票价基准	
		平日票： ◆ 工作日	高峰日票： ◆ 周末
1 日票	标准票	¥370	¥499
	老年人	¥280	¥375
	儿童	¥280	¥375
两日票	//	总价九折起	

1. 问题分析

计算门票价格，要考虑的因素如下。

① 游客类型：根据游客类型选择标准或者折扣的票价。游客类型有标准游客、儿童、老年人三种。

② 购票数量：确定不同类型游客的购票数量。

③ 购票日期：根据购票日期来判断选择平日票或高峰日票价格。

④ 购票类型：根据购票类型来确定是 1 日票还是两日票的价格。

可以看出，计算门票价格问题中涉及较多的选择结构。

思考：

① 问题中哪些地方需要用选择结构实现？可以很明显地看出选择结构在根据日期判断是平日还是高峰日，根据选择的购票类型判断是 1 日票还是两日票可以使用。

② 条件怎么表示？例如，平日和高峰日的条件怎样表达。

③ 怎样选用单分支、双分支还是多分支实现？

④ 程序设计中其他地方还会用到选择结构吗？

明确了问题需求，下面就要确定解题方案，也就是进行算法设计。

2. 算法设计

算法设计的基本步骤有三步，即获得数据，执行计算，显示结果。

对于门票价格计算问题，IPO（输入、处理、输出）可以描述如下。

① 输入：各种门票价格；游客的具体需求数据。

② 处理：根据游客的具体需求选择不同的票价进行门票价格计算。

③ 输出：票价总和。

再进一步细化，门票价格计算的基本步骤为

① 输入不同游客的门票数量；

② 输入到访日期；

③ 输入购票类型；

④ 根据到访日期设置平日或者高峰日标志，供后续门票价格选择使用；

⑤ 根据③、④的条件选择相应的票价进行价格计算；

⑥ 输出票价计算结果。

门票价格计算算法流程图如图 4-13 所示。

对于每一个步骤，也可再给出详细的算法设计，这里就不再叙述了。

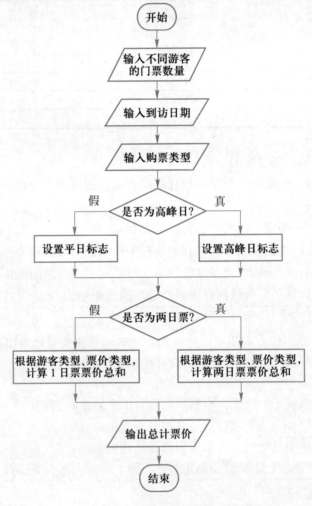

图 4-13   门票价格计算流程图

3. 算法实现

根据 IPO 方法，首先要完成的就是输入部分，如前所述，包括各种门票价格及游客的具体需求数据。各种门票价格是一系列常量,游客的具体需求数据需要与用户交互。下面从输入部分的设计开始,结合设计的算法,分解功能进行详细的程序设计,每个部分列出了各部分功能实现需要的相关代码。

(1)确定和存放各种门票价格

根据游客类型、票价基准及购票类型的不同,有如下的不同票价规则。

① 对于游客类型,由于老年人和儿童都享受 75 折优惠,可以归纳为标准和折扣两种票价。

② 对于票价基准,可以分为平日票和高峰日两种票价。

③ 对于购票类型,可以分为 1 日和两日两类票价。

这里,两日票是两日联票,情况稍微复杂一些。可能的情况有两天都是平日票、1 天平日票和 1 天高峰日票、两天都是高峰日票等。两日票的票价基准分析如图 4-14 所示。而且,两日票的价格规则是总价九折起,实际上并不是 1 日票的票价乘以 2 打九折,而是考虑到票价个位数取 0 或者 5,做了近似处理。标准票和折扣票的两日票优惠比例也不一样。

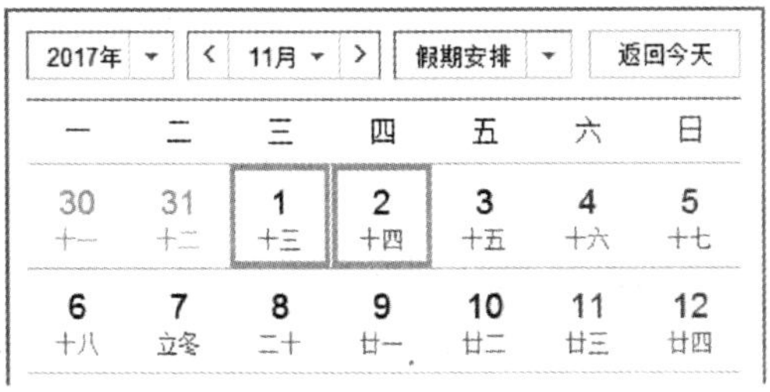

(a) 平日+平日

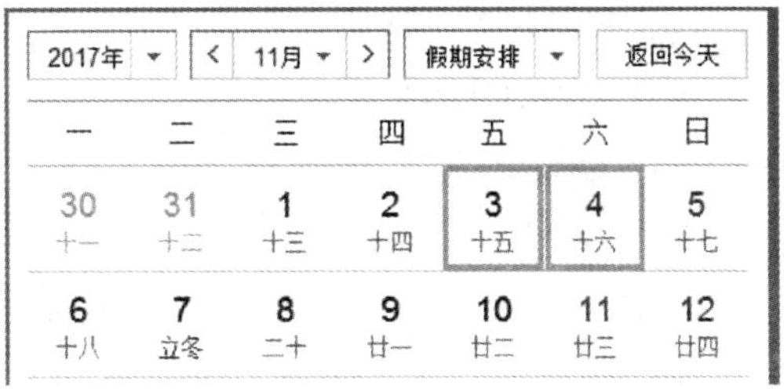

(b) 平日+高峰日

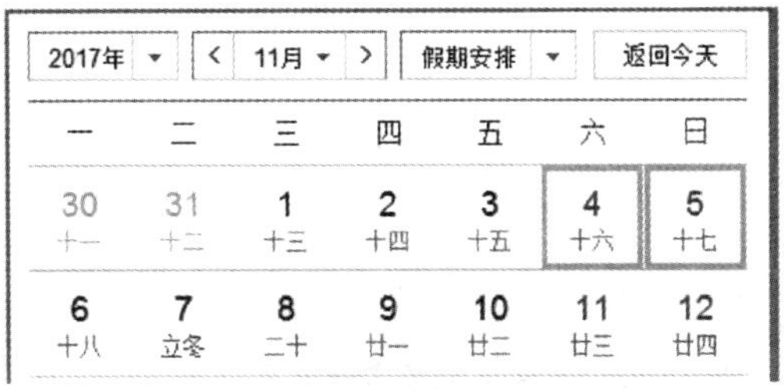

(c) 高峰日+高峰日

图 4-14 两日票的票价基准分析

根据上述分析,因为两日票的折扣情况不方便定量,所以两日票票价也不用通过计算得出,直接明确各种组合情况的票价显得比较方便,归纳各种情况的基本票价情况如下。

① 1 日票

- 标准-1 日票-平日;
- 标准-1 日票-高峰日;
- 折扣-1 日票-平日;

- 折扣-1 日票-高峰日。

② 两日票

- 标准-两日票-平日+平日；
- 标准-两日票-平日+高峰日；
- 标准-两日票-高峰日+高峰日；
- 折扣-两日票-平日+平日；
- 折扣-两日票-平日+高峰日；
- 折扣-两日票-高峰日+高峰日。

可以看出，各种情况的基本票价是一些已知的常量，存放一系列常量的方法通常有定义符号常量，定义常变量，定义数组，用文件存放等。这里采用符号常量定义各种票价。定义符号常量用预处理命令 define 实现，通常符号常量都用大写字母。

由于基本票价情况比较多，命名时采用字母结合下画线来区分。

符号常量命名中的缩写字母含义如下。

- S–STANDARD 表示标准；
- D–DISCOUNT 表示折扣；
- O–ORDINARY 表示平日；
- P–PEAK 表示高峰日；
- OO-ORDINARY+ORDINARY 表示平日+平日；
- OP-ORDINARY+PEAK 表示平日+高峰日；
- PP-PEAK+PEAK 表示高峰日+高峰日。

例如，定义"标准-1 日票-平日"的符号常量为

PRICE_S_1_O

表示价格_标准_1 日票_平日票。

各种情况的票价及定义的符号常量如表 4-10 所示。

表 4-10　各种情况基本票价及符号常量定义

票价情况	符号常量	价格
标准-1 日票-平日	PRICE_S_1_O	¥370
标准-1 日票-高峰日	PRICE_S_1_P	¥499
折扣-1 日票-平日	PRICE_D_1_O	¥280
折扣-1 日票-高峰日	PRICE_D_1_P	¥375
标准-两日票-平日+平日	PRICE_S_2_OO	¥670
标准-两日票-平日+高峰日	PRICE_S_2_OP	¥785
标准-两日票-高峰日+高峰日	PRICE_S_2_PP	¥900
折扣-两日票-平日+平日	PRICE_D_2_OO	¥510
折扣-两日票-平日+高峰日	PRICE_D_2_OP	¥595
折扣-两日票-高峰日+高峰日	PRICE_D_2_PP	¥680

定义票价的程序代码如下。

```
//定义标准、儿童、老人1日的平日、高峰日及两日的相应基本票价
#define PRICE_S_1_O 370
#define PRICE_S_1_P 499
#define PRICE_D_1_O 280
#define PRICE_D_1_P 375
#define PRICE_S_2_OO 670
#define PRICE_S_2_OP 785
#define PRICE_S_2_PP 900
#define PRICE_D_2_OO 510
#define PRICE_D_2_OP 595
#define PRICE_D_2_PP 680
```

（2）输入门票数量

门票数量的获取，要与用户进行交互，可以用 scanf()函数实现。定义变量 num_std、num_kid=0、num_old 分别存放标准、儿童、老人票的数量。

输入门票数量程序代码如下。

```
//存放标准、儿童、老人票的数量
int num_std=0,num_kid=0,num_old=0;
//输入门票数量
printf("欢迎游览迪士尼乐园！\n");
printf("\n请输入门票数量\n");
printf("标准票（张）: ");
scanf("%d",&num_std);
printf("儿童票（张）: ");
scanf("%d",&num_kid);
printf("老人票（张）: ");
scanf("%d",&num_old);
```

运行效果如图 4-15 所示。

图 4-15　输入门票数量

（3）输入到访日期，并判断日期的合法性

由于输入数据时常常会遇到输入数据不合法的情况，可能是因为输入格式问题，或者语义、逻辑问题，需要获取数据的变量并得到正确的值，所以通常需要对输入数据进行合法性判断。

日期合法性判断的条件是：年份要大于 2016，月份要在 1 与 12 之间，日期要在 1 与每月实际天数之间。

由于平年二月份天数是 28 天，闰年二月份的天数是 29 天，这里需要对年份是否为闰年进行判断来决定二月份的天数。这里闰年的条件和年份、月份和日期的合

法条件，可用逻辑表达式表示，判断闰年的逻辑表达式参见例 4-3。

每个月份的天数是一系列常量，这里用数组存放。

用循环控制结构实现输入合法性判断，如果不合法则重新输入，直到输入合法。如果不用循环结构，则只能判断一次，就不能再重新输入了。循环控制结构的详细内容可参见第 5 章。

判断是否为闰年，可用单分支结构实现。

年、月、日范围是否合法，可用双分支结构实现，这里采用一个整型变量 date_no 作为存放是否合法的标志，合法则设置标志为 0，不合法则为 1。

输入到访日期并判断合法性的程序代码如下。

```
//存放到访日期年、月、日
int year=0,month=0,day=0;
//定义一个数组，存放每个月份的天数
int Month[]={0,31,28,31,30,31,30,31,31,30,31,30,31};
//存放日期合法标志，合法为 0，不合法为 1
int date_no=1;
//输入到访日期，判断输入日期的合法性
while(date_no)
{
    printf("\n 请输入到访日期\n\37\37\37 格式为年 月 日：2017 1 1 \37\37\37\n");
    printf("请输入：");
    scanf("%d %d %d",&year,&month,&day);
    //闰年判断，如果是闰年二月份天数加 1
    if(year%4==0&&year%100!=0||year%400==0)
        Month[2]++;
    //输入的日期合法性判断
    if(day<=Month[month]&&day>0&&month<13&&month>0&&year>2016&&year<3000)
        date_no=0;
    else
        printf("输入日期不合法，请重新输入！");
}
```

运行效果如图 4-16 和图 4-17 所示。

图 4-16　输入合法日期　　　　　　图 4-17　输入不合法日期

（4）判断平日或高峰日

在对日期进行平日或高峰日判断时，需要多次判断，这样，就可以运用函数实现判断平日或高峰日的功能，供多次调用完成判断，而不需重复编写这部分代码。函数部分内容介绍可参见第 7 章。

声明函数代码如下。

```
//声明判断工作日和周末的函数
int weekday(int y, int m,int d);
```

调用函数代码如下。

```
//获取第一天平日或高峰日标志
flag1=weekday(year,month,day);
```

定义函数代码如下。

```
int weekday(int y,int m,int d)
{
    //基姆拉尔森计算公式根据日期判断星期几
    //根据工作日或周末返回平日或高峰日标志 flag
    //
    //存放平日或高峰日标志
    int flag=0;
    int iweek=0;
    if(m==1||m==2) m+=12,y--;
    iweek=(d+2*m+3*(m+1)/5+y+y/4-y/100+y/400)%7;
    switch(iweek){
        case 0:
        case 1:
        case 2:
        case 3:
        case 4: flag=0; break;   //平日（工作日）标志为 0
        case 5:
        case 6: flag=1; break;   //高峰日（周末）标志为 1
    }
    return flag;
}
```

（5）选择购票类型

程序代码如下。

```
//选择购票类型
    printf("\n 请选择购票类型\n");
    printf("\t1 ---- 1 日票 \t\n");
    printf("\t2 ---- 2 日票 \t\n");
    printf("\t0 ---- 退出 \t\n");
    printf("\t 请选择: ");
    getchar();
    scanf("%c",&style);
    printf("\n");
```

运行效果如图 4-18 所示。

图 4-18   选择购票类型

（6）根据购票类型计算相应门票价格

程序代码如下。

```
//获取第一天平日或高峰日标志
flag1=weekday(year,month,day);
switch(style){
    case '0':
        return 0;
    //计算1日票的门票价格
    case '1':
        if(flag1==0)
        {
            //平日票1日票合计
            price_std=PRICE_S_1_O*num_std;
            price_kid=PRICE_D_1_O*num_kid;
            price_old=PRICE_D_1_O*num_old;
            price=price_std+price_kid+price_old;
        }
        else
        {
            //高峰日票1日票合计
            price_std=PRICE_S_1_P*num_std;
            price_kid=PRICE_D_1_P*num_kid;
            price_old=PRICE_D_1_P*num_old;
            price=price_std+price_kid+price_old;
        }
        break;
    //计算两日票的门票价格
    case '2':
        //获取第二天平日或高峰日标志
        flag2=weekday(year,month,day+1);
        if((flag1+flag2)==0)
        {
            //两日票合计：平日+平日
            price_std=PRICE_S_2_OO*num_std;
            price_kid=PRICE_D_2_OO*num_kid;
            price_old=PRICE_D_2_OO*num_old;
        }
        else if((flag1+flag2)==1)
        {
```

```
                         //两日票合计：平日+高峰日
                         price_std=PRICE_S_2_OP*num_std;
                         price_kid=PRICE_D_2_OP*num_kid;
                         price_old=PRICE_D_2_OP*num_old;
                     }
                     else
                     {
                         //两日票合计：高峰日+高峰日
                         price_std=PRICE_S_2_PP*num_std;
                         price_kid=PRICE_D_2_PP*num_kid;
                         price_old=PRICE_D_2_PP*num_old;
                     }
                     price=price_std+price_kid+price_old;
                     break;
            default:
                     printf("选择错误！退出！\n");
                     return 0;
        }
```

（7）输出门票价格汇总情况

程序代码如下。

```
    printf("\n 您购买的门票价格情况如下：\n");
    printf("\n==============================\n");
    if(style=='1')
        printf("到访日期：%d 年%d 月%d 日\n", year,month,day);
    else
        printf("到访日期：%d 年%d 月%d 日起两日内\n", year,month,day);
    printf("%d X 标准票（1.4M 以上）（%.2lf 元）\n",num_std,price_std);
    printf("%d X 儿童票（1.0-1.4M）（%.2lf 元）\n",num_kid,price_kid);
    printf("%d X 老人票（65 岁以上）（%.2lf 元）\n",num_old,price_old);
    printf("==============================\n");
    printf("总计\t%.2lf 元\n\n",price);
```

运行效果如图 4-19 所示。

图 4-19　门票价格汇总

源代码：
综合案例

4．常见错误

（1）符号常量、变量等命名，要符合标识符命名规则

例如，定义符号常量和变量时，误写为

```
#define PRICE-S-1-O 370
int num-std=0,num-kid=0,num-old=0;
```

要把"-"号换成"_",因为标识符只能由字母、下画线和数字组成。

（2）变量未初始化零，有可能出现无意义的数值

例如

```
double price_std,price_kid,price_old;
```

应改为

```
double price_std=0,price_kid=0,price_old=0;
```

一般来说，对于存放操作结果的变量，尽量根据实际情况初始化或赋初值，避免因为存有无意义的数值影响结果。

（3）输入格式出错

例如

```
scanf("%c\n",&style);
```

应改为

```
scanf("%c",&style);
```

（4）购票类型未能正确输入

style 是字符变量，在输入时如果输入缓冲区里还有字符，则会接收到 style 变量里，可以用 getchar()函数获取一个字符而清除一个字符，如果缓冲区字符较多，可以用 fflush(stdin)函数清空输入缓冲区的所有字符。

例如

```
getchar();
scanf("%c",&style);
```

或者

```
fflush(stdin);
scanf("%c",&style);
```

（5）switch 语句匹配项出错

例如

```
switch(style){
        //1 日票
        case 1:
            ...
```

其中 style 类型为 char，如果选择 1 日票，style 的值是字符'1'，内存中存放的是它的 ASCII 码值49，与数值 1 并不相等，这样就不能正确匹配，造成购票类型虽然正确输入但票价不能计算的情况，所以 1 要改成'1'.

（6）switch 语句漏掉 break 语句

例如

```
switch(iweek){
    case 0:
    case 1:
    case 2:
    case 3:
    case 4: flag=0;   //平日（工作日）为标志 0
```

```
    case 5:
    case 6: flag=1; break;  //高峰日（周末）标志为 1
}
```

如果漏掉 break 语句，则在 0～4 条件满足时，应把 flag 赋值为 0，判断为平日，就退出 switch 语句；但是如果漏掉 "case 4" 后面的 break 语句，则会再继续后面的语句，执行把 flag 赋值为 1，这样就会判断为高峰日，而导致判断出错。

（7）判等时误将 "==" 写为 "="，导致语法或逻辑错误

例如，闰年的判断条件误写为 year%4=0&&year%100!=0||year%400=0。

（8）if 语句的复合语句未加大括号。

（9）条件表达式后面直接加上 ";"。

小   结

本章围绕上海迪士尼乐园门票价格计算的实际问题，介绍选择结构设计的关键内容，即判断条件的合法描述，以及控制选择操作流程的单分支、双分支及多分支结构设计方法。

从语法上讲，任何表达式都可以用作选择结构里的条件表示，这时表达式的值要判断它的逻辑值。用 C 语言来表示条件，要注意各种运算符的规则和特点，不仅要考虑优先级和结合性，还要考虑逻辑运算符的短路特性等。

各种分支结构可以用 if 语句和 switch 语句实现，注意 if 语句的嵌套、配对、级联等规则，注意 switch 语句的语法特点，以及它们的嵌套使用。

最后，以门票价格计算功能设计作为综合案例，介绍程序设计的基本方法，从问题分析、算法设计，到算法实现，重点介绍多种选择结构的具体实现方法，同时指出编程过程中的常见错误，希望大家养成良好的编程习惯，为今后学习掌握更多编程技能打下坚实的基础。

习 题 4

一、选择题

1. 能正确表示逻辑关系 "$a \geqslant 10$ 或 $a \leqslant 0$" 的 C 语言表达式是（   ）。

    A．a>=10 or a<=0   B．a>=0 | a<=10

    C．a>=10 && a<=0   D．a>=10 || a<=0

2. 设 x、y 和 z 是 int 型变量，且 x=3、y=4、z=5，则下面表达式中值为 0 的是（   ）。

    A．y && 'y'   B．x==y && y!=z

       C．x‖y+z && y-z   D．!(x<y) && !z ‖ 1

3. 以下程序运行后的输出结果是（   ）。

```c
#include <stdio.h>
int main()
{
    int a=5,b=4,c=3,d=2;
    if (a>b>c)
        printf("%d\n",d);
    else if( (c-1>=d)==1 )
        printf("%d\n",d+1);
    else
        printf("%d\n",d+2);
    return 0;
}
```

    A．2   B．2 3   C．3   D．4

4. 在执行以下程序时，为使输出结果为 t=4，则给 a 和 b 输入的值应满足的条件是（   ）。

```c
#include <stdio.h>
int main()
{
    int a,b,s,t;
    scanf("%d,%d",&a,&b);
    s=1;t=1;
    if(a>0)s=s+1;
    if(a>b)t=s+t;
    else if(a==b)
        t=5;
    else
        t=2*s;
    printf("t=%d\n",t);
    return 0;
}
```

    A．a>b   B．a<b<0   C．0<a<b   D．0>a>b

5. 若 a、b 均是整型变量，合法的 switch 语句是（   ）。

    A．switch(a)

```c
    {
        case 3.0: printf("ok! \n"); break;
        default: printf("***\n"); break;
    }
```

    B．switch(a+b)

```c
    {
```

```
         case b: printf("hello!\n"); break;
         default: printf("***\n"); break;
      }
   C.  switch(a-b)
      {
         case a-b: printf("hello!\n"); break;
         case 3: printf("ok! \n"); break;
      }
   D.  switch(a*b)
      {
         case 3+5: printf("ok! \n"); break;
         default: printf("***\n");
      }
```

二、编程题

1．BMI 指数（即身体质量指数）是世界公认的一种评定肥胖程度的分级方法，它的定义如下。

体质指数（BMI）=体重（kg）÷身高^2（m）

参考判断标准如下。

① 较轻：体重指数<18；

② 正常：18<=体重指数<25；

③ 超重：25<=体重指数<28；

④ 肥胖：体重指数 >=28。

输入体重和身高，要求如下。

① 计算 BMI 指数；

② 根据计算值参照判断标准评定体重情况。

2．给定一个 10～1 000 的正整数（不包含 10 和 1 000）。要求如下。

① 求出它是几位数；

② 输出每一位数字；

③ 判断其逆序后是否仍与原数相同，并输出结果。

3．设计一个具有两个整数加、减、乘、除及取余功能简单计算器，两个数及运算符由键盘输入。要求如下。

① 输出结果形如 3+2=5；

② 当运算符为除和取余时，若除数为 0 输出出错信息；

③ 当运算符不合法时，输出出错信息。

4．输入 3 个数，要求如下。

① 判断它们是否能构成三角形；

② 若不能构成三角形，输出相应的信息；

③ 若能构成三角形，则求其周长，再判断是等边、等腰、直角或者一般三角形。

提示：组成三角形的条件是两边之和大于第三边。

5. 上海市出租车日间收费标准如表 4-11 所示，输入行驶里程（精确到 0.1 km）。要求计算并输出乘客应支付的车费（元），结果四舍五入，保留到元。

表 4-11   上海市出租车收费标准

公里数/km	日间标准(5:00～23:00)
0～3	14 元
3～15	2.5 元/km
15 以上	3.6 元/km

5 循环结构程序设计

现实生活中常遇到一些有规律的、重复的事件，例如，数学中的连续求和，求阶乘运算，求解圆周率，古时候的数学家采用在圆中画多边形，随着多边形边数的增加，逐渐趋近于圆。日常生活中，在超市购物结账时，对于每一个顾客，收银员重复进行"机器扫描、读取价格、价格汇总、结账"等动作。如果每一个结算过程都用人工去完成，无疑将是非常烦琐的。

5.1 自动售货机问题

日常生活中，人们经常会在自动售货机上买商品。

【例5-1】 编写一个程序，实现售货机的自动售卖。

分析：

程序流程如下。

① 输出商品和价格列表；

② 顾客输入商品序号和数量；

③ 根据商品序号确定商品单价；

④ 计算总价=单价*数量；

⑤ 输出购买商品总价，程序终止。

程序代码如下。

源代码：
例5-1

```c
#include <stdio.h>
int main()
{
    int order;          //商品序号
    int Qty;            //数量
    float price;        //商品单价
    float total;        //商品总价
    printf("本自动售货机共有如下 5 种商品：\n");
    printf("1--冰红茶（3.0 元）\n");
    printf("2--可  乐（2.5 元）\n");
```

```
    printf("3--雪　碧（2.5元）\n");
    printf("4--橙　汁（3.0元）\n");
    printf("5--矿泉水（2.0元）\n");
    printf("请输入您选择的商品序号:\n");
    scanf("%d",&order);
    printf("请输入您购买该商品的数量 :\n");
    scanf("%d",&Qty );
    switch(order)
    {
        case 1:price=3.0;break;
        case 2:price=2.5;break;
        case 3:price=2.5;break;
        case 4:price=3.0;break;
        case 5:price=2.0;break;
        default:printf("输入序号有误\n");price=0;
    }
    total=price*Qty;
    printf("您需要付款: %f\n",total);
    return 0;
}
```

程序运行结果如图 5-1 所示。

图 5-1   自动售货机程序运行结果

上面程序能实现一个顾客购买一种饮料。如果一个顾客一次需要买多种饮料，程序该如何处理呢？

一种方法是：每买一种饮料就执行一次该程序，买多种饮料就需要多次执行该程序，这办法太烦琐，而且不能计算总价，相信顾客都不乐意采用。

另一种方法是，只运行一次程序，但运行时让第 2～4 步重复多次执行。

【例 5-2】续例 5-1，实现一次可以购买多种饮料。

分析：

改进例 5-1 的程序流程如下。

① 输出商品和价格列表；

② 顾客输入商品序号和数量；

③ 根据商品序号确定商品单价；

④ 计算单价*数量，并计入总价中，新总价=上次总价+单价*数量；

⑤ 顾客选择是否继续购买。如果继续，重复步骤②到步骤④；如果不继续，进

入步骤⑥。

⑥ 输出购买商品总价，程序终止。

程序代码如下。

```c
#include <stdio.h>
int main()
{
    int order;
    int Qty;
    float price;
    float total=0;      //商品总价，还未购买时总价为 0
    int choice=1;     //是否继续购买，初始时默认继续购买
    printf("本自动售货机共有如下 5 种商品：\n");
    printf("1--冰红茶（3.0 元）\n");
    printf("2--可  乐（2.5 元）\n");
    printf("3--雪  碧（2.5 元）\n");
    printf("4--橙  汁（3.0 元）\n");
    printf("5--矿泉水（2.0 元）\n");
    printf("0--退  出 \n");
    while(choice!=0)    //choice 不等于 0 时认为是选择继续购买
    {
        printf("请输入您选择的商品序号:\n");
        scanf("%d",&order);
        printf("请输入您购买该商品的数量 :\n");
        scanf("%d",&Qty );
        switch(order)
        {
            case 1:price=3.0;break;
            case 2:price=2.5;break;
            case 3:price=2.5;break;
            case 4:price=3.0;break;
            case 5:price=2.0;break;
            default:printf("输入序号有误\n");price=0;
        }
        total=total+price*Qty;    //将每次购买的价格计入总价
        printf("按【0】结束购买，其他键继续购买");
        scanf("%d",&choice);
    }
    printf("您需要付款: %.2f\n",total);
    return 0;
}
```

程序运行结果如图 5-2 所示。

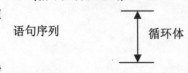

图 5-2　改进的自动售货机运行结果

　　在上面的程序中，语句 while(choice!=0)表示的意思是当 choice!=0 的时候，重复执行 while 语句之后大括号内的程序段，直到 choice 为 0，程序终止运行。这就是本章介绍的循环结构。

　　循环是计算机解题的一个重要特征。由于计算机运算速度快，适宜做重复性的工作。当进行程序设计时，可以把复杂的不易理解的求解过程转换为容易理解的多次重复的操作，降低问题的复杂度，同时也减少程序书写及输入的工作量。本章将阐述基本的循环结构以及常见的运用。

5.2　三种循环结构

微视频：
循环结构

　　循环结构是重复执行某段程序，直到某个条件不满足为止的一种程序结构。从前述可以看到运用循环思路解决问题的时候，通常包含 3 个组成部分：初始化状态、构成循环的条件部分、重复执行的循环体部分。C 语言提供了 3 种基本的循环结构。

　　① while 循环结构；
　　② do-while 循环结构；
　　③ for 循环结构。

5.2.1　while 语句

　　while 语句属于当型循环，从例 5-2 可以看出，其一般形式为
while(循环控制表达式)
{

　　　语句序列　　　　　　循环体

}
其中循环控制表达式称为"循环条件"，可以是任何类型的表达式，常用的是关

系型或逻辑型表达式。语句序列称为"循环体"，可以是多条语句，也可以是空语句。

while 语句功能是当循环条件成立，也即表达式的值为"真"（非 0）时，执行循环体语句；反复执行上述操作，直到表达式值为"假"（0）时为止。

while 语句执行过程如下。

① 计算 while 后面的循环控制表达式的值。

② 如果表达式的值为"真"，则执行循环体，并返回步骤①。

③ 如果表达式的值为"假"，则结束循环，执行循环体后面的语句。

while 循环的执行流程如图 5-3 所示。

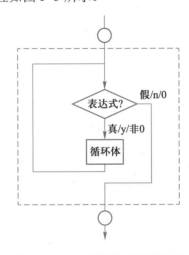

图 5-3　while 循环的执行流程图

采用 while 循环编程时需要注意如下几点。

① while 语句的特点是先计算表达式的值，然后再根据表达式的值决定是否执行循环体中的语句。因此，如果表达式的值一开始就为"假"，那么循环体一次也不执行。

② 当循环体由多条语句组成时，必须用{ }括起来，形成复合语句。

③ 在循环体中一般应该包含改变循环条件表达式值的语句，例如例 5-2 中的 scanf("%d",&choice)语句，当输入的 choice 值为 0 时，while 循环的执行条件 choice!=0 就不成立，循环才能结束。循环中应有使循环趋于结束的语句，以避免造成无限循环（"死循环"）的发生。

【例 5-3】 利用 while 循环编写程序计算 100! 的值并输出结果。

方法一：直接写出算式。因 n! =1×2×3×4×5×…×n，故 100!=1×2×3×4×5×…×100。这样计算很简单，但是书写却非常麻烦，基本不可能编写程序实现。

方法二：考虑到 1×2×3×…×100 可以改写为(((1×2)×3)×…×100)，故引入

step0：T1=1;

step1：T2=T1×1;

step2：T3=T2×2;

…

step99：T100=T99×100

结果在 T100 里。

此方法很麻烦，要写 100 步，使用 100 个变量，不是最好的方法，但是可以从本方法看出一个规律，即每一步都是两个数相乘，乘数总是比上一步乘数增加 1，然后再参与本次乘法运算，被乘数总是上一步乘法运算的乘积。所以可以考虑用一个变量 i 存放乘数，另一个变量 T 存放上一步的乘积。那么每一步都可以写成 T×i，然后让 T×i 的积存入 T，即每一步都是 T=T×i。也就是说，T 既代表被乘数，又代表乘积。这样可以得到下面这个方法，执行完步骤 step99 后，结果在 T 中。

方法三：

step0：T=1,i=1

step1：T=T×i, i=i+1

step2：T=T×i, i=i+1

…

step99：T=T×i, i=i+1

方法三表面上看与方法二差不多，同样要写 99 步。但是从方法三可以看出 step1 至 step99 的步骤实际上是相同的，即同样的操作重复做了 99 次。计算机对同样的操作可以利用循环来完成。方法四就是在方法三的基础上采用循环来实现的。

方法四：

step0: T=1,i=1（循环初值）

step1: T=T×i, i=i+1（循环体）

step2: 如果 i 小于或等于 100，则返回重复执行 step1 及 step2；否则结束循环循环结束后 T 中的值就是 1×2×3×…×100 的值。

从方法四可以看出这是一个典型的循环结构程序（累乘过程就是一个循环过程），可以利用 while 循环语句实现，其流程图如图 5-4 所示。

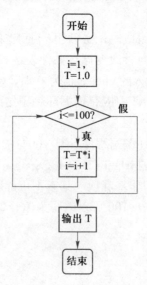

图 5-4   用 while 语句求解 100! 的流程图

程序代码如下。

```c
#include<stdio.h>
int  main()
{
    int  i=1;        //循环变量赋初值
    double T=1.0;   //累乘变量赋初值
    while (i<=100)
    {
        T=T*i;
        i++;
    }
    printf("100!=%e\n",T);
    return 0;
}
```

程序运行结果如图 5-5 所示。

```
100!=9.332622e+157
```

图 5-5　求 100！的结果

说明：

① 程序中的累乘变量 T 称为累乘器。

② 程序中有一条语句"i++;"，i 自加语句，意思是先使用 i 的值，然后再使 i 的值加 1。语句"j=i++;"相当于"j=i;i=i+1;"，类似的还有 i 自减语句"i--"，表示先使用 i 的值，然后再使 i 的值减 1。

③ 自增自减语句++i (--i)表示先使 i 的值加 1（减 1），然后再使用 i。语句"j=++i;"相当于"i=i+1;j=i;"，语句"c=（a++）*b；"等价于"c=a*b；a=a+1"。

④ 自增（减）运算符常用于循环语句中使循环变量自动加 1，也可以用于指针变量，使指针变量向前或向后移动一个单位。

常见错误：

① 循环变量忘记赋初值。一般对于累加器常常设置为 0，累乘器常常设置为 1。本程序中，如果没有给变量 i 或 T 赋初值，循环开始前，变量 T 和变量 i 的值将不能确定，程序运行结果也将不能确定。

② 赋初值的语句位置不正确，常常被错误地写成

```c
int i ;
while(i<=100)
{   i=0;
    ...
    i++;
}
```

这样，每次循环 i 都被赋值 0，那么循环变量 i 的值永远不可能达到 100，循环永远不会结束。

③ 在 while (i<=100)后面直接加分号，循环变成

```
while (i<=100);
{   T=T*i;
    i++;
}
```

这样，就表明循环体是分号之前的内容，相当于循环体变成了空语句，表示循环体内什么都不做，而"T=T*i; i++;"变成了循环结束后才执行的语句，程序实际执行变成如下语句段

```
while (i<=100);
T=T*i;
i++;
```

④ 循环体中的复合语句忘记用{}括起来，循环变成

```
while (i<=100)
    T=T*i;
    i++;
```

这样，循环体只有 T=T*i 一个语句，而 i++成为循环结束后才执行的语句。

⑤ 循环体中缺少改变循环条件的语句，如果本程序中缺少语句 i++，那么 i 的值不会改变，循环条件 i<=100 将永远成立，循环永远不会结束，这种情况称为"死循环"。

【例 5-4】 求圆周率，通过公式 $\pi=4\times(1-\frac{1}{3}+\frac{1}{5}-\frac{1}{7}+\cdots)$ 求解 π 的近似值，直到最后一项的绝对值小于 1e-6 为止。

源代码：
例 5-4

早在公元 263 年，我国数学家刘徽用"割圆术"计算圆周率，他先从圆内接正六边形，逐次分割一直算到圆内接正 192 边形，并提及"割之弥细，所失弥少，割之又割，以至于不可割，则与圆周合体而无所失矣。"刘徽给出 π 为 3.141 024 的圆周率近似值。刘徽在得到圆周率为 3.14 之后，发现 3.14 这个数值还是偏小。于是继续割圆到 1 536 边形，求出 3 072 边形的面积，得到令自己满意的圆周率 3.141 6。公元 480 年左右，南北朝时期的数学家祖冲之进一步得出精确到小数点后 7 位的结果。其方法也是不断地重复，步步趋近。当时求解到小数点后 7 位的结果几乎耗尽了祖冲之毕生的时光。现如今，通过程序设计，可以快速求解。

分析：

基本思路是将问题的求解转化为有规律的重复运算。本例中，只要计算得到 $1-\frac{1}{3}+\frac{1}{5}-\frac{1}{7}+\cdots$ 的值，π 的值也就可以得到了。

假设 $s=1-\frac{1}{3}+\frac{1}{5}-\frac{1}{7}+\cdots$，在公式中，每一项的规律为分子均是 1，分母是奇数，用 n 表示，公式中的每一项用 t 来表示，则 t=1/n，每一项前面的符号是正负号交替，后一项的分母是前一项分母增加 2，为此，可以得到的表达式为 s=s±t, t=1/n, n=n+2。

那么，如何实现每一项的正负号改变呢？一般是设置一个符号变量 sign，初始值 sign=1,每次循环时，执行 sign=-sign, sign 的值就会 1、-1、1、-1⋯交替改变。可以将通项写为 s=s+t, t=sign*(1/n), n=n+2。

题目要求计算直到最后一项的绝对值小于 1e-6 为止，也即最后一项的绝对值大

于等于 1e-6 时，就一直循环。为此，循环的条件就是 fabs(t)⩾1e-6。

程序代码如下。

```
#include <stdio.h>
#include <math.h>
int  main()
{
int sign=1;
    float n=1.0,t=1,pi,s=0;    //用变量 pi 表示圆周率，t 表示每一项，n 是分母
    while(fabs(t)>=1e-6)
    {
        s=s+t;
        n=n+2;
        sign=-sign;                    //通过变量 sign 控制每一项前面的正负号交替出现
        t=sign*(1/n);
    }
    pi=s*4;
    printf("pi=%f\n",pi);
    return 0;
}
```

程序运行结果如图 5-6 所示。

```
pi=3.141594
```

图 5-6 求π运行结果

思考:

程序中，变量 n 也可以定义为 int 类型。如果 n 定义为 int 类型，当 n>1 时，t=1/n 的值将为 0，因为两个整数相除的结果一定为整数。那么，如何改写语句 t=1/n，才能保证在 n 为整数时 t 的结果不为 0 呢？

5.2.2 do-while 语句

do-while 循环属于直到型循环，其一般形式为

do
{
　　语句序列；　　　　　　 循环体
}while (循环控制表达式);

do-while 语句的功能是先执行循环体语句一次，再判别表达式的值，若其值为真（非 0）则返回 do 处继续循环；否则退出循环。

do-while 语句的执行过程如下。

① 执行 do 后面的循环体语句。

② 计算 while 后面的循环控制表达式的值。

③ 如果其值为"真"（非 0），则返回步骤①，继续执行循环体；如果表达式的值为"假"(0)，则退出此循环结构，执行循环体后面的语句。

do-while 语句的执行流程如图 5-7 所示。

采用 do-while 循环编程时需要注意如下几点。

① do-while 循环总是先执行一次循环体，然后再计算表达式的值，因此，无论表达式的值是否为"真"，循环体至少执行一次。

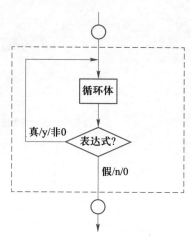

图 5-7   do-while 语句执行流程图

② 在 if 语句、while 语句中，表达式后面都不能加分号，而在 do-while 语句的表达式后面则必须加分号。

③ do-while 循环与 while 循环十分相似，它们的主要区别是：while 循环先判断循环条件再执行循环体，所以循环体可能一次也不执行；do-while 循环先执行循环体，再判断循环条件，所以循环体至少执行一次。

④ 在 do 和 while 之间的循环体由多条语句组成时，也必须用 { } 括起来组成一个复合语句，避免"死循环"的要求与 while 循环相同。

【例 5-5】 利用 do-while 循环语句编程实现计算 100! 的值并输出结果。

程序代码如下。

```c
#include <stdio.h>
int  main()
{
    int  i=1;
    double  T=1.0;
    do {
        T=T*i;
        i++;
    }while (i<=100);    //此处的分号不可少
    printf("100!=%e\n", T);
    return 0;
}
```

请读者自行比较例 5-3 和例 5-5 程序的区别。

【例 5-6】 编写程序，从键盘输入任意一个自然数，若为偶数除以 2，若为奇数则乘 3 加 1，得到一个新的自然数后按照上面的法则继续计算，若干次后得到的结果为 1。请输出每次计算的结果。

分析：

这是一个数学上目前尚未证明的猜想问题（角谷猜想）。根据题意，需要经过若干次才得到结果，也即需要重复执行计算。而且，重复的次数未知，需要重复直到最后得到的结果为 1 时，才结束重复的动作，为此，可以采用直到型循环语句。

程序代码如下。

```c
#include <stdio.h>
int  main()
{   int   n,count=0;
    printf("请输入一个自然数:");
    scanf("%d",&n);                        //输入任意一个自然数
    do{
        if(n%2!=0)
        {   n=n*3+1;                       //若为奇数，n 乘 3 加 1
            printf("[%d]:%d*3+1=%d\n",++count,(n-1)/3,n);
        }
        else
        {    n=n/2;                        //若为偶数，n 除以 2
            printf("[%d]: %d/2=%d\n",++count,2*n,n);
        }
    }while(n!=1);                          //n 不等于 1 则重复执行
    return  0;
}
```

程序运行结果如图 5-8 所示。

图 5-8　角谷猜想运行结果

【例 5-7】　分别用 while 和 do-while 语句编程，要求由键盘输入一个整数，将各位数字逆置后输出。如整数 1234，逆置后输出为 4321。

分析：

将一个整数逆置输出，即先输出个位，然后再输出十位、百位……可以采用不断除以 10 取余数的方法，直到商数等于 0 为止。显然，这是一个循环的过程，需要使用循环语句。而且，由于无论整数是几，至少要输出一个个位数（即使是 0），因此可以使用 do-while 循环语句，先执行循环体，后判断循环控制条件。

程序代码如下。

```c
#include <stdio.h>
int main()
{
    int n,digit;
```

源代码：
例 5-7

```c
    printf("Enter the number:");
    scanf("%d",&n);
    printf("The number in reverse order is:");
    do {
        digit =n%10;
        printf("%d", digit);
        n=n/10;
    }while(n!=0);
    printf("\n");
    return 0;
}
```

程序运行结果如图 5-9 所示。

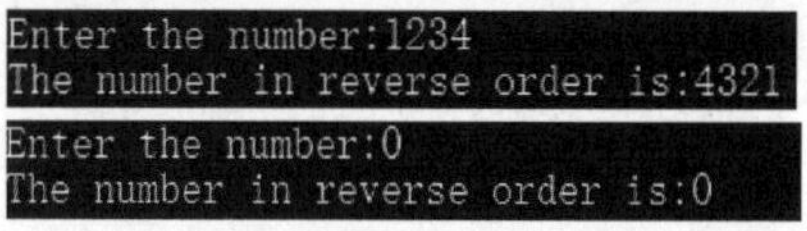

```
Enter the number:1234
The number in reverse order is:4321

Enter the number:0
The number in reverse order is:0
```

图 5-9   do-while 语句运行结果

如果把该程序改成用 while 循环语句，程序代码如下。

```c
#include <stdio.h>
int main()
{
    int n,digit;
    printf("Enter the number:");
    scanf("%d",&n);
    printf("The number in reverse order is:");
    while(n!=0)
    {
        digit =n%10;
        printf("%d", digit);
        n=n/10;
    }
    printf("\n");
    return 0;
}
```

程序的运行结果如图 5-10 所示。

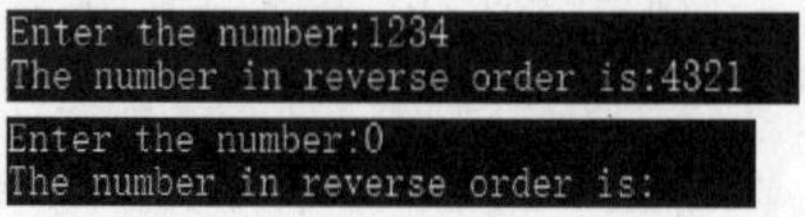

```
Enter the number:1234
The number in reverse order is:4321

Enter the number:0
The number in reverse order is:
```

图 5-10   while 语句运行结果

从运行结果看，当输入非 0 的数据时，这两个程序的运行结果是一致的，但当输入 0 时，由于 do-while 循环至少会执行一次，所以循环体中的 printf 语句至少会执行一次，而 while 循环中的 printf 语句一次都不执行，所以无输出结果。

5.2.3 for 语句

for 语句是 C 语言所提供的使用广泛、灵活的一种循环语句，既可以用于循环次数确定的情况，也可以用于循环次数未知的情况。其一般形式为

```
for(表达式 1；表达式 2；表达式 3)
{
    语句序列            循环体
}
```

其中 for 语句中的 3 个表达式，可以是任何类型的表达式，各个表达式之间用 ";" 分隔。这 3 个表达式都可以是逗号表达式，即每个表达式都可由多个表达式组成。3 个表达式都是任选项，都可以省略。

表达式 1：循环初始表达式，用于进入循环体前对循环变量赋初值，通常由算术表达式、赋值表达式、逻辑表达式和逗号表达式构成。也允许在 for 语句外给循环变量赋初值，此时可以省略表达式 1。注意表达式 1 后面有一个分号。

表达式 2：循环控制表达式，用于控制循环体语句的执行次数，一般是关系表达式或逻辑表达式，也可以是数值表达式或字符表达式。当表达式 2 省略时，相当于该表达式的值永远为 "真"（非 0），这种情况下循环体内应有控制循环结束的语句，避免出现 "死循环"。注意表达式 2 后面也有一个分号。

表达式 3：修改循环变量表达式，常由算术表达式、赋值表达式、逻辑表达式或逗号表达式构成，通常可用来修改循环变量的值，以便使得某次循环后，表达式 2 的值为 "假"（0），从而退出循环。注意表达式 3 后面没有分号。

for 语句的执行过程如下。

① 计算表达式 1 的值。

② 计算表达式 2 的值，若其值为 "真"（非 0），则转③执行循环体；若其值为 "假"（0），则转⑤结束循环。

③ 执行循环体。

④ 计算表达式 3 的值，然后转②判断循环条件是否成立。

⑤ 结束循环，执行 for 循环之后的语句。

for 语句执行流程如图 5-11 所示。

使用 for 语句的注意事项如下。

① for 后面的括号（）不能省。表达式 1、表达式 2 和表达式 3 都是任选项，可以省掉其中的一个、两个或全部，但其用于间隔的分号是一个也不能省的（仅由一个分号构成的语句称为空语句，空语句什么都不做，只表示语句的存在）。

② 表达式 2 如果为空，则相当于表达式 2 的值是真。

由于 for 语句中的 3 个表达式都可以省略，for 语句写成如下形式都是正确的。

```
表达式1;
for(;表达式2;表达式3)
{
    语句序列
}
```

```
表达式1;
for(;表达式2;)
{
    语句序列
    表达式3;
}
```

```
表达式1;
for(;;)
{  if（表达式2不成立）循环结束
    语句序列
    表达式3;
}
```

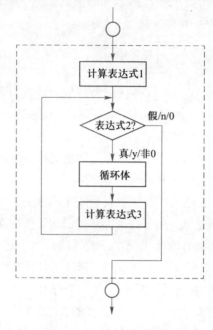

图 5-11　for 循环执行的流程图

例如，求 1+2+3+···+100 的和，下列 5 个程序段等价。

```
sum=0;
for(i=1;i<=100;i=i+1)
    sum=sum+i;
```

```
sum=0;i=1;
for(;i<=100;i=i+1)
    sum=sum+i;
```

```
sum=0;i=1;
for(;i<=100;)
{  sum=sum+i;
    i=i+1;
}
```

```
for(sum=0,i=1;i<=100;i=i+1)
    sum=sum+i;
```

```
sum=0;i=1;
for(;;)
{ if (i>100) break;
    sum=sum+i;
    i=i+1;
}
```

源代码:
例 5-8

【例 5-8】 利用 for 循环语句编程实现计算 100! 的值并输出结果。

分析:

循环变量 i=1 表示给循环变量赋初值。i<=100 是循环控制表达式，用于控制循

环体语句的执行次数。i++自增表达式，用于修改循环变量的值，避免了"死循环"。

程序代码如下。

```c
#include <stdio.h>
int  main()
{
    int  i;                 //循环变量
    double  T=1.0;          //累乘变量赋初值
    for(i=1;i<=100;i++)
        T=T*i;
    printf("%e\n",T);
}
```

常见错误：

for 语句后直接加分号，例如

```c
for(i=1;i<=n;i++);
T=T*i;
```

这是一个空循环，即循环体为空语句的循环，T=T*i 这个语句是循环结束后执行的语句，只被执行 1 次。

【例 5-9】　从键盘输入一行字符，统计其中大写字符的个数。

源代码：
例 5-9

分析：

① 设置变量，存放从键盘输入的字符；

② 通过选择语句判断该字符是否是大写字符；

③ 如果是大写字符则计数；

④ 重复步骤②和③，直到字符结尾。在这个程序中，用"换行"字符作为一行字符的结束标志。

程序代码如下。

```c
#include <stdio.h>
int main()
{
    int count=0;
    char ch;
    printf("please input characters:");
    for(;(ch=getchar())!='\n';)
    {
        if(ch>='A' && ch<='Z') count++;
    }
    printf("count=%d\n",count);
}
```

运行结果如图 5-12 所示。

```
please input characters:abcDEFgh
count=3
```

图 5-12　统计大写字符的运行结果

　　while 循环是 for 循环的一种简化形式，即默认表达式 1"变量赋初值"和表达式 3"循环变量增值"。为此，for 语句可以用 while 语句来等价实现。与 for 语句等价的 while 语句实现形式为

```
表达式 1；
while(表达式 2)
{
    语句序列
    表达式 3；
}
```

源代码：
例 5-10

【例 5-10】　用 while 循环语句改写例 5-9。

程序代码如下。

```c
#include <stdio.h>
int main()
{
    int count=0;
    char ch;
    printf("please input characters:");
    ch=getchar();
    while(ch!='\n')
    {
        if(ch>='A' && ch<='Z') count++;
        ch=getchar();
    }
    printf("count=%d\n",count);
}
```

编程经验：

　　从上述示例可以看出，for 语句使用灵活，可以把循环体及一些和循环控制无关的操作都作为表达式出现，从而使程序简洁短小。但是，如果过分使用这个特点会使 for 语句显得杂乱，降低程序的可读性。建议不要把与循环控制无关的内容都放在 for 语句的 3 个表达式中，这是程序设计的良好风格。

5.2.4　三种循环语句的比较

从前面的循环结构示例和讲解中，可以看出循环结构主要由以下 3 个部分组成。

① 循环变量的初始化；

② 循环条件的判断，以决定是否再次进行循环；

③ 循环变量、条件的更新，使循环趋向于结束。

经过比较发现，3 种循环语句的相同点如下。

① 当循环控制条件为"真"（非 0）时，执行循环体语句；否则终止循环。

② 循环体语句可以是任何语句，简单语句、复合语句、空语句均可以。

③ 在循环体内或循环条件中必须有使循环趋于结束的语句；否则会出现"死循

环"等异常情况。

3 种循环语句的不同点如下。

① 循环变量初始化。while 和 do-while 循环的循环变量初始化应该在 while 和 do-while 语句之前完成；for 循环的循环变量的初始化在表达式 1 中完成。

② 循环条件。while 和 do-while 循环只在 while 后面指定循环条件；for 循环在表达式 2 中指定。

③ 循环变量修改使循环趋向结束。while 和 do-while 循环要在循环体内包含使循环趋于结束的操作；for 循环在表达式 3 中完成。

④ for 循环可以省略循环体，将部分操作放到表达式 2、表达式 3 中。for 语句功能强大，也最为灵活，不仅可用于循环次数已知的情况，也可用于循环次数虽不确定，但给出了循环继续条件的情况。

⑤ while 和 for 语句先判断循环控制条件，do-while 语句后判断循环控制条件，所以，while 和 for 语句的循环体可能一次也不执行，而 do-while 语句的循环体至少要执行一次。为此，当循环体至少执行一次时，选用 do-while 语句；反之，如果循环体可能一次也不执行时，用 while 语句。

⑥ 在 if 语句、while 语句中，表达式后面都不能加分号，而在 do-while 语句的表达式后面则必须加分号。

【例 5-11】 将 100～500 之间的既能被 3 整除也能被 7 整除的数输出，每行输出 5 个。请分别用 3 种循环结构实现。

① 用 do-while 循环的程序代码如下。

```c
#include <stdio.h>
int main()
{ int n=0, i=100;
  do
  { if(i%3==0 && i%7==0)
    { printf("%6d",i);
      n=n+1;
      if(n%5==0) printf("\n");
    }
    i++;
  } while(i<=500);
  return 0;
}
```

② 用 while 循环的程序代码如下。

```c
#include <stdio.h>
int main()
{ int n=0,i=100;
  while(i<=500)
  { if(i%3==0 && i%7==0)
    { printf("%5d",i);
      n=n+1;
      if(n%5==0) printf("\n");
    }
    i++;
```

```
    }
    return  0;
}
```
③ 用 for 循环的程序代码如下。
```
#include <stdio.h>
int  main()
{
    int n=0,i;
    for(i=100;i<=500;i++)
      if(i%3==0 && i%7==0)
      { printf("%5d",i);
        n=n+1;
        if(n%5==0) printf("\n");
      }
    return  0;
}
```
程序运行结果如图 5-13 所示。

图 5-13   3 种循环运行的结果

> 编程经验:
>
> 在 C 语言中，以上的示例展示了实现循环的 3 种方式：do-while 循环、while 循环、for 循环。遇到循环问题，应该使用 3 种循环语句的哪一种呢？通常情况下，这 3 种语句是通用的，但使用上注意如下技巧。
>
> ① 如果可以确定循环次数，首选 for 语句，它看起来最清晰，循环的 3 个组成部分一目了然。
>
> ② 如果循环次数不明确，需要通过其他条件控制循环，例如求圆周率的值，可以选用 while 循环或者 do-while 循环。
>
> ③ 如果必须先进入循环，经循环体运算得到循环控制条件后，再判断是否进行下一次循环，使用 do-while 语句最合适。因为 do-while 循环语句的特点是先执行循环体语句组，然后再判断循环条件。do-while 语句比较适用于不论条件是否成立，先执行 1 次循环体语句组的情况。除此之外，do-while 语句能实现的，for 语句也能实现，而且更简洁。

微视频:
循环嵌套和辅助
控制语句

5.3   循环的嵌套

一个循环的循环体中套有另一个完整的循环结构称为循环嵌套。这种嵌套过程可以一直重复下去。一个循环外面包含一层循环称为双重循环。一个循环外面包含多于两层循环称为多重循环。外面的循环语句称为"外层循环"，外层循环的循环体中的循环称为"内层循环"，原则上，循环嵌套的层数是任意的。设计多重循环结构时，要注意内层循环语句必须完整地包含在外层循环的循环体中，不得出现内、外层循环体交叉的现象，但是允许在外层循环体中包含多个并列的循环语句。设计和分析多重循环结构时，一定要注意认清每个循环语句。当循环体是单个语句时，比较简单；若循环体是由多个语句组成的复合语句时，需要仔细确认。

前面所介绍的 3 类循环 do-while、while、for 都可以互相嵌套组成多重循环，例如，以下形式都是合法的嵌套。具体的嵌套方法，要根据具体的问题来采用。

```
for(;; )
{…
   for( ;; )
   {
      …
   }
…
}
```

```
for(;; )
{ …
      while(…)
      {
         …
      }
      …
}
```

```
do{
   …
   for( ;; )
   {
      …
   }
   …
} while(…);
```

```
while()
{…
   for(;; )
   {
      …
   }
}
```

源代码:
例 5-12

【**例 5-12**】　若一个口袋中放有 9 个球，其中有 3 个红色球、4 个白色球和 2 个蓝色球，从中任取 6 个球，编写程序求解一共有多少种不同的颜色搭配方案。

分析：

设每次取红色球的个数为 i，取白色球的个数为 j，取蓝色球个数则为 6-i-j。并且，根据题意红色球的取值范围是 0～3，白色球的取值范围是 0～4，当红色球和白色球各取 i 个和 j 个时，蓝色球的取值应为 6-i-j<=2。设置变量 count 统计搭配的方案次数，通过一个双重循环程序代码如下。

```
#include <stdio.h>
void main()
{int i,j,count=0;
 printf("       红球白球蓝球 \n");
 printf(".........................................\n");
 for(i=0;i<=3;i++)                    //外循环,循环变量 i 取红色球个数 0～3
    for(j=0;j<=4;j++)                 //内循环,循环变量 j 取白色球个数 0～4
       if((6-i-j)<=2 && (6-i-j)>=0)   //取蓝色球的个数 0～2
          { count=count+1;
            printf("方案%d:%5d%5d%5d\n",count,i,j,6-i-j);
          }
}
```

程序运行结果如图 5-14 所示。

图 5-14　取球程序运行结果

【例 5-13】 编写程序构造 m×m 阶的数字方阵(2<=m<=9),使方阵中的每一行和每一列中数字 1~m 只出现一次。如 m=5 时的方阵如下所示。

```
1 2 3 4 5
2 3 4 5 1
3 4 5 1 2
4 5 1 2 3
5 1 2 3 4
```

分析:

如果用 i 代表行,j 代表列,经过观察可以发现:若将每一行中第一列的数字和最后一列的数字连起来构成一个环,则该环正好是由 1~m 顺序构成。对于第 i 行,这个环的开始数字为 i。i 的值从 1~m,j 的值也是从 1~m,可以用多重循环嵌套来实现。

程序代码如下。

```c
#include "stdio.h"
int main()
{int m,i,j,k,t;
 printf("请输入方阵的m: ");
 scanf("%d",&m);
 printf("方阵排列如下: \n");
 for(i=0;i<m;i++)              //构造 m 个不同的方阵
 { for(j=0;j<m;j++)
    {t=(i+j)%m;               //确定方阵第 i 行的第一个元素的值
     for(k=0;k<m;k++)         //按照环的形式输出该行中的各个元素
      printf("% d",(k+t)%m+1);
     printf("\n");
    }
   printf("\n");
 }
}
```

程序运行结果如图 5-15 所示。

图 5-15   构造数字方阵程序运行结果

【例 5-14】 编一个程序验证下列结论:任何一个自然数 N 的立方都等于 N 个连续奇数之和。例如 1×1×1=1,2×2×2=3+5,3×3×3=7+9+11。要求程序对每个输入的自然数计算并输出相应的连续奇数。

程序代码如下。

```c
#include <stdio.h>
int main()
{
    int i, j, k, m, n;
    printf("please input a number:");
    scanf("%d",&n);
    j=1;//每次开始都从奇数1开始检查
    do
    {
        k=j;//让k等于起始的奇数j
        m=0;//将记录n个奇数和的变量清零
        for(i=1;i<=n;i++)
        {
            m=m+k;
            k=k+2;
        }//该循环是计算从k开始的连续n个奇数
        if(m==n*n*n) break;//找到满足条件的n个奇数退出do循环
        else j=j+2; //找不到则修改j为下个奇数继续循环
    }while(1);//条件为非0,说明do循环是一个死循环
    for(i=1;i<=n;i++) //该循环是输出从j开始的n个连续奇数
    {
        printf("%d",j);
        j+=2;
        printf("\n");
    }

}
```

程序运行结果如图5-16所示。

图 5-16　输出连续奇数程序运行结果

5.4　辅助控制语句

当运用循环结构求解问题的时候，有时想在某种条件出现时终止循环，而无需等到循环条件结束时才终止，此时可以运用辅助控制语句 break 和 continue 来达到目的。

5.4.1 break 语句

前面介绍的 3 种循环结构都是在执行循环体之前或之后通过对一个表达式的判断来决定是否终止对循环体的执行。在循环体中可以通过 break 语句立即终止循环的执行，而转到循环结构的下一条语句处执行。break 语句在循环结构中的使用形式如下。

```
do
{
    …
    if(表达式2) break;
    …
}while(表达式1);
```

```
while(表达式1)
{
    …
    if(表达式2) break;
    …
}
```

```
for( ;表达式1; )
{
    …
    if(表达式2) break;
    …
}
```

表达式 1 是循环条件表达式，决定是否继续执行循环。表达式 2 是决定是否执行 break 语句。

说明：

① break 语句只能用在循环语句的循环体中或 switch 语句中。在循环体中，break 常常和 if 语句一起使用，表示当条件满足时，终止循环，跳出相应的循环结构。

② 在循环体中单独使用 break 语句是无意义的。

③ 当 break 处于嵌套结构中时，它将使 break 语句所处的该层及内各层结构循环中止，即 break 语句只能跳出其所在的循环，而对外层结构无影响。要实现跳出外层循环，可以设置一个标志变量，控制逐层跳出。例如

```
…
flag=0;
for(…)
{
    for(…)
    {
        …
        if(…){flag==1;break;} // 通过 break 语句跳出内层 for 循环
        …
    }
    if(flag==1) break;//通过 break 语句跳出外层 for 循环
}
…
```

源代码：
例 5-15

【例 5-15】从键盘上连续输入字符，并统计其中大写字母的个数，直到输入"换行"字符时结束。

分析：

在例 5-9 中，运用了 for 循环编写了这个程序。在这里，用 while 语句，并且结合 if 语句和 break 语句，通过 if 语句来判断每读入的一个字符是否为" \ n"（换行

符），从而决定循环是否终止。若当前字符为'\n'，则执行 break 语句结束循环。

程序代码如下。

```c
#include <stdio.h>
int  main()
{
    char ch;
    int count=0;
    while(1)
    {
        ch=getchar();
        if(ch=='\n') break;
        if(ch>='A'&&ch<='Z') count++;
    }
    printf("count=%d\n",count);
}
```

【例 5-16】　猜数游戏：由计算机"想"一个 10 以内的数字请用户猜，用户在键盘上输入所猜想的数字，猜对了，程序提示"恭喜你猜对了！"；猜错了，程序提示"你输入的数值太大"或"你输入的数值太小"，然后继续猜，直到猜对为止，程序结束。

源代码：
例 5-16

分析：运用 do-while 循环语句和 break 语句来完成此程序。

程序代码如下。

```c
#include <stdio.h>
#include <stdlib.h>
#include <time.h>
int  main()
{   int  magic;  //计算机"想"的数
    int  guess;
    srand(time(NULL)); //为函数 rand()设置随机数种子
    magic =1+(rand()%10);  //获得一个 10 以内的随机数
    printf("猜数字的小游戏，电脑将随机产生一个 10 以内的随机数。\n");
    do
    {   printf("请输入你心中所想的数：");
        scanf("%d",&guess);
        if(magic == guess)
        {   printf("恭喜你猜对了！\n");
            break;
        }
        if(guess > magic)
          printf("你输入的数值太大。\n");
        if(guess < magic)
          printf("你输入的数值太小。\n");
    }while(1);
    return  0;
}
```

说明：这个程序中循环条件是 while(1)，也就是循环条件永远成立，因此循环体内一定有 break 语句，当满足条件时用 break 语句结束循环。

程序运行结果如图 5-17 所示。

```
猜数字的小游戏，电脑将随机产生一个10以内的随机数。
请输入你心中所想的数: 8
你输入的数值太大。
请输入你心中所想的数: 7
你输入的数值太大。
请输入你心中所想的数: 5
恭喜你猜对了！
```

图 5-17   猜数游戏运行结果

思考：
① 如果希望记录用户猜了几次才猜对，该如何改进这个程序？
② 如果设置最多只能猜 5 次，该如何改进程序？

5.4.2   continue 语句

continue 语句只能出现在 3 种循环语句的循环体中，用于结束本次循环。当在循环体中遇到 continue 语句时，程序将跳过 continue 后面尚未执行的语句，开始下一次循环。continue 语句在循环结构中的使用形式如下。

`do`
`{`
`  …`
`  if(表达式2) continue;`
`  …`
`} while(表达式1);`
	`while(表达式1)`
	`{`
	`  …`
	`  if(表达式2) continue;`
	`  …`
	`}`
		`for( ;表达式1; )`
		`{`
		`  …`
		`  if(表达式2) continue;`
		`  …`
		`}`

表达式 1 是循环条件表达式，决定是否继续执行循环。表达式 2 决定是否执行 continue 语句。

说明：

① continue 语句通常是和 if 语句配合使用。

② continue 语句只是结束本次循环，即跳过循环体中尚未执行的语句，然后进行下一次是否执行循环的判定，而不是结束整个循环。

③ 在 while 和 do-while 循环中，continue 语句使流程直接跳到循环控制条件的判断部分，然后决定循环是否继续执行。在 for 循环中，遇到 continue 后，跳过循环体中余下的语句，而去对 for 循环中的表达式 3 求值，然后进行表达式 2 的条件判断，最后决定 for 循环是否执行。

break 和 continue 的主要区别：continue 语句只终止本次循环的执行，而不是终止整个循环的执行，break 语句是终止本层循环，不再进行本层循环条件的判断。break 语句用于强制中断循环，continue 语句用于强制继续循环。其中 break 语句还可以用在 switch 语句中。break 语句和 continue 语句在流程控制上的区别可从图 5-18 及图 5-19 的对比中略见一斑。

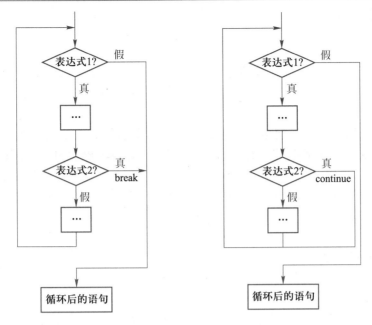

图 5-18 break 语句流程图   图 5-19 continue 语句流程图

源代码:
例 5-17

【例 5-17】 从键盘上输入不多于 10 个实数,求这些数的总和及其中正数的总和。若不足 10 个数,则以 0 作为结束标记。

分析:

若输入的实数不足 10 个,可用 break 语句来提前结束循环。若输入的实数为负数,可用 continue 语句来控制该实数不累加到正数的总和中,从而结束本次循环。

程序代码如下。

```c
#include <stdio.h>
#define M 10
int main()
{
    float sum1, sum2,num;
    int i;
    printf("请输入实数: ");
    for(sum1=sum2=0.0,i=0;i<M;i++)
    {
        scanf("%f",&num);
        if(num==0) break; //结束本层循环
        sum1+=num;
        if(num<0) continue; //终止本次循环
        sum2+=num;
    }
    printf("总和=%f\n",sum1);
    printf("正数总和=%f\n",sum2);
    return 0;
}
```

5.5　应用举例

循环语句是程序设计的基本结构之一。在运用循环求解问题的时候，会涉及一些常见的算法。算法是指用系统的方法描述解决问题的策略机制，下面通过一些应用举例，用实例说明在穷举法、迭代法、累加累乘法、打印有规律的图形和综合运用中是如何使用循环语句的。在实际的运用中，这些方法没有严格的界限，常常互相融合，需要根据具体的问题而灵活使用。

5.5.1　穷举法

穷举法也称为枚举法，即将可能出现的每一种情况一一测试，判断是否满足条件，常常采用循环来实现。这种方法的特点是算法简单，容易理解，但运算量大。穷举法通常可以解决"有几种组合""是否存在""求解不定方程"等类型的问题。下面以密码破译和求素数示例说明。

密码破译可以通过穷举法来完成，简单来说，就是将密码进行逐个推算直到找出真正的密码为止。比如，一个 4 位并且全部由数字组成的密码共有 10 000 种组合，也就是说，最多需要尝试 9 999 次才能找到真正的密码。运用计算机来进行逐个推算，破解任何一个密码只是一个时间问题。

运用穷举法进行密码破译的基本思想：首先根据问题的部分条件预估答案的范围，然后在此范围内对所有可能的情况进行逐一验证，直到全部情况通过验证为止。若某个情况使验证符合题目的全部条件，则该情况为本题的一个答案；若全部情况验证结果均不符合题目的全部条件，则说明该题无答案。

当然，如果破译一个有十几位而且有可能拥有大小写字母、数字以及一些特殊符号的密码，其组合方法可能有几千万亿种组合，用普通的家用计算机可能会用几个月，甚至更多的时间计算，此时就需要更高性能的计算机。

【**例 5-18**】　如果一个箱子的密码为两位数字，假设密码为 65，编写程序进行密码破译。

分析：这里从 00～99，对所有满足条件的两位数进行逐一验证。

程序代码如下。

```c
#include <stdio.h>
#include <string.h>
int main()
{   int m=6,n=5; //变量 m 和 n 表示密码 65
    int x,y;//变量 x 和 y 表示所猜的密码
    int i,j;//变量 i 和 j 作为循环变量
    for (i=0; i<=9; i++)
```

```
{    for (j=0; j<=9; j++)
    {  x= i;
       y= j;
       printf("%d%d\n",x,y);
       if (x==m && y==n)
       {  printf("密码破解成功! \n");
          printf("密码为%d%d\n", x,y);
          return 0;
       }
    }
  }
}
```

程序运行结果如图 5-20 所示。

图 5-20　破解密码程序运行结果

这个程序中用了双重循环,在 for 循环语句中嵌套了一个 for 循环语句。也可以用 for 循环嵌套 while 循环、do while 循环。前述的 3 种循环结构均可以互相嵌套使用,根据问题求解的需要选择搭配使用。

【例 5-19】 编程实现输出 100～200 之间的全部素数。

分析:

素数又称质数,即只能被 1 和自身整除的大于 1 的自然数(1 不是素数,2 是素数)。判断素数的算法是依据其数学定义。

① 素数 m 是指除 1 和 m 之外,不能被 2～m-1 之间的任何整数整除。

② 判断一个数 m 是否为素数,需要检查该数是否能被 1 和自身以外的其他自然数整除,即判断 m 是否能被 2～m-1 之间的整数整除。用求余运算来判断,余数为 0 表示能被整除;否则就意味着不能被整除。例如,9%3 得 0,说明 9 能被 3 整除;而 7%2 得 1,说明 7 不能被 2 整除。

设 i 取值[2, m-1],如果 m 不能被该区间上的任何一个数整除,即对每个 i,m%i 都不为 0,则 m 是素数。但是只要 m 能被该区间上的某个数整除,即只要找到一个 i,使 m%i 为 0,则 m 肯定不是素数。

由于 m 不可能被大于 m/2 的数整除,所以上述 i 的取值区间可缩小为[2, m/2],数学上能证明,该区间还可以是[2, sqrt(m)]。

程序代码如下。

```
#include <stdio.h>
#include <math.h>
```

源代码:
例 5-19

```
void main()
{   int m,k,i,n=0;//变量 m 代表素数
    printf("100~200 之间的全部素数是:\n");
    for(m=101;m<=199;m=m+2)
    {   k=(int)sqrt(m);
        for(i=2;i<=k;i++)
            if (m%i==0) break;
        if(i==k+1)  printf("%d ",m);
    }
}
```

程序运行结果如图 5-21 所示。

```
100~200之间的全部素数是:
101   103   107   109   113   127   131   137   139   149   151   157   163   167   173   179
181   191   193   197   199   Press any key to continue
```

图 5-21　求 100～200 之间全部素数的运行结果

5.5.2　迭代法

迭代法也称辗转法，其基本思想是把一个复杂的计算过程转化为简单过程的多次重复。每次重复都从旧值的基础上递推出新值，并由新值代替旧值，这是一种不断用变量的旧值递推新值的过程。

迭代法利用计算机运算速度快、适合做重复性操作的特点，让计算机对一组指令（或一定步骤）进行重复执行，在每次执行这组指令（或这些步骤）时，都从变量的原值推出它的一个新值。下面通过具体的示例，Fibonacci 斐波那契数列、猴子吃桃子问题、求平方根，展示迭代法的运用。

斐波那契数列又称黄金分割数列，是以兔子繁殖为例子而引入的，故又称为"兔子数列"，指的是这样一个数列：0、1、1、2、3、5、8、13、21、34……在数学上，斐波那契数列以如下的方法定义。

$F(0)=0(n=0)$

$F(1)=1(n=1)$

$F(n)=F(n-1)+F(n-2)(n\geqslant2, n\in N)$

该问题的原型来自有趣的兔子：从前有一对长寿兔子，从出生后第 3 个月起每个月都生一对兔子。新生的小兔子长到第 3 个月后每个月又都生一对兔子，这样一代一代生下去，假设所有兔子都不死，求兔子增长数量的数列（即每个月的兔子总对数）。

【例 5-20】　求斐波那契数列的前 20 项。该数列的生成方法为 $F_0=0$，$F_1=1$，$F_2=1$，$F_n=F_{n-1}+F_{n-2}(n\geqslant3)$，即从第 3 个数开始，每个数等于前两个数之和。

分析：解题的关键是利用规律，从第 3 个数开始，每一个数等于前两个相邻数之和。

程序代码如下。

源代码：
例 5-20

```
#include <stdio.h>
int main()
{int f0=0,f1=1,fn;//定义并初始化数列的第 1 项、第 2 项
 int i=1;//定义并初始化循环控制变量 i
 printf("%6d%6d", f0, f1);//输出前两项
 for(i=2;i<20;i++)
 {   if(i%5==0) printf("\n");//输出 5 个数，换行
     fn= f0+ f1; //计算下 1 个数
     printf("%6d", fn);
     f0= f1;
     f1= fn;
 }
 printf("\n");
 return 0;
 }
```

程序运行结果如图 5-22 所示。

图 5-22　斐波那契数列程序运行结果

　　猴子吃桃子问题是一个经典的有趣故事：猴子第一天摘下若干个桃子，当即吃了一半，还不过瘾，又多吃了一个。第二天早上又将剩下的桃子吃掉一半，又多吃了一个。以后每天早上都吃了前一天剩下的一半加一个。到第十天早上想再吃时，就只剩一个桃子了。请求解出第一天共摘多少桃子，该问题可以描述为如下的问题求解。

　　【例 5-21】　猴子第一天摘了若干个桃子，当天就吃了一半加一个。以后，猴子每天吃前一天剩下来的一半加一个，第十天早上，只剩下一个桃子了，求解猴子在第一天所摘桃子的总数。

源代码：
例 5-21

　　分析：

　　猴子每天吃的桃子，从后往前推断如下。

　　第十天的早上，只剩下一个桃子，用 S10=1 表示。

　　第九天的桃子数 S9=2*(S10+1)，即 S9=2*S10+2。

　　第八天的桃子数 S8=2*S9+2。

　　······

可以发现一个规律，即桃子的数目 Sn=2*Sn+1+2。

　　程序代码如下。

```
#include <stdio.h>
void main()
{int day,peach;
 peach=1;
 for(day=9;day>=1;day--)
      peach=(peach+1)*2;
 printf("猴子在第一天所摘桃子总数为:%d\n",peach);
 }
```

求平方根也是一种不断重复直到得出求解答案的问题，可以用迭代法求 $x=\sqrt{a}$ 的根，求平方根的迭代公式是 $x_{n+1}=0.5\times(x_n+a/x_n)$。

源代码：
例5-22

【例5-22】 编写一个程序，从键盘输入一个数，输出其平方根。

分析：

① 设定一个初值 x0。

② 用迭代公式求出下一个值 x1。

③ 再将 x1 代入迭代公式，求出下一个值 x2。

④ 如此继续下去，直到前后两次求出的 x 值（x_{n+1} 和 x_n）满足关系：$|x_{n+1}-x_n|<10^{-5}$。

程序代码如下。

```c
#include <stdio.h>
#include <math.h>
void main()
{   float a,x0,x1;
    printf("请输入一个数：");
    scanf("%f",&a);
    x0=a/2;
    x1=(x0+a/x0)/2;
    do
    {   x0=x1;
        x1=(x0+a/x0)/2;
    }while(fabs(x0-x1)>=1e-5);
    printf("其平方根为：%f\n",x1);
}
```

5.5.3　累加累乘法

累加累乘法的要领是形如"s=s+a"或者"s=s*a"的形式，此形式必须出现在循环中才能被反复执行，从而实现累加累乘功能。a 通常是有规律变化的表达式，s 在进入循环前必须获得合适的初值，通常为 0 或者为 1。例如前述的例子求 100!。

累加累乘法的关键是"描述出通项"，通项的描述法有两种：利用项次直接写出通项式，如例 5-4；利用前一个（或多个）通项写出后一个通项，如例 5-23。

【例5-23】 计算前 20 项的和：$1+1/2+2/3+3/5+5/8+8/13+\cdots\cdots$

分析：

通过观察，发现规律，即后一项的分子是前一项的分母，后一项的分母是前一项分子与分母之和。

程序代码如下。

源代码：
例5-23

```c
#include <stdio.h>
int  main()
{   float s,x,y,t,k;
    int i;            //i 为循环变量
    s=1;              //定义并初始化变量 s 存放求和的结果
    x=1;              //x 是分子
```

```
y=2;                    //y 是分母
t=x/y;                  //t 表示每一项
for(i=2;i<=20;i++)
{   s=s+t;              //累加
    k=x;
    x=y;
    y=k+y;              //后一项的分母是前一项分子分母之和
    t=x/y;
}
printf("前 20 项的和：1+1/2+2/3+...=%f\n",s);
return 0;
}
```

程序运行结果如图 5-23 所示

前20项的和：1+1/2+2/3+...=12.660262

图 5-23　求前 20 项的和的运行结果

5.5.4　打印有规律的图形

日常生活中，人们可以看到很多有规律的图形和花纹的排列组合，尤其是在现代的艺术设计中，这其中也蕴含了重复的动作，即循环的思想。

【例 5-24】　编写程序，打印出如下的图形。

```
   *
  ***
 *****
*******
```

源代码：
例 5-24

分析：

经过观察发现该图形有一定的规律，在第 1 行有 1 颗星星，前面 3 个空格；第 2 行有 3 颗星星，前面两个空格；第 3 行有 5 颗星星，前面 1 个空格；第 4 行有 7 颗星星，前面 0 个空格。星星的个数是奇数系列，为此，可以得到行数 n 和星星的个数 m 之间的关系 m=2*n-1。每一行前面的空格的个数为 4-n。

程序代码如下。

```
#include <stdio.h>
void main()
{   int m,n;
    for(n=1;n<=4;n++)
    {   for(m=1;m<=4-n;m++)
            printf(" ");
        for(m=1; m<=2*n-1;m++)
            printf("*");
        printf("\n");
```

```
        }
}
```

程序运行结果如图 5-24 所示。

图 5-24   打印星星图形程序运行结果

5.5.5   其他应用

【例 5-25】   从键盘输入字符串，将字符串中所有的大写字母转换为小写字母，其他字符不变（不使用转换函数）。例如，当字符串为"This Is a c Program"，输出"this is a c program"。

分析：

用 getchar()函数从键盘循环读入字符，并判断是否是大写字符，如果是大写字符就转换成小写字符，然后用 putchar()函数输出。

程序代码如下。

```c
#include <stdio.h>
#include <stdlib.h>
int  main()
{    char ch;
     ch=getchar();
     while(ch!='\n')
     {
         if (ch>='A'&&ch<='Z')ch=ch+32;//如果为大写字符，则转化为小写字符
         putchar(ch);
         ch=getchar();
     }
     printf("\n");
     return 0;
}
```

程序运行结果如图 5-25 所示。

This IS A C Program
this is a c program

图 5-25   字符转换程序运行结果

【例 5-26】   输入两个正整数 m 和 n，求最大公约数。

分析：

求最大公约数的算法如下。

① 将两个数中较大的放在变量 m 中，较小的放在 n 中；

② 求出 m 被 n 除后的余数；

③ 若余数为 0，转步骤⑦，否则转步骤④；

④ 把除数作为新的被除数，余数作为新的除数；

⑤ 求出新的余数；

⑥ 重复步骤③～⑤；

⑦ 输出 n，即为最大公约数。

程序代码如下。

```c
#include <stdio.h>
#include <stdlib.h>
int  main()
{   int m,n,r,t;
    scanf("%d,%d",&m,&n);
    printf("%d 和%d 的最小公约数为",m,n);
    if(n>m)
    {   t=m;m=n;n=t;  }
    r=m%n;
    while(r!=0)
    {   m=n;
        n=r;
        r=m%n;
    }
    printf("%d\n ",n);
    return 0;
}
```

程序运行结果如图 5-26 所示。

```
27,15
27和15的最小公约数为 3
```

图 5-26　求最大公约数程序运行结果

5.6　综 合 案 例

【例 5-27】　编写程序，从键盘输入红包的总金额和数量，可以随机分发红包，并把发放结果保存到文件 money.txt 中。

分析：

算法步骤如下。

① 输入总钱数 total 和红包个数 num；

② 计算可分配的最大的红包价格 safe_total（至少一个红包有 0.01）；

③ 分配第 i 个红包，金额 money 为 0-safe_total 元；

源代码：
例5-27

④ 当前剩余总钱数为 total=total-money，循环步骤②和步骤③。

程序代码如下。

```c
#include <stdio.h>
#include <time.h>
#include <stdlib.h>
int  main(void)
{
    float total, min=0.01, safe_total, money;
    int num,i;
    FILE *fp;
    //以写的方式打开文本文件，文件若不存在会创建文件
    if((fp=fopen("money.txt","w"))==NULL)
     {
        printf("cannot open file");
        exit(0);  //程序结束
     }
    printf("输入总钱数:\n");
    scanf("%f",&total);
    printf("输入红包数量:\n");
    scanf("%d",&num);
    fprintf(fp,"总钱数：%.2f，红包数：%d\n",total,num);//写入文件
    srand((unsigned)time(NULL));
    for(i=1;i<num;i++)
    {
        safe_total=(total-(num-i)*min);
        money=(float)(rand()%((int)(safe_total*100)))/100+min;
        total=total-money;
        printf("红包%2d: %8.2f 元，余额：%.2f 元\n",i,money,total);
        fprintf(fp,"红包%2d: %8.2f 元，余额：%.2f 元\n",i,money,total);
                                                           //写入文件
    }
    printf("红包%2d: %8.2f 元，余额：0.00 元\n",num,total);
    fprintf(fp,"红包%2d:%8.2f 元，余额：0.00 元\n",num,total);//写入文件
    fclose(fp);
    return 0;
}
```

发现一个现象，前几个红包金额都很高，最后几个都是 0.01，与实际现象有一定的差距。以上分配方式对后抢红包的存在一定的不公平性，为此进行算法改进代码如下。

```c
safe_total=(total-(num-i)*min)/(rand()%(num-1)+1);
money=(float)(rand()%((int)(safe_total*100)))/100+min;
```

程序的一次运行结果如图 5-27 所示。

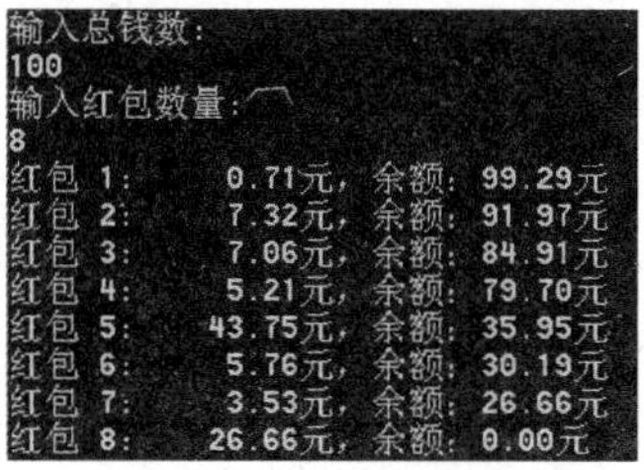

图 5-27　抢红包程序运行结果

小　　结

　　循环结构是结构化程序设计的基本结构之一，其特点是在给定条件成立时，反复执行某程序段，直到条件不成立时为止。在程序设计中，如果需要重复执行某些操作，就要用到循环结构。循环程序的实现要点如下。

　　首先，归纳出哪些操作需要反复执行——循环体。

　　其次，这些操作在什么情况下重复执行——循环控制条件。

　　最后，一旦确定了循环体和循环条件，循环结构也就基本确定了，再选用 3 种循环语句（for、while、do-while）实现循环。

　　3 种循环结构都可以用来处理同一个问题，但在使用时存在一些细微的差别，一般情况下可以互相代替。不能说哪种更加优越，具体使用哪一种结构依赖于具体问题的分析和程序设计者个人程序设计的风格。在实际应用中，选用的一般原则是：如果循环次数在执行循环体之前就已确定，一般用 for 循环；循环次数是根据循环体的执行情况确定的，一般用 do-while 循环或者 while 循环。

　　使用循环结构时，需要有良好的程序书写习惯，如增加注释；在循环条件判断语句行的后面，说明循环条件的含义；把程序写成锯齿状，以便增加可读。

习　题　5

一、选择题

1. 以下程序段（　　）。
```
x= -1;
do
{   x=x*x;
} while(!x);
```
　　A．是死循环　　B．循环执行二次　　C．循环执行一次　　D．有语法错误

2. 以下 while 循环执行（　　）次。

```
int k=2;
while(k=0)
  printf("k=%d",k),k--;
printf("Final K=%d\n",k);
```

A. 无限次　　　　B. 0 次　　　　　　C. 1 次　　　　D. 2 次

3. 下面程序的输出是（　　　）。

```
#include <stdio.h>
int main()
{  int y=10;
   while(y--);
     printf("y=%d\n",y);
   return 0;
}
```

A. y=0　　　　　　B. while 构成死循环　　C. y=1　　　　D. y=-1

4. 若 i 为整型变量，则以下循环执行次数是（　　　）。

```
for ( i=2; i!=0; )
    printf("%d",i--);
```

A. 无限次　　　　B. 0 次　　　　　　C. 1 次　　　　D. 2 次

5. C 语言中，while 循环和 do-while 循环的主要区别是（　　　）。

A. do-while 循环的循环体至少执行 1 次

B. while 循环的循环控制条件比 do-while 循环控制条件严格

C. do-while 循环体不能是复合语句

D. while 循环的循环体至少执行 1 次

6. 语句 while(!E)中的表达式!E 等价于（　　　）。

A. E==0　　　　　B. E!=1　　　　　　C. E!=0　　　　D. E==1

7. 下面程序段的运行结果是（　　　）。

```
a=1;b= 2;c=2;
while(a<b<c)
{t= a;a= b; b=t; c--;}
printf("%d,%d,%d",a,b,c);
```

A. 1,2,0　　　　　B. 2,1,0　　　　　　C. 1,2,1　　　　D. 2,1,1

8. 以下程序段的输出结果是（　　　）。

```
for(i=0;i<5;i++)
{
    for(j=1;j<10;j++)
    if(j==5) break;
    if(i<2) continue;
    if(i>2) break;
    printf("%d,",j);
}
printf("%d\n",i);
```

A. 10,3　　　　　B. 5,2　　　　　　　C. 5,3　　　　　D. 10,2

9. 以下不是无限循环的语句为（   ）。

    A．for (y=0,x=1;x > ++y;x =i++)   i=x ;

    B．for (;   ; x++=i);

    C．while (1){x ++;}

    D．for(i=10; ;i--)sum+=i;

10. 以下程序段运行后 x 的值为（   ）。

```
int i=0,x=0,j=10;
for (  ;i<=j;i++,j--)
   x+=3;
```

    A．21   B．15   C．18   D．12

二、编程题

1. 求 $S=\dfrac{3}{2*2}-\dfrac{5}{4*4}+\dfrac{7}{6*6}-\cdots+(-1)^{n-1}\dfrac{2n+1}{2n*2n}$ 的和，直到 $\left|\dfrac{2n+1}{2n*2n}\right|<=10^{-3}$ 为止。

2. 求 $1+\dfrac{1}{1+2}+\dfrac{1}{1+2+3}+\cdots+\dfrac{1}{1+2+3+\cdots+50}$ 的值。

3. 求 s=1+(1+20.5）+（1+20.5+30.5）+…+(1+20.5+30.5+…+n0.5)，当 n=20 时的和。

4. 编程输出 3～300 之间的素数。

5. 小张有 6 本新书，要借给 A、B、C 三位小朋友，若每人每次只能借一本，求解可以有多少种不同的借法。

6. 显示 500～600 之间同时被 5 和 7 整除的数。

7. 求 1 000 以内的所有完全数（说明：一个数如果恰好等于它的因子之和（除自身外），则称该数为完全数，例如 6＝1＋2＋3，6 为完全数）。

8. 用二分法求方程 $2x^3-4x^2+3x-6=0$ 在(-10，10)之间的根。

9. 有一个乘法算式，1A2×3B=C75D，该算式在 4 个字母所在处缺 4 个数，请用穷举法搜寻求解 A、B、C、D 各是多少。

6 数组

前几章介绍了基本数据类型数据在程序中的使用，这些数据是不能再被分割的基本数据单位。本章将介绍一种由基本数据类型的数据按照一定规律组合在一起构成的一种构造数据类型——数组。

数组是 C 语言中一种非常重要的数据类型，它的应用十分广泛。利用数组可以描述向量、矩阵、文本等。数组和循环结构配合使用可以实现数据的批量处理，使程序编码高效简洁。

6.1 成绩统计问题

在实际应用中，经常需要对大批数据进行处理。比如，学校里经常会对整个年级的学生成绩进行排名；114 电话查询服务工作人员需要快速在全市上百万电话号码中查找到用户需要的号码；电商对买家的数据购买进行统计分析以便及时向该买家推介其相关商品等。对于这些涉及大批数据进行处理，以前介绍过的简单的数据类型是否还能满足存储和处理要求呢？下面通过一个例子来看这个问题。

【引例】 统计高于平均分学生人数。某门课程有 N 个学生参加考试，统计其中高于平均分的学生人数。

分析：

解决该问题首先需要求 N 个学生的平均分。如果仅仅求平均分，则每个学生的成绩只需累加到总分即完成了它的任务，后续程序中不再需要使用该成绩，所以只需定义一个变量代表学生成绩，反复使用即可。

但是，问题不仅仅是求平均分，还要将高于平均分的学生人数进行统计，这就需要将每个学生的成绩需保留到平均分求出之后，故 N 个成绩需要 N 个变量来保存。那么如何保存和处理呢？

如果用 N 个简单变量存放这些学生的成绩，则处理方式如下。

```c
#define N 5
#include <stdio.h>
int main()
```

```
    {
        int k=0;
        float ave,sum=0,s1,s2,s3,s4,s5;
        scanf("%f %f %f %f %f",&s1,&s2,&s3,&s4,&s5);
        sum=s1+s2+s3+s4+s5;
        ave=sum/N;
        if(s1>ave)
            k++;
        if(s2>ave)
            k++;
        if(s3>ave)
            k++;
        if(s4>ave)
            k++;
        if(s5>ave)
            k++;
        printf("k=%d\n",k);
    }
```

在这个程序中，独立定义 N 个变量，分别处理。这种处理的编码效率太低，如果 N 的取值为 100，编码效率显然是不能忍受的。那么对这些性质相同、操作相同的一批数据可否考虑整体处理呢？下面引入一种新的数据类型对这些数据进行批量处理。

```
    #define N 5
    #include  <stdio.h>
    int  main()
    {
        int k=0;
        float s[N],ave,sum=0;
        for(i=0;i<N;i++)
        {
            scanf("%f",&s[i]);
            sum=sum+s[i];
        }
        ave=sum/N;
        for(i=0;i<N;i++)
            if(s[i]>ave)
                k++;
        printf("k=%d\n",k);
    }
```

上述程序中定义的新的数据类型 s 中包含了 s[0]，s[1]，…，s[N-1]共 N 个分量，这种包含多个分量的数据类型被称为数组，它可以对一组数据重复操作进行批量处理。从这个处理过程中可以看到，如果 N 取值发生变化，程序是无需做任何修改，也就是说程序的编码效率不会因为 N 取 100 而有丝毫的降低。可见，数组是同类型、同性质的一组元素顺序存放构成的数据集合，可以通过循环操作方便地进行数据的批量处理。

6.2 数组的概念

6.2.1 数组的定义及访问

数组按照下标个数来区分,可以分为一维数组和多维数组(如二维数组、三维数组等)。一维数组定义形式为

数据类型 数组名[整型常量表达式];

针对该定义,系统分配了一段连续的内存空间,存储固定个数、固定类型的一组数据。数组名代表了这段内存空间的首地址,而整型常量表达式则代表数组的长度(即元素个数)。数组中包含的分量(元素)用不同的下标区分,下标取值从 0 开始,可使用的最大下标是长度减 1。

例如,前面定义过的存放学生成绩的数组可表示为

```
float  s[5];
```

假设系统将地址为 0012FF4C 开始的一段连续内存分配给 s,则数组在内存中的存储示意如图 6-1 所示。

s[0]	s[1]	s[2]	s[3]	s[4]
0012FF4C	0012FF50	0012FF54	0012FF58	0012FF5C

图 6-1 数组元素存储示意

声明数组时,可以使用值常量,也可以使用符号常量定义数组的长度。例如

```
float  s[5];
#define N 5
float s[N];
const  int  n=5;
float  s[n];
```

一般情况下,程序只能操作数组元素,而不能直接操作整个数组。对数组元素的访问形式为

数组名[下标]

其中下标必须是该数组的合法下标。每个数组元素相当于一个该类型的普通变量,可参与这种类型变量允许的一切操作。

> 常见错误:
> ① 定义数组时未声明数组长度,如"double d[ ];".除非作为函数的形式参数,其他情况下一律要明确声明数组的长度;否则就会出现语法错误。
> ② 用变量声明数组的长度,如"int n=5, s[n];",即使变量已被初始化,也不能用于声明数组长度,因为 C99 之前的标准规定,元素数量必须是编译阶段确定的常量。

6.2.2 数组的初始化

数组也可以像其他简单类型变量一样被赋初值。那么如何为数组元素预设初值，数组的初始化在实际中又有哪些应用呢？下面通过两个案例来介绍。

【例 6-1】 数制转换。编写程序将一个十进制整数 n 转换成 r（二～十六）进制形式。

分析：

数制转换的方法是不断用被除数除以要转换的进制数 r，得到的余数即是要转换的某一位。其中被除数第一次为待转换的十进制数 n，以后的每次则取前一次的商作为被除数。需要注意的是，最先得到的余数是转换后的最低位。如果用数组来存放转换后的各个数位的值，则转换方法如下。

① n%r 得到 r 进制数的最低位，将其存入整型数组 a 的第一个元素 a[0]中。

② 再将 n/r 的商赋值给 n，继续执行 n%r 得到 r 进制数的次低位，将其存入 a 的下一个元素中。

③ 依此类推，直到 n 为 0，转换结束。

假设将十进制的 108 转换为十六进制数，则转换如图 6-2 所示。

n	r	商	余数	存储
108	16	6	12(低位)	a[0]
6	16	0	6(高位)	a[1]

图 6-2 数制转换过程示意

十进制 108 转换成十六进制应为 6C，如何将转换结果输出成 6C 呢？ 首先，需要将数组从最后一个元素向前输出；其次，需要建立一个对照表将 10～15 之间的整数转换成'A'～'F'，这样的对照表最方便的做法就是将十六进制所需数字及字符放置在一个长度为 16 的字符数组中，即对数组预设初值。这就需要对数组进行初始化。那么，如何对数组元素进行初始化呢？

C 语言允许在定义的同时为数组的部分或全部元素赋初值，一般初值应被组织在花括号中。

① 全部元素赋初值时，数组长度可省略。例如

```
int a[5]={0,2,4,6,8};
```
也可写为

```
int a[ ]={0,2,4,6,8};
```
这些值依次赋值给 a[0]~a[4]的元素。

② 部分元素赋初值时，未被赋值元素默认为 0。例如

```
int  a[10]={1,3,5,7,9};
```
其中，a[5]~a[9]之间的元素皆为 0。

常见错误：

① 数组名被赋值。例如

```
int a[10];    a={1,3,5,7,9};
```

因为数组名代表数组存放的首地址，是系统分配的常量，不能被赋值。

② 将数据集合赋值给数组元素。例如

```
int a[10];    a[10]={1,3,5,7,9};
```

从表达形式上看 a[10]是一个数组元素，不能被赋一个集合值。

③ 数据集合中的数据个数超出数组长度。例如

```
int c[3]={1,2, 3,4};
```

下面应用数组初始化建立一个对照表，将 10～15 之间的整数转换成'A'～'F'，以此为基础实现数制转换。

程序代码如下。

```
#include <stdio.h>
int main()
{
    int i=0,r,n,a[32];
    char b[16]={'0','1','2','3','4','5','6','7','8','9','A','B','C','D','E','F'};
    scanf("%d %d",&n,&r);
    do
    {
        a[i]=n%r; //将 r 进制整数的最低位分解出来存放在从 a[0]开始的数组元素中
        n=n/r;
        i++;
    }while(n!=0);
    for(--i; i>=0; --i)
    {
        n=a[i];
        printf("%c",b[n]);
    }
    return 0;
}
```

源代码：
例 6-1

将十进制数 125 转换为十六进制数的程序运行结果如图 6-3 所示。

```
125 16
7D请按任意键继续. . .
```

图 6-3   数制转换运行结果

常见错误：

① 混淆字符常量与标识符的区别，如'b'与 b，前者是字符常量，而后者则是标识符，需定义后方能使用。本例中对字符数组初始化时，若初始化列表中的值未用单引号，则会产生语法错误。

② 疏忽数组下标的边界情况，会造成运行结果的错误。如上述程序在输出转换结果的循环 "for(--i; i>=0; --i)" 中，若缺少第一个 "--i"，则会造成输出结果

中出现无效的多余数据。因为在它前面一个循环中"i++"已经被执行了，i 已指向了数组最后一个元素的后面了。

6.3 一维数组常见操作

6.3.1 排序问题

排序是数组的一种常见操作，其目的是将一组无序的记录按某字段值的升序或降序形式重新组织，形成按此字段值有序的记录序列。排序的方法很多，这里只介绍简单的选择法排序和冒泡法排序。

【例 6-2】 选择法排序。从文本文件 money.txt（见图 6-4）中读取微信红包金额，将其存放于一个数组中，对红包金额由大到小进行排序，并输出排序后的结果。

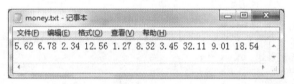

图 6-4 微信红包文件

分析：

这里暂且先不看文件读取部分，而是首先了解排序的过程和方法。选择法排序的基本思想如下。

① 从 N 个数的序列中选出最大的数，与第 1 个数交换位置。

② 除第 1 个数外，其余 N-1 个数再按①的方法选出次大的数，与第 2 个数交换位置。

③ 重复上述过程共 N-1 遍，最后构成递减序列。

为便于理解，将上述相对复杂的算法进行分解，从简单问题入手，递进展开算法。

问题 1：如何求 N 个红包中的最大红包？

分析：

① 假设第 1 个元素最大，将其赋予代表最大值的变量 max。

② 将 max 与后面的所有元素逐一比较，若遇到比其大的元素，max 便被该元素取代。假设将随机产生的 N 个红包的值已存入到一个 double 类型的数组 a[N] 中，则

```
max=a[0];              //假设第一个元素最大
for(i=1;i<N;i++)
  if( a[i]>max )
    max=a[i] ;          //用更大的元素取代当前最大值
```

问题 2：若想求最大红包是第几个人拿到的，则关键语句如何修改？

```
imax= 0;                    //假设 imax 代表最大元素下标
for(j=1;j<N;j++)
   if(a[j]>a[imax] )        //比较元素并记录最大元素的下标
       imax=j;
```

问题 3：如何将最大红包放在第 1 位？

在问题 2 的基础上，交换 a[0] 与 a[imax]，执行如下语句组

```
double t=a[0];
a[0]=a[imax];
a[imax]=t;
```

问题 4：如何将次大红包放在整个区间第 2 位？

问题 3 的程序段在 a[1]~a[N-1] 之间重复执行一遍，即

```
imax=1;
 for(j=1;j<N;j++)
    if(a[j]>a[imax])
        imax=j;
 if(imax!=1)            //若最大元素不在区间起点位置，则交换这两个元素
 {
     t=a[1];
     a[1]=a[imax];
     a[imax]=t;
 }
```

问题 5：如何将红包完全排序？

依此类推，前面程序段在不断缩小区间上重复执行 N-1 遍，即区间起点随循环次数增加逐一后移，待找到该区间上的最大元素所在位置后，交换该区间起点与最大元素。

```
for(i=0;i<N-1;i++)
{
    imax=i;
    for(j=i+1; j<N; j++)
      if(a[j]>a[imax])
          imax=j;
    if(imax!=i)
    {
      t=a[imax];
      a[imax]=a[i];
      a[i]=t;
    }
}
```

以上过程即为选择法排序。其基本思想是在待排序的所有数据中找到最大（或最小）元素的位置，将其与待排序区间的第一个元素进行交换，这个过程重复若干次，直到整个数组完全排好序。

常见错误:
① 区分不清最大元素与最大元素下标所代表的意义，使对象交换发生错误。如上述将求最大元素下标的变量设置成求最大元素的变量，会造成逻辑错误。以第一趟排序为例，若程序改写成如下形式。

```
double t;
max=a[0];
for(j=1;j<N;j++)
  if(a[j]>max)
      max=a[j] ;
t=a[0];
a[0]=max;
max=t;
```

执行上述程序的结果是 a[0]的值在数组中丢失了,因为 max 与数组元素无关。
② 内、外循环体界定不清。若将交换最大元素和区间起点元素的语句写在内循环中，会造成逻辑错误。因为在选择法排序中内循环的作用是找区间内最大或最小元素的位置，尚未遍历完毕整个区间，imax 就不代表整个区间的最大元素的下标，此时若将其与区间起点元素进行交换，a[imax]便不是目前为止的最大值，再与其后的元素比较过程中，只要比其大的便记录下这个下标，最终 imax 不是真正最大元素下标。

源代码:
例6-2

结合题目要求从文件中读取数据到数组并实现排序。
程序代码如下。

```
#define N 10
#include  <stdio.h>
int main()
{
    double a[N];
    int i,j,n,t,imax;
    FILE *fp;
    fp=fopen("d:\\money.txt","r");
    if(fp==NULL)
    {
        puts("can't open money.txt");
        exit(0);
    }
    i=0;
    printf("原始红包金额依次如下:\n");
    while(!feof(fp))
    {
        fscanf(fp,"%lf",&a[i]);
        printf("%.2lf ",a[i]);
        i++;
    }
    n=i;
    for(i=0;i<n-1;i++)
```

```
    {
        imax=i;
        for(j=i+1;j<n;j++)
            if(a[j]>a[imax])
                imax=j;
        if(imax!=i)
        {
            t=a[imax];
            a[imax]=a[i];
            a[i]=t;
        }
    }
    printf("\n 排序后红包金额由大到小依次为:\n");
    for(i=0;i<n;i++)
        printf("%.2lf ",a[i]);
    system("pause");
    return 0;
}
```

程序运行结果如图 6-5 所示。

图 6-5　选择法排序运行结果

同一个问题可以用不同的算法解决，评价算法的主要指标有时间复杂度和空间复杂度，即执行算法所需要的计算工作量和算法需要消耗的内存空间。这里只需对这个概念有个简单的认识，而不对这两个指标展开具体介绍。

排序的算法有很多，下面再介绍一种较为简单又常见的排序算法——冒泡法排序。

【例 6-3】 冒泡法排序。将学生成绩管理系统中的 N 个学生成绩信息按成绩 score 由小到大排序。

分析：

冒泡法排序的基本思想如下。

① 从 score[0]开始，对两两相邻的元素进行 N-1 次比较，若前面的元素大于后面的元素，则交换这对元素。一次遍历后最大的数存放在 score[N-1]中。

② 对 score[0]到 score[N-2]的 N-1 个数进行同①的操作，次大数放入 score[N-2]元素内，完成第二趟排序。

③ 依此类推，进行 N-1 趟排序后，所有数均有序。

首先，通过相邻元素的两两比较将成绩数组 score[0]~score[N-1]之间的最大元素放到排序区间的最后面 score[N-1]中的代码如下。

```
for(i=0; i<N-1 ;i++)
  if(score[i]>score[i+1])
  {
```

```
        int temps=score[i];
        score[i]=score[i+1];
        score[i+1]=temps;
    }
```

此处要注意循环控制变量和相邻元素下标的表达。请大家思考一下若相邻元素用 score[i-1] 和 score[i] 表示，循环变量初终值如何表示？

假设学生信息由姓名、学号和成绩组成，则对 N 个学生需定义如下 3 个数组。

```
char  name[N][20];        //姓名数组的每个元素是个字符串
char  no[N][8];           //学号数组的每个元素是字符串
int   score[N];           //成绩数组
```

则在对成绩数组进行排序的过程中，还要同时对相应的学生学号和姓名进行排序，故代码修改如下。

```
for(i=0;i<N-1-i;i++)
  if(score[i]>score[i+1])
  {
    int temps=score[i];
    score[i]=score[i+1];
    score[i+1]=temps;
    strcpy(tempn,no[i]);
    strcpy(no[i],no[i+1]);
    strcpy(no[i+1],tempn);
    strcpy(tempn,name[i]);
    strcpy(name[i],name[i+1]);
    strcpy(name[i+1],tempn);
  }
```

需要注意的是，学号和姓名两个字段都是字符串，交换字符串只能通过调用 strcpy 函数实现，而不能直接用赋值语句。

若实现完全排序，则上面程序段需重复 N-1 次，其中待排序区间终点随排序次数增加逐一递减，即

```
for(i=0; i<N-1; i++)
    for(j=0; j<N-1-i; j++)        //外循环每增加一次，内循环终点便前移一位
        if(score[j]>score[j+1])
        {
            int  temps=score[j];
            score[j]=score[j+1];
            score[j+1]=temps;
            strcpy(tempn,no[j]);
            strcpy(no[j],no[j+1]);
            strcpy(no[j+1],tempn);
            strcpy(tempn,name[j]);
            strcpy(name[j],name[j+1]);
            strcpy(name[j+1],tempn);
        }
```

以上即为冒泡法排序的实现过程，完整的程序请大家自行编写。

通过对学生成绩管理系统按成绩排序的过程，可以发现：在排序过程中，所有学生信息字段皆要相应进行对调，以上实现过程缺点是烦琐、代码书写效率低。产生这个问题的原因是多个相互有关联的数据独立定义，无法体现其相互联系。在后续结构一章中大家将会看到借助结构数组解决该问题的更简洁的处理方式。

常见错误：

① 引用数组边界之外的元素或遗漏元素时，不会出现语法错误，但会造成执行时的逻辑错误。例如，将排序时的循环写成如下形式。

```
for(i=0; i<N-1; i++)
    for(j=1; j<N-i; j++)
        if(score[j]>score[j+1])
        {
            ……
        }
```

此时 score[j]的最小下标为 1，score[j+1]的最大下标为 N，既遗漏了对元素 score[0]的处理，又引用了非法下标元素 score[N]。

② name 和 no 字段交换时直接用赋值语句是一种语法错误。因为 name 和 no 两个字段都是二维数组，带一个下标后仍是代表一个字符串的首地址，是常量，不能被赋值。所以交换这两个字段一定要调用 strcpy 函数。

6.3.2　插入与删除问题

在数组中，经常要对数组中的元素进行插入和删除操作。比如，在学生成绩管理中，班级里有学生转入转出时；在手机通讯录管理中，增加或删除联系人时都需要执行插入和删除操作。由于数组在内存中的连续顺序存储的特点，决定了有元素增删时都要移动一部分元素。如何移动这些元素，是插入删除操作的关键问题。

【例 6-4】 元素的插入。在递增排列的成绩数组 score 中插入一个新成绩 x，使得插入该成绩后数组仍保持有序。

分析：在数组中某特定位置插入一个新数据的过程分为如下 3 步。

① 查找待插入数据在数组中应插入的位置 k。

② 从最后一个元素开始向前直到下标为 k 的元素依次往后移动一个位置。

③ 将欲插入的数据 x 插入到第 k 个元素的位置，同时元素个数增加 1。

其中对于第②步后移一位插入点后面的所有元素的操作来说，移动顺序是关键。为避免数据被覆盖，移动顺序一定是从最后一个元素开始移动，如图 6-6 所示。

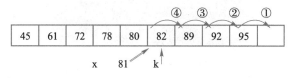

图 6-6　插入元素过程示意

相应代码如下。

```
for(i=n-1; i>=k; i--)
    score[i+1]=score[i];
```

则移动后的结果如图 6-7 所示。

| 45 | 61 | 72 | 78 | 80 | 82 | 82 | 89 | 92 | 95 |

图 6-7 插入位置后的元素后移一位的结果

程序代码如下。

```
#define N 20
#include <stdio.h>
int main()
{
    int score[N],x,i,n,k;
    printf("输入现有学生人数:");
    scanf("%d",&n);
    printf("递增输入现有学生的成绩数据:");
    for(i=0;i<n;i++)
        scanf("%d",&score[i]);
    printf("输入要插入的成绩数据:");
    scanf("%d",&x);
    for(i=0;i<n;i++)
        if(x<score[i])
            break;
    k=i;    //记录插入位置
    for(i=n-1;i>=k;i--)
        score[i+1]=score[i];
    score[k]=x;
    n++;
    printf("插入后的学生成绩数据:\n");
    for(i=0;i<n;i++)
        printf("%d  ",score[i]);
    return 0;
}
```

程序运行结果如图 6-8 所示。需要注意的是，如果一开始数组中的学生数据已达容量限制则无法再进行插入，所以设置一个代表现有学生人数的变量 n，要求该变量的值要小于数组长度 N。

```
输入现有学生人数: 9
递增输入现有学生的成绩数据:
45 61 72 70 80 82 89 92 95
输入要插入的成绩数据: 81
插入后的学生成绩数据:
45  61  72  78  80  81  82  89  92  95
```

图 6-8 学生成绩输入运行结果

常见错误：

将插入点后面的元素均向后移动一位时，若从插入位置 k 开始向后移动，则后面的数据将丢失，如图 6-9 所示。

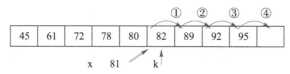

图 6-9　从插入位置开始后移

相应代码如下。

```
for(i=k;i<n;i++)
    score[i+1]=score[i];
```

则移动后的结果如图 6-10 所示。

| 45 | 61 | 72 | 78 | 80 | 82 | 82 | 82 | 82 | 82 |

图 6-10　从插入位置开始后移一位的结果

编程经验：

在输入变量前，配合一条输出语句提醒用户输入，包括指出输入应采取的形式，这样可提高程序的可读性和交互性。

【例 6-5】 元素的删除。查找某成绩 x 是否存在于成绩数组 score 中，若存在，删除第一次出现的该成绩；否则提示"未找到"。

分析：

在数组中删除某特定数据的基本思想如下。

① 查找待删除元素的位置 k。

② 若找到要删除的数据，则从第 k+1 个元素开始到最后一个元素依次前移一位，同时元素个数减少 1。

删除的关键仍是若干元素的移动问题，与插入不同，删除时需将被删除的元素覆盖，故需前移元素，移动的顺序恰好与插入时后移的顺序相反，如图 6-11 所示。

图 6-11　删除元素移动过程示意

相应代码如下。

```
for( i=k; i<n-1; i++ )
    score[i]=score[i+1];
```

程序代码如下。

```
#define N 20
#include <stdio.h>
```

```
int main()
{
    int score[N],x,i,n,k;
    printf("输入现有学生人数:");
    scanf("%d",&n);
    printf("输入现有学生的成绩数据:");
    for(i=0;i<n;i++)
        scanf("%d",&score[i]);
    printf("输入要删除的成绩数据:");
    scanf("%d",&x);
    for(i=0;i<n;i++)
        if(x==score[i])
            break;
    k=i;//记录下插入位置
    for(i=k;i<=n;i++)
        score[i]=score[i+1];
    n--;
    printf("删除后的学生成绩数据:\n");
    for(i=0;i<n;i++)
        printf("%d  ",score[i]);
    return 0;
}
```

程序运行结果如图 6-12 所示。

图 6-12　删除成绩数据的运行结果

常见错误：

查找待删除数据的条件判断 if(x==score[i]) 中的关系等号误写成赋值等号，即 if(x=score[i])，虽然不会出现语法错误，但会在运行时产生逻辑错误，因为这样将始终删除第一个元素。

思考：

若将所有重复出现的该成绩数据全部删除，程序如何改进？

6.3.3　查找问题

在数组中，经常要查找某字段的值与给定值相同的数据元素，这个过程便是查找。查找可以从第一个元素开始顺序进行，但这样的查找效率低。在此，给大家介绍一种高效的查找算法——二分法查找。

【例 6-6】　二分法查找。在长度为 N 按递增顺序排列的成绩数组 score 中用二分法查找成绩 x。若找到则输出该成绩所在的位置；否则输出"未找到"的提示。

分析：

二分法查找是基于在有序数组中高效查找的一种常见算法，其思想是通过与查找区间中间元素的比较而将继续查找的区间缩小为原来的一半，直至找到或查找区间已无元素为止。具体思路如下。

① 假设 low 和 high 是查找区间的起点和终点下标，则初始状态下 low=0，high=N-1。

② 求待查区间中间元素的下标 mid =(low+high)/2，然后通过 score[mid]和 x 比较的结果决定后续查找范围。

③ 若 x==score[mid]，则查找完毕，结束查找过程。

若 x>score[mid]，则只需再查找 score[mid]后面的元素，修改区间下界 low=mid+1。

若 x<score[mid]，则只需再查找 score[mid]前面的元素，修改区间上界 high = mid-1。

④ 重复②、③两步直到找到 x，或再无查找区域（low>high）。

从以上描述中看出，终止循环查找过程有以下两种情况。

① 在某次查找过程中找到了要查找的数据，此时满足条件 x==score[mid]。

② 查找完毕整个区间仍未找到，此时满足条件 low>high。

程序代码如下。

```c
#define N 10
#include  <stdio.h>
int  main()
{
    int i,low,high,mid,score[N],x;
    low=0;
    high=N-1;
    printf("递增输入学生的成绩数据:\n");
    for(i=0;i<N;i++)
        scanf("%d",&score[i]);
    printf("输入要查找的学生成绩数据:\n");
    scanf("%d",&x);
    while(low<=high)
    {
        mid=(low+high)/2;
        if(x==score[mid])          //找到终止查找过程
            break ;
        else if(x>score[mid])      //继续查找后半个区间
            low=mid+1 ;
        else                       //继续查找前半个区间
            high=mid-1;
    }
    if(low>high)
        printf("未找到\n");
    else
        printf("查找数据的下标为: %d ",mid);
    return 0;
}
```

源代码:
例6-6

程序运行结果如图 6-13 所示。

图 6-13　二分法查找的运行结果

常见错误：

① 忽视算法的适用条件，运行程序时输入了无序数组，不属于语法错误，但无法得到正确结果。

② 查找时的循环条件 low<=high 误写成 low<high，这样会有遗漏元素未参与比较，查找的元素位于某些特定位置时，虽然元素存在于序列中，但结果仍为"未找到"。

思考：

① 若在递减排列的数组中使用二分法查找，程序应该如何修改？

② 如何利用元素插入的方法使输入无序的数据递增地保存到数组中，以保证后续查找能采用二分法查找？

6.4　二　维　数　组

微视频：
二维数组及常见操作

6.4.1　二维数组的定义及存储

在前面的学生成绩管理中，对一组学生的姓名和学号的定义中看到过这样的表达：

```
char name[N][20];
char no[N][8];
```

这种带有双下标的数组即是二维数组。再比如，要打印如图 6-14 所示的杨辉三角形，数据该如何存储？

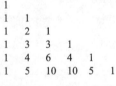

图 6-14　杨辉三角形

分析：

用一维数组描述该问题不是不可以，但不方便，若用一维数组存储这样的数据，操作时要对访问的元素下标进行较复杂的计算。这种形式上有行有列的数据结构更适合用二维数组来描述。

二维数组定义形式为

数据类型 数组名[常量表达式1][常量表达式2];

说明：

① 常量表达式1代表行，常量表达式2代表列；

② 元素的个数为行、列长度的乘积；

③ 同一维数组一样，其行、列下标皆从0开始；

④ 二维数组在内存中"按行"存放，即一行元素存储完毕之后再存储下一行元素。

假设有定义"float a[2][3];"，且系统为其分配的首地址为001EFCD0，则数组各元素在内存中存储如图6-15所示。

a	a[0][0]	a[0][1]	a[0][2]	a[1][0]	a[1][1]	a[1][2]
	001EFCD0	001EFCD4	001EFCD8	001EFCDC	001EFCE0	001EFCE4

图6-15 二维数组存储示意

二维数组的引用形式为

数组名[行下标][列下标]

因为其含双下标，所以批量处理时需两重循环控制下标的变化。又因为其按行存储的特点，所以往往外循环控制行下标，内循环控制列下标。

【例6-7】 杨辉三角形。打印如图6-14所示的n行杨辉三角形。

分析：

杨辉三角形的特点是首列及主对角线元素均为1，除此之外的第i行第j列元素的值应为其上一行的当前列与前一列两个元素的和。

问题1：如何为首列和主对角线元素赋值？

首列元素的列下标为0，主对角线元素的行、列下标相等，所以为这些元素赋值只需一个单循环语句即可。即

```
for(i=0;i<n;i++)
    a[i][0]=a[i][i]=1;
```

问题2：如何为其他元素赋值？

其他元素需用双重循环来控制行、列下标的变化，外循环控制行的变化，内循环控制列的变化。即

```
for(i=2;i<n;i++)
    for(j=1;j<i;j++)
        a[i][j]=a[i-1][j-1]+a[i-1][j];//当前元素等于上一行的前一列元素加上
        上一行同列元素
```

程序代码如下。

```
#define N 10
#include <stdio.h>
int main()
{
    int i,j,n,a[N][N];
    printf("请输入杨辉三角的行数:");
```

源代码：
例6-7

```
scanf("%d",&n);
for(i=0;i<n;i++)
    a[i][0]=a[i][i]=1;
for(i=2;i<n;i++)
    for(j=1;j<i;j++)
        a[i][j]=a[i-1][j-1]+a[i-1][j];
for(i=0;i<n;i++)
{
    for(j=0;j<=i;j++)
        printf("%d ",a[i][j]);
    printf("\n");
}
return 0;
}
```

程序运行结果如图 6-16 所示。

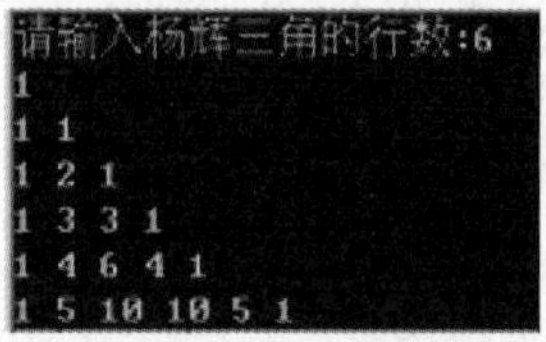

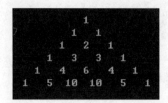

图 6-16　杨辉三角形的运行结果

常见错误：

① 引用二维数组元素时，将 a[i][j] 写成 a[i , j] 是语法错误。

② 部分初学者使用双重循环时，内、外循环使用同一个名字的循环控制变量，这样会造成逻辑错误。

③ 使用双重循环为首列和主对角线之外的元素赋值时，内循环的表达 for(j=0;j<i;j++) 误写成 for(j=0;j<=i;j++)，这样便会重新对首列和主对角线求解，原来为 1 的这些元素被新值取代，不再满足杨辉三角形的要求。

思考：

若输出如图 6-17 所示的杨辉三角形，程序应该如何修改？

图 6-17　杨辉三角形

6.4.2　二维数组应用

【例 6-8】　纳什均衡——求解矩阵的鞍点。矩阵中的某个元素若在其所在行中最大，但在其所在列中最小，则该元素被称为矩阵的鞍点。

应用：矩阵鞍点求解有其实际应用意义。在博弈论中，有种被称为"极小—极大定理"的博弈模型求解方法，实际上就是求矩阵中的"鞍点"，这个"鞍点"在博弈论中被称为"纳什均衡"，它是博弈所具有的确定的解。即对博弈双方而言，在策略选择时，一方是从"最小收益中选择最大值"，而另一方是从"最大损失中选择最小值"。能寻求到这样的均衡点即博弈有确定解。

分析：

寻找鞍点过程如下。

① 在第一行中查找最大值及其所在行、列下标。

② 在该行最大值所在列查找该列的最小值及其下标。

③ 若该行最大值同时是其所在列中最小值，则该元素即为鞍点，退出查找；否则在下一行中继续重复①和②，直到找到鞍点或对所有行全部查找完毕为止。

以下将求解过程分解成若干子问题实现。

问题 1：如何找 m 行 n 列二维数组 arr 中第 i 行的最大值及其行、列下标？

分析：

假设该行第一个元素最大，逐一和该行其他列元素比较过程中不断记录下真正最大值及其行、列下标。

相应代码如下。

```
max = arr[i][0];            //max 代表该行最大值
maxHPos = i;                // maxHPos 代表最大值所在行下标
maxLPos = 0;                // maxLPos 代表最大值所在列下标
for (j = 1; j < n; j++)     //该数组为 n 列
{
    if (arr[i][j] > max)
    {
        max = arr[i][j];
        maxHPos = i;
        maxLPos = j;
    }
}
```

问题 2：如何在第 i 行最大值所在列找该列的最小值及其下标？

分析：

假设该列第一行的元素最小，逐一和该列其他行元素比较过程中不断记录下真正最小值及其行、列下标。

相应代码如下。

```
min = arr[0][maxLPos];      //min 代表该列最小值
minHPos = 0;                // minHPos 代表最小值所在行下标
minLPos = maxLPos;          // minLPos 代表最小值所在列下标
for (k = 1; k < m; k++)     // 该数组为 m 行
{
    if (arr[k][maxLPos] < min)
```

```
           {
               min = arr[k][maxLPos];
               minHPos = k;
               minLPos = maxLPos;
           }
       }
```

问题 3：如何判断第 i 行最大值是否是其所在列中最小值？

分析：

比较行最大值与其所在列的最小值的行、列下标是否分别相等，若皆相等，则找到鞍点。

相应代码如下。

```
if ((maxHPos == minHPos) && (maxLPos == minLPos))
    printf("鞍点为:a[%d][%d]=%d\n", maxHPos,maxLPos,
    arr[maxHPos] [maxLPos]);
```

问题 4：如何判断鞍点是否找到？

分析：

前面 3 段程序在 i 从 0~m 变换中最多可循环 m 次，若有满足问题 3 条件的元素存在则找到鞍点；否则无鞍点。

程序代码如下。

源代码：
例 6-8

```
#include <stdio.h>
int  main()
{
    int arr[20][20], i, j, max, min, maxHPos,
        maxLPos, minHPos, minLPos, flag = 0, m, n, k;
    printf("输入 m 、n:");
    scanf("%d%d", &m, &n);
    //从键盘输入m×n 矩阵，并存放到数组 arr 中
    for (i = 0; i < m; i++)
      for (j = 0; j < n; j++)
        scanf("%d", &arr[i][j]);
    //在矩阵中找鞍点
    for (i = 0; i < m; i++)
    {
      //找第 i 行的最大值及最大值的下标（包括行标和列标），i 的值从 0 开始
      max = arr[i][0];
      maxHPos = i;
      maxLPos = 0;
      for (j = 1; j < n; j++)
        if (arr[i][j] > max)
        {
          max = arr[i][j];
          maxHPos = i;
          maxLPos = j;
```

```
    }
    //在第 i 行的最大值所在列找该列的最小值及其下标
    min = arr[0][maxLPos];
    minHPos = 0;
    minLPos = maxLPos;
    for (k = 1;  k < m;  k++)
      if (arr[k][maxLPos] < min)
      {
        min = arr[k][maxLPos];
        minHPos = k;
        minLPos = maxLPos;
      }
    //判断第 i 行的最大值是否是第 i 行最大值所在列的最小值，如果是，找到鞍点
    if ((maxHPos == minHPos) && (maxLPos == minLPos))
    {
      printf("鞍点为:a[%d][%d]=%d\n", maxHPos,maxLPos,arr[maxHPos][maxLPos]);
      flag = 1;  //给变量 flag 赋值 1，表示鞍点已找到
      break;     //鞍点已找到，结束查找过程
    }
  }
  if (0 == flag) //flag 的值为 0，表示在矩阵中没有找到鞍点
    printf("无鞍点.\n");
  return 0;
}
```

程序运行结果如图 6-18 所示。

图 6-18　纳什均衡的运行结果

编程经验：

　　将无鞍点的判别条件写成 if (0 == flag)，较之 if (flag==0)更好。因为一旦误将关系等号写成了赋值等号，那么常量 0 写在左侧的表达便会产生语法错误，易于排查；而 0 写在右侧的表达则不会出现语法错误，但会带来逻辑问题。

微视频：
字符数组及字符串

6.5　字符数组及字符串处理

　　字符数组用来处理文本型数据，其与数值型数组在输入输出及处理方面均有不同。

6.5.1   文本数据处理

【例 6-9】 凯撒密码加密、解密问题。

"凯撒密码"据传是古罗马凯撒大帝用来保护重要军情的加密系统。它通过将字母表中的字母向后移动一定位置而实现加密,其中 26 个字母循环使用,z 的后面可以看成是 a。例如,当密钥为 k = 3,即向后移动 3 位。若明文为"Go ahead!",则密文为"Jr dkhdg!"。

分析:

① 该问题处理的是文本型数据,可通过字符数组描述。

② 该问题的特点是每次处理的文本长度可能都在变化,对此该如何输入?

③ 对每次要处理的文本事先数出长度,再像一般数值数组一样通过长度控制输入个数显然不合适,实际操作时是将文本以字符串形式处理的。那么字符数组处理字符串有何不同于一般数组的策略呢?

问题 1:凯撒密码的明文和密文如何表达。

C 语言中的文本型数据通常通过字符串来处理。为此,首先了解一下字符串的概念。

字符串常量是用双引号引起的一串字符。如"Go ahead!",在内存中存储时系统会自动在最后一个字符"!"的末尾加一个字符"\0",该字符被称为字符串结束符,标志字符串的结尾。

那么,怎样描述可变的字符串呢?C 语言中虽然没有定义过字符串变量,但可以通过字符数组处理字符串。在处理过程中,初始化、输入、处理、输出方式皆不同于一般数组的处理。

6.5.2   字符数组处理字符串的方法

(1)初始化

```
char  s[20] = {" Go ahead! "};
```

或

```
char  s[20] = " Go ahead! ";
```

其中 s 代表了字符串在内存中存放的首地址,系统会自动在末尾添加"\0"。

如果像数值型数组那样逐元素初始化,则不代表字符串。

(2)输入

假设有定义"char s[20];",则可以通过如下两个函数输入字符串。

```
scanf("%s",s);
gets(s);
```

其中采用 scanf 函数输入时,不能提取 s 中空白符后面的内容。如从键盘输入"Go ahead!",则存入到 s 中的字符串实际上只有"Go",而不是"Go ahead!"。故在输入包含空格、制表符等空白符在内的字符串时宜采用 gets(s)函数形式输入。

(3)输出

字符串的输出也不同于一般数组,需整体输出,方法有如下两种。

```
        printf("%s",s);
        puts(s);
```

其中输入字符串的函数 gets 和输出字符串的函数 puts 的原型说明在 stdio.h 中。

问题 2：如何对凯撒密码的明文进行加密处理。

分析：

字符数组处理字符串时，虽然要求初始化和输入输出整体操作，但对字符串中的字符进行处理时则需逐元素循环进行；但因字符串的长度随着处理文本的不同始终在变化，故循环条件不应由数组长度控制，而应由字符串结束符"\0"决定。

形式为

```
for(i=0;  s[i]!='\0';  i++)
{
    …//对 s[i]进行具体加密处理
}
```

问题 3：凯撒密码的加密规律。

分析：

凯撒密码加密时是将字母用该字母在字母表中后面的第 k 个字母来替换（注意字母表需循环使用，即将字母 a 要当作字母 z 后面的字母来处理），而其他字符则保持不变，所以对明文中的某一个字符 s_i 加密的规律如下。

```
if(s[i]>='a'&&s[i]<='z')
    c[i]=(s[i]+k)>'z'?s[i]+k-26:s[i]+k;
else if(s[i]>='A'&&s[i]<='Z')
    c[i]=(s[i]+k)>'Z'?s[i]+k-26:s[i]+k;
else c[i]=s[i];
```

其中 k 代表密钥，c_i 代表明文字符 s_i 对应的密文字符。

源代码：
例 6-9

程序代码如下。

```
#include  <stdio.h>
int  main()
{
    char s[100];//定义明文长度
    char c[100];//定义密文长度
    int k,i;
    printf("Please input Secret Key:\n");
    scanf("%d ",&k);//接受密钥
    printf("Please input Plaintext:\n"); //输入明文
    gets(s); //接受明文
    for(i=0;s[i]!='\0';i++)
    {
        if(s[i]>='a'&&s[i]<='z')  //小写字母
            c[i]=(s[i]+k)>'z'?s[i]+k-26:s[i]+k;
        else if(s[i]>='A'&&s[i]<='Z')//大写字母
            c[i]=(s[i]+k)>'Z'?s[i]+k-26:s[i]+k;
        else c[i]=s[i];//非字母字符保持不变
    }
    c[i]='\0';
```

```
printf("The Ciphertext is :\n%s\n",c);//输出密文
return 0;
}
```

程序运行结果如图 6-19 所示。

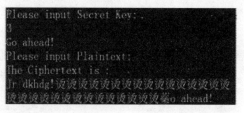

图 6-19　凯撒密码加密的运行结果

常见错误：

① 退出循环后，输出密文前漏写语句 "c[i]='\0';"，则密文输出乱码。这是因为密文字符串 c 是新构造出的字符串，但在上面代码处理过程中，并未将明文末尾的 "\0" 复制过来，那么没有 "\0" 的字符数组就不是字符串，不是字符串便不能以字符串形式输出。

② 输入明文时未使用 gets() 函数输入，而采用 scanf() 函数输入，虽未出现语法错误，但运行时密文的内容会有所丢失。因为 scanf() 函数在输入字符串时不能提取空白符（包括空格符、制表符和换行符）。

编程经验：

在进行密文转明文的循环中，循环条件写成 s[i]!='\0' 比写成 i<100 效率更高，因为通过字符串实际长度控制循环更合理。

6.5.3　字符串的常见处理

【例 6-10】　从身份证号码中提取生日信息。

要求从文件读入若干个人的姓名和身份证号码，将其生日信息提取出来存放到一个字符串中，并将该人的姓名和生日信息写入另一个磁盘文件中。为处理简单起见，文件形式如图 6-20 所示，即每人的每项信息各占一行。

图 6-20　原始身份证信息文件

分析:

字符串复制有部分复制和完全复制,此处是将一个字符串的内容部分复制到另一个字符串中。实现字符串复制要注意两个要点:首先字符串复制需逐元素进行;其次,注意保证目标串的末尾要有字符串结束标志。

该程序还要求原始信息来源于文件,并将提取出来的生日信息连同姓名一起写入文件,因为姓名、身份证号码、生日信息皆是字符串,所以文件应选择文本文件,读、写文件函数应选择 fgets()和 fputs()函数。

程序代码如下。

源代码:
例 6-10

```c
#define N 20
#include  <stdio.h>
#include  <stdlib.h>
int  main()
{
    FILE *fp1,*fp2;
    int i,j,k;
    char name[N],id[N], bd[N];
    fp1=fopen("d:\\idcard.txt","r");
    if(fp1==NULL)
    {
        puts("can't open idcard.txt");
        exit(0);
    }
    fp2=fopen("d:\\birthday.txt","w");
    if(fp2==NULL)
    {
        puts("can't open birthday.txt");
        exit(0);
    }
    while(!feof(fp1))
    {
        fgets(name,N,fp1);
        fgets(id,N,fp1);
        for(i=6,j=0;i<14;i++,j++)    //身份证中的 7~14 位为出生日期
            bd[j]=id[i];
        bd[j]='\0' ;
        fputs(name,fp2);
        fputs(bd,fp2);
        fputc('\n',fp2);
    }
    fclose(fp1);
    fclose(fp2);
    return 0;
}
```

程序运行提取出的生日信息文件如图 6-21 所示。

图 6-21 提取出的生日信息文件

> 常见错误：
>
> ① 缺少语句"bd[j]='\0';"会造成目标串中出现乱码。
>
> ② 身份证中的 7～14 位为出生日期，忽略数组下标从 0 开始的初学者常常会在提取生日信息的循环中将循环变量的初值取为 7，终值取为 14，会带来运行错误。

【例 6-11】 字符串比较。

逐个比较两个字符串相对应位置的字符大小，输出"两字符完全相等"的提示或第一个不相等字符的 ASCII 码差。

分析：

比较两个字符串大小的关键有两点：一是确定持续比较的条件，该条件应为两个字符串相对应位置的字符相等且尚未结束；二是退出循环以后的再判断。明确何种情况代表相等，何种情况代表不相等。

源代码：
例 6-11

程序代码如下。

```c
#define N 100
#include  <stdio.h>
int main()
{
    char s[N], t[N];
    int i;
    gets(s);
    gets(t);
    i=0;
    while(s[i]!='\0'&&t[i]!='\0' )
        if(s[i]==t[i])
            i++ ;
        else
            break ;
    if(s[i]=='\0'&&t[i]=='\0')
        printf("两字符串相等\n");
    else
        printf("两串第一个不相等字符相差:%d\n",s[i]-t[i]);
    return 0;
}
```

程序运行结果如图 6-22 所示。

图 6-22 字符串比较的运行结果

6.5.4 常用字符串处理函数

为处理方便，系统提供了包括字符串连接、复制、比较等功能在内的一系列字符串处理函数。在实际编程过程中，可以根据需要使用。这些常用库函数如下。

（1）求字符串长度 strlen 函数

原型：int   strlen(char *str)

功能：求字符串 str 的长度，不包括'\0'在内。

（2）字母转换函数 strlwr

原型：char   *strlwr(char *str)

功能：将字符串 str 中的大写字母转换成小写字母。

（3）字母转换函数 strupr

原型：char   *strupr(char *str)

功能：将字符串 str 中的小写字母转换成大写字母。

（4）字符串复制函数 strcpy

原型：char   *strcpy(char *str1, char*str2)

功能：将字符串 str2 的内容复制到字符串 str1 中。

（5）字符串连接函数 strcat

原型：char   *strcat(char *str1, char *str2)

功能：将字符串 str2 的内容连接到字符串 str1 内容的后面。

（6）字符串比较函数 strcmp

原型：int   strcmp(char *str1, char *str2)

功能：比较字符串 str1 和 str2 的大小。从左至右逐字符比较 ASCII 码值，直到出现不相同字符或遇到'\0'为止。

   str1 小于 str2 返回 -1

   str1 等于 str2 返回 0

   str1 大于 str2 返回 1

这些函数的原型说明在头文件 string.h 中。此外，除了 strcpy 和 strcat 两个函数中的第一个参数不能取字符串常量外，其他的参数都可以为字符数组、字符指针变量和字符串常量。

【例 6-12】 试密码。

分析以下程序的功能，体会字符串处理函数的应用。

```
#include <stdio.h>
#include <string.h>
int  main( )
```

源代码：
例 6-12

```
    {
        char  s[80];
        while(1)
        {
            gets(s);
            if(strcmp(s,"pass"))
                puts("Invalid password.\n");
            else
                break;
        }
        puts("pass\n");
        return 0;
    }
```

分析：

该程序的理解关键有两点：一是如何终止 while 循环；二是对 if 后面的条件表达的理解。其中，程序在循环条件表达上使用了无条件循环 while(1)，那么循环就必须通过循环体中的 break 语句退出，所以要清楚什么时候会执行到 break 语句。

if(strcmp(s,"pass")) 中 的 条件 是 一 种 简 写 的 表 达 形 式， 等 价 于 if(strcmp(s,"pass")!=0)。即当输入的字符串 s 不是字符串“pass”时，便输出“Invalid password.”，然后重新接受输入新的字符串，直到输入“pass”为止，程序输出“pass”并结束。程序运行结果如图 6-23 所示。

图 6-23　试密码的运行结果

常见错误：

初学者在使用 strcmp 函数功能时，常出现以下两种错误。

① 对其返回值认识不清。认为在两个字符串相等的情况下返回 1 是错误的，事实上相等时该函数返回值为 0。

② 将单个字符作为字符串处理会导致运行错误。如，比较两个字符串的大小时使用循环语句调用该函数逐字符进行比较是错误的，因为函数对参数的要求是代表两个字符串首地址的变量或字符串常量，而不是字符变量。

微视频：
指针与数组关系
初步

6.6　指针与数组关系初步

在第 3 章变量的存储中，了解到存储变量地址的变量是指针，而在本章开始也已经介绍了，一个数组在内存中占有一片连续的存储区域，数组名就是这块存储区域的首地址。通过指向数组的指针变量可以更直接、高效地访问数组元素。

要理解通过指针变量访问数组元素的方法，需要先了解指针的相关基本运算。除了第 3 章介绍的取地址"&"运算、取内容"*"运算及指针的赋值运算外，指针还可进行如下的算术运算。

6.6.1 指针的算术运算

1. 自增和自减运算

指针允许进行自增或者自减运算，它表示让指针变量从当前所指向的数据改为指向当前数据的后一个数据或者前一个数据。需要注意的是，对指针变量进行自增或者自减运算，并不表示其存放的地址值加 1 或者减 1，该地址值的增加值或减少值取决于指针变量所指对象占用的字节数。

例如，若有语句

```
int a, *p=&a;
```

假设变量 a 的地址为 1000，当执行 p++后，p 指向变量 a 后面的那个 int 类型的数据，因为 a 在内存中占 4 个字节，a 后面那个整型数据所在的地址为

```
1000+sizeof(int)=1004
```

所以当执行 p++后，p 的值为 1004。

2. p+n 和 p-n 运算（p 为指针变量，n 为整数）

一个指针变量可以加、减一个整数，p+n 或者 p-n 指向当前所指的那个变量的后面（或前面）第 n 个数据。

例如，若有定义

```
float f, *p=&f;
```

假设 f 的地址为 2000，则 p 的值为 2000，那么 p+5 的值为 p 后面第 5 个数据所在的地址，即

```
2000+5×sizeof(float)=2000+5×4=2020
```

3. 指针变量相减

两个相同类型的指针变量可以相减，相减的含义并不是两个指针变量所存放的地址值直接相减的差，而是这两个地址差之间能存放的这种类型的数据的个数。

例如，若有定义

```
int *p1, *p2;
```

并假设 p1 指向 1000，p2 指向 1008，则 p2-p1 的值为

```
(1008-1000)/sizeof(int)=2
```

注意：只有两个指针变量类型相同且指向同一个数组时两个指针相减才有意义。此外，要注意，两个指针变量相加、相乘、相除均无意义。

除了上述的算术运算外，指针变量还可以进行相等与否的关系判断及大小比较的关系运算。

6.6.2 数组元素的指针表示法

在上述有关指针运算的基础上，下面讨论数组元素的指针表示法。例如有如下变量定义

```
int a[6]={10,20,30,40,50,60}, *p;
```

当执行了 p=a; 或 p=&a[0]; 语句后，指针变量 p 指向了数组 a 的首地址（假设 a 的首地址为 1 000），则 p 与数组 a 的关系如图 6-24 所示。

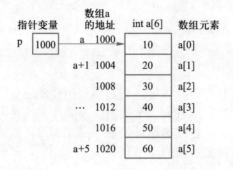

图 6-24   指针变量与数组的关系示意

数组名 a 是数组的首地址，即元素 a[0]的地址——&a[0]，当 p 指向数组 a，即代表 p 的值为&a[0]，从指针的算术运算规则得知，p+i 即代表元素 a[i]的地址——&a[i]，指针的这个算术运算规则也适用于同为地址的数组名 a，即 a+i 也代表&a[i]。由此可得到如下的等价关系。

① p+i 等价于 a+i 等价于&a[i]   //表示第 i+1 个数组元素的地址
② *(p+i) 等价于*(a+i) 等价于 a[i]   //表示第 i+1 个数组元素

进而，可以得到数组元素的如下 3 种访问方式。

① 下标方式
数组名[下标]
② 地址方式
*（地址）
③ 指针方式
*指针

【例 6-13】 用指针变量引用法实现例 6-10 的从身份证号码中提取生日信息。

为简单起见及重点关注数组的指针表示，此处身份证号码从键盘输入，提取出来的生日信息写入另一个字符串，该程序中不涉及文件操作。

分析：

设立两个指针变量 p、q，初始时 p 指向身份证号码字符串的首地址，q 指向生日字符串串首。利用 p 与整数的相加运算让其指向身份证的 7～14 位，将提取出的字符逐一复制到 q 所指向的生日字符串。

程序代码如下。

```
#define N 20
#include <stdio.h>
#include <stdlib.h>
int main()
{
    int i;
```

```
char id[N], bd[N],*p,*q;
gets(id);
p=id;
q=bd;
for(i=6;i<14;i++)     //身份证中的 7~14 位为出生日期
{
    *q=*(p+i);
    q++;
}
*q='\0' ;
puts(bd);
return 0;
}
```

程序运行结果如图 6-25 所示。

图 6-25　提取生日信息的运行结果

常见错误：

① 误将数组名当作普通变量名一样使用。如让 p 指向身份证字符串串首时，将 "p=id;" 误写为 "p=&id;"，则会出现语法错误，因为 "&id;" 代表的是二级指针，与 p 不匹配。

② 初学者使用指针时，常常区分不清何时取内容，何时取地址。如将复制字符的语句 "*q=*(p+i);" 写成 "q=(p+i);"，将后移指针的语句 "q++;" 写成 "*q++;" 都是不正确的。

【例 6-14】 求字符串的长度。

要求输入一串字符存储在字符数组中，用指针方式逐一显示字符，并利用指针运算求该字符串的实际长度。

分析：

在指针的算术运算中有一条运算专门适用于指向同一个数组的两个指针，它们相减的结果即代表这段地址差之间能存放的元素个数。利用这一运算，设立一个指针变量从数组的首元素开始逐一后移遍访所有数组元素，当其指向字符串结束符时，利用其与首地址的差即可求出字符串的实际长度。

程序代码如下。

源代码：
例 6-14

```
#define N 100
#include <string.h>
#include <stdio.h>
int main( )
{
    char s[N],*p;
    gets(s);
    p=s;                    //p 指向数组的第一个元素
    printf ("输出每个字符：");
```

```
    while(*p!='\0')
    {
      printf("%c",*p);
      p++;                         //指针后移,直到p指向字符串结束符
    }
    printf ("\n字符串长度 : ");
    printf ("%d\n",p-s);
    return 0;
}
```

程序运行结果如图 6-26 所示。注意该字符串中的空格符也是有效字符。其中,while 循环的循环体还可以简化为 printf("%c",*p++);这样一条语句。因为在 C 语言中单目运算符的结合性自右向左,故*p++等价于*(p++),即先取 p 原来所指向的地址单元的内容,然后 p 再指向下一个元素。

图 6-26　求字符串长度的运行结果

6.7　综　合　案　例

【例 6-15】　统计文本中字母出现的次数。

输入一段文本,统计该段文本中各字母出现的次数(这里不区分大小写),并对出现过的字母显示其出现的次数。

分析:

首先,统计字母出现的次数,需要定义一个包含 26 个整型数据的数组来存放它们,并将各元素的初值设置为 0,考虑到数组初始化的特点,可以通过如下初始化语句很方便地实现。

```
int  num[26]={0};
```

其中,num[0]代表字母"a"或"A"出现的次数,num[1]代表字母"b"或"B"出现的次数,依此类推。

其次,在该程序的统计中不区分大小写,即"a"与"A"当作同一个字母来统计次数,为处理方便,可以调用前面字符串处理函数中介绍过的 strlwr 函数,将文本中的所有大写字母均转换成小写字母,这样就可只对小写字母进行统计了。

本程序的难点在于如何将某一个出现过的字母与其出现次数数组 num 的某个元素联系起来。因 num[0]代表字母"a"出现的次数,num[1]代表字母"b"出现的次数,可见 num 的下标即反映了其代表的字母在 26 个字母表中的位置,由此假设字符 s[i]为某个小写字母,那么其在 26 个字母表中的位置应该为 s[i]-'a',当出现该小写字母时,以此为下标的 num 的那个元素就该增加 1。

程序代码如下。

源代码:
例6-15

```c
#define N 100
#include <stdio.h>
#include <string.h>
int main()
{
    char s[N],*p,c;
    int k,num[26]={0};
    printf("请输入文本:\n");
    gets(s);
    strlwr(s);
    p=s;                    //指针p指向字符串首
    while(*p!='\0')         //通过p依次访问字符串中的字符
    {
        if(*p>='a'&&*p<='z')
        {
            k=*p-'a';       //计算p所指向的字母在字母表中的位置
            num[k]++;       //该字母的出现次数增加1次
        }
        p++;
    }
    printf("统计结果:\n");
    for(k=0;k<26;k++)
        if(num[k]!=0)
        {
            c='a'+k;        //反推字母表中第k个字母的内容
            printf("%c:%d\n",c,num[k]);
        }
    return 0;
}
```

程序运行结果如图6-27所示。

图6-27 统计字母次数的运行结果

思考:
若还需将出现次数最高的字母及次数输出,程序如何修改?

【例6-16】 点名程序。

文本文件student.txt中存放了若干名学生的学号和出勤次数,如图6-28所示,从该文件中读取这些信息分别存放在两个不同的数组中,然后依次点名,根据出勤情况修改相应学生的出勤次数,最后将更新后的出勤情况再次写入文件student.txt。

图 6-28   原始学生考勤文件

分析：

根据题意，该程序对同一个文件进行了先读后写两种操作，注意模式切换和操作要求。此外，还要注意记录学生学号的数组与记录出勤次数的数组操作的相关性。程序中设置一个代表学生出勤与否的字符数组，根据其取值为"present"还是"absent"，决定某学生的出勤次数是否增加。

程序代码如下。

源代码：
例 6-16

```c
#define N 10
#include  <stdio.h>
int main()
{
    char no[N][8],att[10];
    int i,n,count[N];
    FILE *fp;
    fp=fopen("d:\\student.txt","r");
    if(fp==NULL)
    {
        puts("can't open money.txt");
        exit(0);
    }
    i=0;
    while(!feof(fp))
    {
        fscanf(fp,"%s %d\n",no[i],&count[i]);
        printf("%s %d\n",no[i],count[i]);
        i++;
    }
    n=i;
    fclose(fp);
    for(i=0;i<n;i++)
    {
        puts(no[i]);
        puts("present or absent");
        gets(att);
        if(strcmp(att,"present")==0)
            count[i]++;
    }
    fp=fopen("d:\\student.txt","w");
```

```
        if(fp==NULL)
        {
            puts("can't open money.txt");
            exit(0);
        }
        for(i=0;i<n;i++)
            fprintf(fp,"%s %d\n",no[i],count[i]);
        fclose(fp);
        return 0;
    }
```

程序运行情况如图 6-29 所示，更新后的考勤文件如图 6-30 所示。

图 6-29　点名程序的运行情况

图 6-30　更新后学生考勤文件

常见错误：

① 将条件判断 if(strcmp(att,"present")==0)中的条件误写为 att="present"，att 是字符数组名，是一个地址常量，不能被赋值。

② 读文件完毕后未调用函数 fclose(fp)将文件及时关闭，便又以写文件的模式将该文件打开，会造成写文件的内容不正确。

小　结

数组是一组相同性质、相同类型的数据的集合，在内存中连续顺序存储。数组中的所有数据共用一个数组名，不同数据通过下标区分。下标从 0 开始，连续递增变化，最大下标比其相应的长度小 1。

数组按其元素类型不同有数值数组和字符数组之分（后续章节中还会学习结构数组）。可利用字符数组处理字符串，但字符数组处理字符串时输入、输出及处理与数值数组处理方法皆不同。

指针是存放变量地址的特殊变量，其与数组关系密切。当指针指向数组中的某个元素后，就可利用其特殊运算来对数组进行操作。

数组的操作与循环有着密切关系，通过循环控制变量控制数组下标的变化以实现对数组中连续顺序存储的数组元素进行批量处理。通常一维数组通过一个单循环控制，而二维数组则需要双重循环的控制。一维数组的常见操作包括对数组中的数据进行插入、删除、查找、排序等操作。由于数组在内存中连续存储的特点，其插入、删除时都会伴随多个元素的移动，这个移动过程会影响时间效率。如果线性表中频繁进行插入、删除操作，可考虑选用时间效率更高的链表结构（后续章节介绍）。

习　题　6

一、选择题

1. 如下数组定义语句，正确的是（　　　）。

 A. int　a[3,4];   B. int n=3,m=4,int a[n][m];

 C. int　a[3][4];   D. int a(3)(4);

2. 假设有定义"int　k=3, s[2];"，则执行下面的程序段后，变量 k 中的值为（　　　）。

```
s[0]=k; k=s[1]*10;
```

 A. 不定值   B. 33   C. 30   D. 10

3. 以下不能对二维数组 a 初始化的是（　　　）。

 A. int a[][3]={{1}, {2}};   B. int a[2][3]={1,2,3,4,5,6};

 C. int a[2][3]={1};   D. int a[2][]={3,4,5,6,7,8};

4. 假设有定义"int　k,a[3][3]={9,8,7,6,5,4,3,2,1};"，则下面语句的输出结果是（　　　）。

```
for(k=0;k<3;k++)
printf("%d",a[k][k]);
```

 A. 7 5 3   B. 9 5 1   C. 9 6 3   D. 7 4 1

5. 若有说明"int　a[6]={1,2,3,4,5,6},*p=a+1;"，则*(p+2)的值是（　　　）。

 A. 3   B. 4   C. 5   D. 不合法

6. 假定 int 类型变量占用两个字节，其有定义"int x [10] ={0,2,4};"，则数组 x 在内存中所占字节数是（　　　）。

 A. 3   B. 6   C. 10   D. 20

7. 有如下定义语句"int　aa[][3]={12,23,34,4,5,6,78,89,45};"，则 45 在数组 aa 中的行、列坐标各为（　　　）。

 A. 3,2   B. 3,1   C. 2,2   D. 2,1

8. 要使字符数组 str 具有初值"Lucky"，正确的定义语句是（　　　）。

 A. char str[]={'L','u','c','k','y'};   B. char str[5]={'L','u','c','k','y'};

 C. char str[]="Lucky";   D. char str[5]="Lucky";

9．设有数组定义"char array[ ]="China";"，则数组 array 所占的空间为（　　　　）。

    A．4 个字节　　　　B．5 个字节　　　　C．6 个字节　　　　D．7 个字节

10．已知"char a[15],b[15]={"I love china"};"，则在程序中能将字符串 I love china 赋给数组 a 的正确语句是（　　　　）。

    A．a="I love china";　　　　　　　　B．strcpy(b,a);

    C．a=b;　　　　　　　　　　　　　　D．strcpy(a,b);

二、编程题

1．输入 20 个学生某门课的成绩，要求求这组成绩的平均分和标准差。标准差公式为

$$标准差 = \sqrt{\dfrac{\sum_{i=1}^{n}\left(x^{i} - 均值\right)^{2}}{n}}$$

2．输入 10 个整数存放到一个数组中，要求将其中最小数与最大数进行交换并输出交换后的数组内容。若最大数和最小数出现不止一次，则只交换最前面的那个数即可。

3．随机产生 N 个 100 以内的正整数存入一个一维数组中，要求统计并输出值和下标都为奇数的元素个数。

4．随机产生 50 个两位正整数，要求将其中高于平均值且含有数字 5 的数据存放到另一个数组中，并将该数组中的元素按由大到小排序后输出。

5．输入 n(n<20)个数，要求在屏幕上输出这 n 个数中互不相同的那些数（提示：将输入进来的数据中新出现的数写入到另一个数组中）。

6．某次选举活动中有 5 个候选人，其代号分别用 1～5 表示。假设有若干选民，每个选民只能选一个候选人，即每张选票上出现的数字只能是 1～5 间的某一个数字。每张选票上所投候选人的代号由键盘输入，当输入完所有选票后用-1 作为终止数据输入的标志。要求统计输出每个候选人的得票数。

7．输入一个 N 阶方阵，判断该方阵是否对称（即判断是否所有的 a[i][j]等于 a[j][i]）。

8．输入一个正整数 n，输入 n 个数，生成一个 n×n 的矩阵。其中矩阵中第 1 行是输入的 n 个数，以后每一行的内容都是上一行循环左移一个元素构成的。假设 n=5，输入的 5 个数为 2、5、8、4、9，则形成的矩阵为

2 5 8 4 9

5 8 4 9 2

8 4 9 2 5

4 9 2 5 8

9 2 5 8 4

9．输入一串字符（长度不超过 80 个字符），要求将其中的数字字符复制到另一个字符串中。要求用字符数组和字符指针两种方式来实现。

10．输入一串字符（长度不超过 80 个字符），要求不开辟其他数组而将该字符串逆序存放，并输出逆序后的字符串内容。

7 函数

随着计算机技术的应用越来越广泛，程序完成的功能也越来越强大。一个复杂的程序有时会有几千甚至几百万行程序代码。在编写一个复杂程序时，通常把这个大的程序分割成一些相对独立而且便于管理和阅读的子程序（C 语言表示为函数）。随着任务的分解，每个子程序越来越简单清晰，这就是自顶向下、逐步细化的结构化程序设计方法。本章主要讲解 C 语言程序中函数的应用。

7.1 福利彩票问题

人们购买"双色球"福利彩票时会选择随机产生数字的方式，由计算机程序随机产生 6 个 1～33 之间整数（红色球）和 1 个 1～16 之间整数（蓝色球），同时还要解决红色球出现重复的问题。在产生一个随机数时，调用一个函数判断和前面产生随机数是否相同，如果相同则重新产生，不同则再产生下一个随机数，直到全部数产生完毕。

【例 7-1】 模拟随机产生一注福利彩票双色球程序。

程序代码如下。

源代码:
例 7-1

```c
#include <stdio.h>
#include <time.h>
#include <stdlib.h>
#define N 7
int search(int a[],int m ,int x)     //检查数据是否重复函数
{
    int k;
    for(k=1;k<=m;k++)
        if(x==a[k]) return 0;
    return 1;
}
int main()
{
```

```
    int r[N+1];
    int i,k=0;
    printf("\n产生%d个红色球为\n",N-1) ;
    srand((int)time(NULL));                    // 初始化随机数种子
    for(i=1;i<N;i++)                           //产生 6 个红色球
    {
        r[i]=rand()%33+1;                      //产生 1～33 之间随机数
        if(search(r,i-1,r[i])==1) printf("%5d",r[i]) ;
                                               //调用函数，判断其返回值是否为 1
        else i=i-1;                            //红球重复，重新产生
    }
    printf("\n产生%d个蓝色球为\n",1) ;          //产生 1 个蓝色球
    r[i]=rand()%16+1;                          //产生 1～16 之间随机数
    printf("%5d",r[i]);
    printf("\n数据已经产生完毕。\n");
    return 0;
}
```

说明：

① 本程序红色球每产生一个随机数时，就要判断和前面产生红色球随机数是否相同。所以将检查数据是否重复独立写成一个函数 search()，供程序调用。

② 在 C 语言中，一次定义函数，根据需要可以调用一次或多次。

③ 一个 C 程序以 main()函数作为程序的主函数。程序运行时，从它开始执行。

④ 一个 C 程序可由若干源程序文件组成。每个源程序文件由程序代码组成。C 程序的一个源文件也可以看作一个程序"模块"，可以独立编译，所以 C 程序可以按源程序文件分别编写和编译。

7.2　函数的概念

函数是 C 语言程序的重要组成元素。C 语言中，把由相关的语句组织在一起、有自己的名称、实现独立功能、能在程序中被调用的这种程序块称为函数。

7.2.1　两类函数

C 语言中函数分为两大类，分别是标准函数（库函数）和自定义函数。

（1）标准函数

标准函数是 C 语言系统为方便用户而预先编写好的函数，如输出函数 printf()。按应用分类，C 语言提供了大量的标准函数（库函数）。例如，输入输出库函数、数学库函数、字符处理库函数、字符串处理库函数、动态存储分配库函数。每类库函

数都定义了自己专用的常量、符号、数据类型、函数接口和宏等，这些信息都在它们专用的头文件中被定义。使用相应库函数的程序都要在使用之前写上包含其头文件的预处理命令。如例 7-1 中使用库函数 rand()产生随机数，在程序开始写上包含其头文件的预处理命令，即#include <stdlib.h>。

以下是常用的头文件。

① stdio.h：输入输出库函数。

② math.h、stdlib.h：数学库函数、系统库函数。

③ time.h：时间库函数。

④ ctype.h：字符处理库函数。

⑤ string.h：字符串处理库函数。

⑥ malloc.h：动态存储分配库函数。

（2）自定义函数

标准函数不可能满足程序设计者的各种需求，那么就需要用户自己编写的函数来完成这一部分需求，这类函数称为自定义函数，本章着重介绍自定义函数的使用方法。

7.2.2 函数的定义

微视频：
函数的定义

函数由函数首部和函数体组成，具体格式为

<函数类型>　函数名（<形参列表>）

{

　　函数体

}

说明：

① C 语言函数定义由函数首部和函数体两部分组成，函数首部由函数类型、函数名和参数组成。函数体由函数说明部分和函数可执行部分组成，并且函数说明部分写在函数执行部分前面。

② <函数类型>是该函数的类型，即为该函数返回值的类型。函数名是函数的标识，函数的调用就是通过函数名来实现的。函数名的命名规则和变量的命名规则相同。

③ <形参列表>用于接收从函数外部传递来的数据。函数在定义时参数的值并不能确定，但它规定了参数的个数、次序和每个参数的类型，所以函数定义的参数称为形式参数，简称为形参。形式参数可以有一个或多个，参数之间用逗号连接，如例 7-1 中，search(int a[],int m ,int x))中 a、m 和 x 就是形参。在 main()函数中调用 search(r,i-1,r[i])时，参数称为实际参数，简称实参，分别把 r、i-1 和 r[i]的值赋给 a、m 和 x，其中 r、i-1 和 r[i]就是实参。

④ 根据函数有没有参数，用户自定义函数又分为无参函数和有参函数两种。

⑤ 函数体由一对大括号括起来，它是完成数据处理语句的集合。一个函数可以

有零条、一条或多条语句。当函数体是由零个语句组成时，称该函数为空函数。函数体无论语句多少，大括号是不可能省的，例如，下面的 nosome( )函数就是一个空函数。

```
void nosome ( )
{
}
```

空函数作为一种什么都不执行的函数也是有意义的。当系统被划分为多个子程序时，可以把空函数作为未来真实函数的代表，参加整个程序的编译、运行，并逐步完善各个空函数，直至程序完成。

⑥ C 语言中所有函数都是平行的，一个函数并不从属于另一个函数，即 C 语言中不允许函数嵌套定义。在函数定义中再定义一个函数是非法的。例如，下面在主函数中非法嵌套了一个 menu( )函数是不允许的。

```
int main( )
{
    int search(int a[],int m ,int x)     //检查数据是否重复函数
    {
      …
    }
    return 0;
}
```

应该定义为

```
int search(int a[],int m ,int x)            //检查数据是否重复函数
{
  …
}
int main( )
{
    …
}
```

常见错误：

① 定义函数，写函数首部时，小括号后面加“;”，因主函数首部不是一条语句不需要加“;”。

② 函数说明部分写在函数执行部分后面。如例 7-1 若主函数 main()语句写成

```
int main()
{
    int r[N+1];                              //函数说明部分 1
    printf("\n产生%d个红色球为\n",N-1) ;     //函数可执行部分 1
    int i,k=0;                               //函数说明部分 2
      …
}
```

函数的可执行部分一定要位于函数说明部分下面，上述程序“函数说明部分 2”写在“函数可执行部分 1”下面，编译产生错误。

编程经验：

　　一般来说，函数名的定义要有实际意义，最好做到"见名知意"，例如，menu()
是显示菜单的函数。

7.2.3　函数的声明

　　C 语言中函数声明又被称为函数原型。标准库函数的函数原型都在头文件中提供，程序可以用#include 指令包含这些原型文件。对于用户自定义函数，程序员应该在源代码中说明函数原型。

　　函数声明是一条程序语句，它由函数首部和分号组成，一般形式为

<函数类型>　　函数名（**<形参列表>**）；

说明：

　　① 函数声明和函数首部两者的函数名、函数类型完全相同，且两者的形参的数量、次序、类型完全相同。

　　② 函数声明中的形参可以省略名称只声明形参类型，而函数首部不能。

　　③ 函数声明是语句，而函数首部不是。

　　④ 当函数定义在调用它的函数前时，函数声明不是必须的；否则，必须在调用它之前进行函数声明。如将例 7-1 改为下列情况时，int search(int a[],int m ,int x)函数声明语句是必须的。

```
#include<stdio.h>
#include <time.h>
#include <stdlib.h>
#define N 7
int search(int [],int, int);              //函数声明语句省略了参数名
int main()
{
    int r[N+1];
    int i,k=0;
    printf("\n 产生%d 个红色球为\n",N-1) ;
    srand((int)time(NULL));               //初始化随机数种子
    for(i=1;i<N;i++)                       //产生 6 个红色球
    {
        r[i]=rand()%33+1;                 //产生 1～33 之间随机数
        if(search(r,i-1,r[i])==1) printf("%5d",r[i]) ;
        else i=i-1;                       //红球重复，重新产生
    }
    printf("\n 产生%d 个蓝色球为\n",1) ;   //产生 1 个蓝色球
    r[i]=rand()%16+1;                     //产生 1～16 之间随机数
    printf("%5d",r[i]) ;
    printf("\n 数据已经产生完毕。\n");
```

```
    return 0;
    }
int search(int a[],int m ,int x)      //检查数据是否重复函数, 见例 7-1
    {
      …
    }
```

说明:

函数声明中"int search(int [],int ,int);"中形参省略了名称,只声明了形参类型,也可以不省略参数名, 即 int search(int a[],int m ,int x)。

常见错误:

① 被调用函数的定义位于调用函数后面, 且被调用函数在调用之前没有函数声明语句, 则出错。

② 函数声明语句结束没有写";"。

编程经验:

虽然函数声明有时候可以省略, 但在一个包含多个函数的程序中, 为方便阅读, 一般 main()在自定义函数最前面, 其他被调函数则需要有函数声明语句。由于程序中函数间的调用顺序有时是不可预见的, 如果没有函数声明, 程序员必须提前考虑函数定义的顺序。

7.3　函数的调用和返回语句

一个函数可以被其他函数调用, 返回相应的结果。

7.3.1　函数的调用

一个函数被定义后, 程序中的其他函数就可以使用这个函数, 这个过程称为函数调用。函数调用的一般形式为

函数名(<实参列表>);

说明:

① <实参列表>中的参数称为实际实参 (简称实参), 实参可以是常数、变量或表达式, 各实参之间也是用逗号分隔。

② 实参的个数、次序和类型必须和形参完全一致, 对无参函数调用时无实际参数表。

③ 函数调用有两种形式: 函数表达式和函数语句。

• 函数表达式。函数调用出现在一个表达式中, 这种表达式称为函数表达式。如例 7-1 中, search(r,i-1,r[i])==1 为函数表达式。

• 函数语句。把函数调用作为一个语句，例如

```
printf("%5d",r[i]);
```

这是以函数语句的方式调用函数。

源代码:
例7-2

【例7-2】 利用函数求 3 个整数最大数。

分析:

编写一个求两数最大值函数 maxu()，调用此函数求前两数中的较大者赋值给变量 max，再调用此函数求 max 和第 3 个数求最大值，即求出 3 个数最大数。

程序代码如下。

```
#include<stdio.h>
int maxu(int x,int y)                //求两数最大数函数
{   int max1;
    if (x>y)   max1=x;
    else       max1=y;
    return max1;
}
int main()
{   int a,b,c,max;
    printf("请输入 3 个整数:");
    scanf("%d %d %d",&a,&b,&c);
    max=maxu(a,b);                    //调用求两数最大值函数语句
    max=maxu(max,c);                  //调用求两数最大值函数语句
    printf("3 个整数最大数是: %d\n",max);
    return 0;
}
```

说明:

① 调用函数语句 maxu(a,b)中，a、b 是实参对应函数形参 x、y，即 a 的值传递给 x，b 的值传递给 y。函数 maxu()把 x 和 y 中较大的返回给 max，也就是 a 和 b 中大的传递给 max。

例如，"max=maxu(a,b);"要求函数返回一个确定的值，参加表达式的计算。这里把 maxu 的返回值赋给变量 max。

② 本例中语句"max=maxu(a,b); max=maxu(max,c);"可以写语句

```
max= maxu(maxu(a,b),c);
```

其中 maxu(a,b)是一次函数调用，它的值作为 max 另一次调用的实参，但必须保持有返回值。

常见错误:

调用函数时在实参前面带有实参类型。如 max=maxu(int a,int b)是错误的，正确是 max=maxu(a,b)。

7.3.2 函数的返回值

函数的调用的目的通常是为了得到一个计算结果（即函数值）或做某一个特定

操作。需要返回值函数用 return 将计算结果（返回值）返回给调用程序。return 语句的一般格式为

return （<表达式>）；或 **return** <表达式>；

说明：

① 如果函数无返回值，return 可以省略或写为 return。

② 一个函数如果有一个以上的 return 语句，当执行到一条 return 语句时，函数返回确定的值并退出函数，其他语句不被执行。

③ 如果 return 语句中表达式的值和函数的值类型不一致，则以函数类型为准。

④ 为了明确说明函数没有返回值，可以用 void（空类型）表示。

⑤ 如果没有使用 return 返回一个具体的值，而函数又不是 void 型，则返回值为一个随机整数。

程序代码如下。

```c
#include <stdio.h>
fun();                         //没有声明函数类型
int  main()
{
    printf("%d\n",fun());     //调用函数 fun()将输出一个整数
    return 0;
}
fun()                          //没有定义函数类型
{
    printf("this program  have no declaring_type\n ");
}
```

运行结果是数 38。

源代码：
例 7-3

【例 7-3】 在长度为 N 的递增顺序排列的成绩数组 score 中，用二分法查找成绩。若找到则输出该成绩所在的位置；否则输出"XX 成绩没有找到!"的提示。

分析：

设置一个函数 BinSearch()对有序表查找(具体二分法查找算法见第 6 章相关内容)，若找到则返回其位置，否则返回-1。

程序代码如下。

```c
#define N 10
#include <stdio.h>
int BinSearch(int a[],int i,int j,int x)     //二分法查找
{
    int low=i,high=j,mid;
    while (low<=high)
    {
        mid=(low+high)/2;                    //取中间值
        if (x==a[mid])
            return (mid);                    //找到，返回
        else if (x >a[mid])
                low=mid+1;                   //舍去区间左半边
```

```
            else
                high=mid-1;                        //舍去区间右半边
        }
        return  -1;                                //没有找到，返回
}
int  main()
{
    int i,score[N],x,y;
    printf("递增输入%2d学生的成绩数据:\n",N);
    for(i=0;i<N;i++)
        scanf("%d",&score[i]);
    printf("输入要查找的学生成绩数据:\n");
    scanf("%d",&x);
    y=BinSearch(score,0,N-1,x);
    if(y==-1)
        printf("%d成绩没有找到!\n",x);
    else
        printf("%d成绩找到,下标为%d的位置上\n",x,y);
    return 0;
}
```

程序运行结果如图 7-1 所示。

```
递增输入10学生的成绩数据:
25 53 60 67 71 76 79 81 85 88
输入要查找的学生成绩数据:
67
67成绩找到,下标为3的位置上
Press any key to continue_
```

图 7-1　查找成绩运行结果

说明：本例使用两个 return 语句，返回不同情况值。

> 常见错误：
> 对于数组作为形参，注意数组起点下标是 0，不是 1，所以返回位置是从 0 开始的。

> 思考：
> 如何将上述二分法查找函数 BinSearch( )改为只使用一条 return 语句。

7.4　函数的参数传递

前面介绍函数定义和调用，定义函数时主调函数和被调用函数之间经常有数据传递关系。主调函数将实参值传递给被调用函数中的形参，那么实参和形参之间怎样传递值呢？

微视频：
函数的参数传递

　　C 语言中，函数的参数之间传递值有两种方法，分别是值传递（传值）和地址传递（传地址）。

7.4.1　值传递

　　值传递参数的实现是系统将实参复制一个副本给形参。在被调用函数中，形参可以被改变，但这只影响副本中的形参值，而不影响调用函数的实参值。所以这类函数有对原始数据保护的作用。

　　【例7-4】　计算排列数 P_n^m。

　　分析：因为排列数计算公式为 $P_n^m = n!/(n-m)!$，设计一个求阶乘函数 fac()，分别调用此函数计算出 n 的阶乘和（n–m）的阶乘，然后求它们商即得排列数 P_n^m 的值。

　　程序代码如下。

源代码：
例7-4

```c
#include<stdio.h>
long fac(int);          //求阶乘函数声明语句
int main()
{
  int n,m,t;
  do
  {
      printf("请输入排列数 n（<=10）和 m（<=10）正整数：");
      scanf("%d %d",&n,&m);
  } while (n<1||m<1||n>10||m>10) ;      //判断输入数不合法重新输入
  if(n<m)                               //如果 n 小于 m，交换两变量值
  {
      t=n;n=m;m=t;
  }
  printf("排列数 p(%d,%d)值为：%d\n",n,m,fac(n)/fac(n-m));
  return 0;
}
long fac(int k)                         //求阶乘函数
{
  long p=1;
  while(k>=1)                           //p=k*(k-1)*(k-2)*…*3*2*1
  {
    p=p*k;
    k=k-1;
  }
  return p;
}
```

程序运行结果如图 7-2 所示。

```
请输入排列数n（<=10）和m（<=10）正整数：10 4
排列数p(10,4)值为：5040
Press any key to continue
```

图 7-2　计算排列数运行结果

说明：

① 上面程序分别将实参 n、n-m 的值传给形参 k，然后通过函数 fac 求出 n 和 n-m 阶乘。这种实参和形参之间传递，称为值传递。

② 实参可以是常量、变量、表达式，如 fac(n-m)，但是要求它们必须有确定的值。在调用时将实参赋给形参。

③ 实参和形参的类型应相同或赋值兼容。

> 编程经验：
>
> 在编程时，如果一段程序反复使用，可以独立出来用一个函数实现，这样可以减少代码重复，如本例中因为排列数计算阶乘两次，所以将计算阶乘独立出来用一个函数实现。

7.4.2　地址传递

形式参数定义为指针类型或数组时，函数参数按地址传递。调用时主调函数将实参的地址传递给形参，实参和形参共享同一个或一组存储地址。在被调用函数中，形参值的改变导致实参值改变。

微视频：
地址传递

【例 7-5】 从键盘输入两个数，调用函数将输入的两个数交换。

分析：根据题意，本题解决方法设计一个交换两数函数 swap()，在此函数内将两数交换后，返回到主调函数，这样实参和形参不能用传值方式，应该用传地址方式，即形参为指针。

程序代码如下。

```c
#include <stdio.h>
void swap(int *a,int *b) ;        //交换两数声明语句
int  main()
{
    int n=10,m=20;
    printf("主函数调用 swap 函数前输出数据\n");
    printf("n=%d\tm=%d\n",n,m);
    swap(&n,&m);
    printf("主函数调用 swap 函数后输出数据\n");
    printf("n=%d\tm=%d\n",n,m);
    return 0;
}
void swap(int *a,int *b)     //交换两数函数，形参为指针类型
{
    int c;
    c=*a;*a=*b;*b=c;
}
```

源代码：
例 7-5

程序运行结果如图 7-3 所示。

```
主函数调用swap函数前输出数据
n=10      m=20
主函数调用swap函数后输出数据
n=20      m=10
Press any key to continue
```

图 7-3　两数交换运行结果

说明:

① 程序调用函数 swap(&n,&m)，将 n 和 m 地址传给指针变量 a 和 b。这时实参 n 和形参 a 共享一个地址，同样实参 m 和形参 b 也共享一个地址，形参值的改变也会影响实参值。这种实参和形参之间传递，称为地址传递。

② 通过函数调用语句，被调函数只能向主调函数返回一个值，地址传递方式可以让被调函数向主调函数传递多个值。

> 常见错误:
> 　　在地址传递中，是传递实参的地址，所以实参必须是变量或数组名，不能是表达式和常量。

7.4.3　数组作为函数参数

数组元素和数组名也可以作为函数的参数。数组元素作为函数的参数与变量作为参数一样，是值传递。而数组名作为函数的参数，因为数组名是地址，所以是传地址，形参和实参共享一组存储地址。

【例 7-6】 编写一个程序，接受用户输入的一行字符（不超过 80 个字符），将其中出现的字母转成大写字母，其他字符不变。

方法 1:

分析：根据问题要求设计一个函数完成字母转换功能，该函数 transform1()形参是字符，主调函数 main()实参是数组元素，每次传递一个数组元素值给形参，这种传递方式是值传递，不能把形参的值返回给实参，所以只能在函数 transform1()内，判断接收字符如果是小写转成大写输出，其他字符直接输出。

程序代码如下。

源代码:
例 7-6A

```c
#include<stdio.h>
void transform1(char ch);              //小写字母转换为大写字母函数声明
int main()
{
    int i=0;
    char st[80];
    printf("请输入一行字符串: ");
    gets(st);
    printf("转换后字符串为: " );
    while(st[i]!='\0')
```

```
    {
        transform1(st[i]);              //调用小写字母转换成大写字母函数
        i=i+1;
    }
    printf("\n");
    return 0;
}
void transform1(char ch)               //字符转换函数
{
    if(ch>='a'&& ch<='z')
        ch=ch-'a'+'A';                 //小写字母转换成大写字母
    printf("%c",ch);
}
```

程序运行结果如图 7-4 所示。

```
请输入一行字符串: This is a C program.
转换后字符串为:  THIS IS A C PROGRAM.
Press any key to continue
```

图 7-4　字符转换方法 1 运行结果

方法 2：

分析：根据问题要求设计一个函数完成字母转换功能，该函数使用数组参数，接收字符串的起始地址（第一个字符地址）。转换函数 transform（）算法如下。

① 取字符串的起始字符。

② 如果字符是小写字母，则转换成对应的大写字母。

③ 取下一个字符。

④ 如果当前字符不是字符串结束符，转步骤②；否则，函数返回。

程序代码如下。

源代码：
例 7-6B

```
#include <stdio.h>
void transform(char ptr[]);            //小写字母转换为大写字母函数声明
int main()
{
    char ch;
    char st[80];
    while(1)
    {
        printf("请输入一行字符串: ");
        gets(st);
        transform(st);                    //实参是数组名
        printf("转换后字符串为: \n%s\n",st);
        printf(" 是否继续处理下一个字符串（Y--是，N--否）请选择: ");
        ch=getchar();
        getchar();                        //读回车键
```

```
            if(ch=='N'||ch=='n') break;
    }
    return 0;
}
void transform(char ptr[])                //字符转换函数，形参是数组
{
    int i=0;
    while(ptr[i]!='\0')
    {
        if(ptr[i]>='a'&&ptr[i]<='z')
          ptr[i]=ptr[i]-'a'+'A';          //小写字母转换成大写字母
        i=i+1;
    }
}
```

程序运行结果如图 7-5 所示。

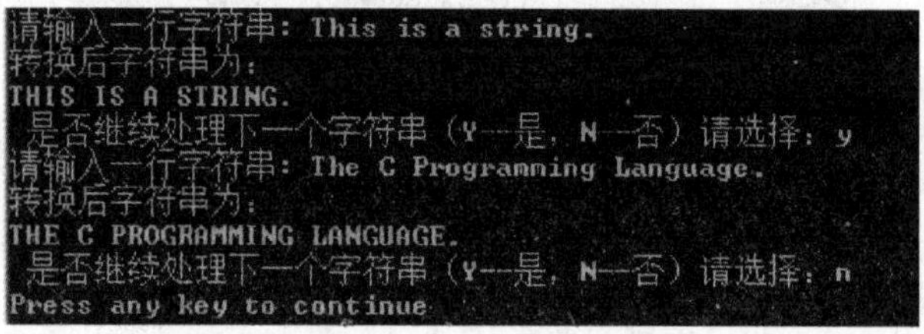

图 7-5　字符转换方法 2 运行结果

说明：

① 实参数组和形参数组大小可以不一致，其中形参数组也可以不指定大小。C 语言的编译器对数组的大小不进行检查，只将实参数组的首地址传递给形参数组。所以函数 transform(char ptr[])中，没有指定形参数组 ptr 的规模。

② 数组名作为函数的参数，传递的是数组的起始地址。将实参数组的起始地址赋给形参数组，这样两个数组就共用同一段存储单元。例如本例中，st 和 ptr 共用同一段存储空间，st[0]与 ptr[0]同占一个存储单元（st 和 ptr 数据类型相同）。

③ 对二维形参数组可以省略第一维的大小，第二维大小必须指定。如 void change(int arr[3][3])可以定义为 void change(int arr[][3]) 。

常见错误：

当函数形参是数组时，又没有指定规模，如 void transform(char ptr[])，调用时必须注意不能出现数组越界。

编程经验：

① 数组名作为函数的参数时，形参数组中元素的改变将会使实参数组中元素的值也改变。利用数组名作为参数可以改变主调函数数组元素值的特性可以解决很多问题。

② 在例 7-6 中，getchar()语句作用很重要，当需要处理下一个字符时，输入 Y，如果没有 getchar()语句，语句 gets(st)中 st 读到字符回车键。

思考：
在实例 7-6 中，将函数中数组形参改为指针变量是否可行（void transform (char *ptr)）？如果可以，怎样修改程序？在调用函数 transform(st)时，实参是否可以用指针变量？

7.5　函数的嵌套与递归

函数调用形式除了常规的主调函数调用被调函数外，还有两种特殊的调用形式：嵌套调用和递归调用。

7.5.1　函数的嵌套调用

C 语句不能嵌套定义函数，但可以嵌套调用函数，即在调用一个函数的过程中，又调用另一个函数。

【例 7-7】 验证哥德巴赫猜想，即每个不小于 6 的偶数都能分解为两个素数之和，如 8=3+5。

分析：

根据题意，对给定区间[n,m]内取一个偶数 i，分别判断 3 和 i-3，5 和 i-5，7 和 i-7……直到找到有一组数都是素数，具体执行步骤如下。

① 让 k=3，如果 k 和 i-k 都是素数，则输出 i=k+(i-k)，结束。

② 否则 k=k+2，转①。

本程序设置一个判断是否是素数函数 prime(int n)。如果 n 是素数返回 1，不是则返回 0。

程序代码如下。

```c
#include <stdio.h>
#include <math.h>
void Goldbach(int a, int b);        //寻找大偶数是两个素数之和函数声明语句
int main()
{
    int  n,m;
    printf("请输入两个正整数（n<m）: ");
    scanf("%d%d",&n,&m);            //输入两个正整数
    if(n<m)  Goldbach(n,m);
    else     Goldbach(m,n);
    return 0;
}
int prime(int n)                    //判断是否是素数函数
```

```
{
    int i,m=sqrt(n);
    for(i=2;i<=m;i++)
        if(n%i==0)  return 0;
    return 1;
}


void Goldbach(int a,int b)          //寻找偶数是两个素数之和函数
{
    int i,k;
    for(i=a;i<=b;i++)
    {
        k=3;
        while(k<=i/2)
        {
            if(prime(k)*prime(i-k)) break;
            k=k+2;
        }
        if(k<=i/2)printf("%4d=%4d+%4d\n",i,k,i-k);
    }
}
```

程序运行结果如图 7-6 所示。

```
请输入两个正整数（n<m）：151 160
152=   3+ 149
154=   3+ 151
156=   5+ 151
158=   7+ 151
160=   3+ 157
Press any key to continue
```

图 7-6　验证哥德巴赫猜想程序运行结果

说明：

如图 7-7 所示，本例题执行过程如下。

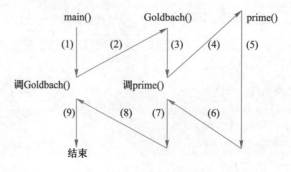

图 7-7　函数嵌套调用示意图

①　程序从 main()函数开始执行，调用 Goldbach()函数，流程转去 Goldbach()函数。

②　执行 Goldbach()开始部分，调用 prime()函数，流程转去 prime()函数。

③　执行 prime()函数开始部分和执行部分，返回到 Goldbach()。

④　反复执行②和③，当 i>b 时从 Goldbach() 返回 main()函数，退出程序。

从上例中可以看出，函数嵌套调用的时候，先执行主调函数中在被调用函数之前的语句，然后执行被调用函数，最后执行主调函数中在被调用函数之后的语句。所以被调用函数总是在主调函数之前执行完毕。

7.5.2　函数的递归调用

C 语言程序中允许函数递归调用。所谓函数的递归调用就是指在函数体内部直接或间接地自己调用自己，即函数嵌套调用的是函数本身。

说明：

①　在下列函数 fun()中，又调用了 fun()函数，这是直接递归，直接递归调用过程如图 7-8 所示。

```
int  fun()
{
    …              //函数其他部分
    z=fun();       //直接调用自己
    …              //函数其他部分
}
```

②　间接递归可以表现为如下形式。

```
int  aa()
{
    x=bb();
}
int bb()
{
    y=aa();
}
```

函数 aa()中调用了 bb()，而 bb()中又调用了 aa()，这种调用称为间接递归，间接递归调用过程如图 7-9 所示。

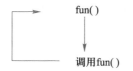

图 7-8　直接递归调用过程示意图

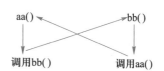

图 7-9　间接递归调用过程示意图

源代码:
例 7-8

【例 7-8】 编程计算某个正整数 n 的阶乘。

分析:

求阶乘可以从 1 开始,乘 2,再乘 3……一直到乘 n。其实求阶乘也可以用递归的方法来解决,即 n! = n×(n–1)!,而(n–1)! =(n–1)×(n–2)!,…,2!= 2×1!,1! =1。可以用下面的递归函数表示。

$$f(n) = \begin{cases} 1 & (n = 0,1) \\ n \times f(n-1) & (n > 1) \end{cases}$$

程序代码如下。

```c
#include <stdio.h>
int fac(int n)                       //求阶乘递归函数
{ int p;
  if (n==1||n==0)  p=1;              //结束递归
  else p=fac(n-1)* n;               //自己调用自己
  return p;
}
int main()
{ int n;
  printf("please input  a  integer : ");
  scanf("%d",&n);
  printf("%2d!=%10d\n",n,fac(n));   //调用求阶乘函数 fac()
  return 0;
}
```

程序运行结果如图 7-10 所示。

```
please input   a   integer : 6
 6!=        720
Press any key to continue
```

图 7-10 求阶乘运行结果

说明:本例是直接递归,函数 fac() 递归结束语句是当 n=0 或 n=1。

常见错误:

在递归函数定义中,必须确定无论什么情况下,都能结束递归。例如下列函数无条件调用自己,造成无限制递归,终将使栈内存空间溢出。

```c
void count(int n)
 {
   count(n-1);              //无限制递归
   if (n>1)                 //该语句无法到达
     printf("n=%6d\n",n);
 }
```

编程经验:

递归调用可以使程序简单易读,但同时会增加系统开销。在时间上,执行调用与返回的额外工作要占用 CPU 时间,空间上,随着每递归一次,栈内存就多占用一截。

随着计算机硬件性能不断提高，加上现代程序设计要求可读性好，在应用程序编程上也使用递归设计，如 Hanio 塔（汉诺塔）问题求解。

【例 7-9】 Hanio 塔（汉诺塔）问题。

问题描述：有 3 个柱子 A、B、C，开始时 A 上有 64 个盘子，盘子大小不等，大的在下、小的在上。要求把 A 柱上的 64 个盘子借助 B 柱移到 C 柱上，且每次只能移动一个盘子，并在移动过程中始终保持大的盘子在下，小的盘子在上。

分析：Hanio 塔（汉诺塔）问题的解决方法可以理解为将 63 个盘子从 A 柱移到 B 柱上，再把最大盘子的从 A 柱移到 C 柱上，最后把 B 柱上的 63 个盘子移到 C 柱上。

而这个过程中，将 A 柱上 63 个盘子移到 B 柱上和最后将 B 柱上的 63 个盘子移到 C 柱上，又可以看成两个有 63 个盘子的汉诺塔问题，所以也用上述的方法解决。

依此递推，最后可以将汉诺塔问题转变成将一个盘子由一个柱子移动到另一个柱子的问题。对于一个盘子移动的问题，可以直接使用 A→B 表示，只要设计一个输出函数就可以。

源代码：
例 7-9

程序代码如下。

```c
#include <stdio.h>
void move(int k,char x,char z)
{
    printf("%3d:  %c---->%c\n",k,x,z);
}
void Hanio(int n,char x,char y,char z)  //递归函数
{
  if (n==1)  move(1,x,z);            //输出 1 号盘子
  else
  {
     Hanio(n-1,x,z,y);              //将 1 到 n-1 号盘递归调用从 X 柱移到 Y 柱上
     move(n,x,z);                   //输出最大盘子从 X 柱移到 Z 柱
     Hanio(n-1,y,x,z);              //将 1 到 n-1 号盘递归调用从 Y 柱移到 Z 柱上
  }
}
int  main( )
{
  int m;
  printf("please input the number of diskes: ");
  scanf("%d",&m);
  Hanio(m,'A','B','C');
  return 0;
}
```

程序运行结果如图 7-11 所示。

```
please input the number of diskes: 3
  1:  A---->C
  2:  A---->B
  1:  C---->B
  3:  A---->C
  1:  B---->A
  2:  B---->C
  1:  A---->C
Press any key to continue
```

图 7-11 汉诺塔程序运行结果

Hanio 塔（汉诺塔）问题求解用递归方法编程简单，程序便于理解和阅读，如果改成非递归程序编写就比较烦琐，还不容易理解。

7.6 变量和函数的作用域

C 语言中并不是所有的变量对任何函数都是可见的。一些变量在整个程序或文件中都是可见的，这些变量被称为全局变量。一些变量只能在一个函数或块中可见，这些变量被称为局部变量。

变量可见区域的大小和它们的存储区域有关。全局变量存储在全局数据区（也称为静态存储区），它在程序运行的时候被分配存储空间，当程序结束时释放存储空间。局部变量存储在堆栈数据区，当程序执行到该变量声明的函数（或程序块）时才开辟存储空间，当函数（或程序块）执行完毕时释放存储空间。

微视频：全局变量

7.6.1 全局变量和局部变量

1. 全局变量

全局变量是定义在函数以外的变量（也称外部变量），全局变量的作用域是从定义变量的位置到本文件的结束。

说明：

① 全局变量是存放在静态存储区，如果没有赋初值，系统默认数值型变量的值是 0，字符型初值是空格。

② 全局变量可以定义在任何位置，但其作用域从定义的位置开始。全局变量定义在所有函数上，这样所有的函数就可以使用该全局变量了。但定义在文件中间的全局变量就只能被其下面的函数所使用，全局变量定义之前的所有函数不会知道该变量。例如

```
#include <stdio.h>
void fun();
int main()
{
```

```
    m=4;                      //不能使用全局变量 m，编译时认为 m 没有定义
    printf("%d\n",m);         //所以本程序不能编译执行
    return 0;
}
int  m;                       //定义全局变量 m
void fun()
{
    printf("%d\n",m);         //可以使用全局变量 m
}
```

③ 全局变量为函数间数据的传递提供了通道。由于全局变量可以被其定义后的函数所使用，所以可以使用全局变量进行函数间数据的传递，而且这种传递数据的方法可以传递多个数据的值（利用指针也可以在函数间传递多个数据，以后可以学习到）。

④ 其他源程序文件中的函数也可以使用全局变量，但要求在使用该变量的文件中要有对该变量的声明，对于外部变量以后将会涉及。

源代码：
例7-10

【例 7-10】　将存放在文件中的 10 个职工的年龄读入一个一维数组中，写一个函数分别求职工的最大年龄、最小年龄和平均年龄。

分析：

本题要求编写一个函数得到职工的最大年龄、最小年龄和平均年龄 3 个值，但是根据前面关于函数定义，一个函数只能返回一个值。解决这类问题的方法很多，这里通过全局变量来实现。针对本例编写函数 average() 返回平均年龄，最大年龄和最小年龄通过定义两个全局变量得到。

本程序 10 个职工年龄数据放在文本文件 zhigong.txt 中。

程序代码如下。

```
#include <stdio.h>
#include<stdlib.h>
#define N 10
float average(int arr[],int);
int  max, min;                            //定义全局变量
int main()
{
  int i;                                  //定义局部变量 i
  int array[N];                           //定义局部变量 array
  float ave;                              //定义局部变量 ave
  FILE *fp;                               //定义局部文件变量 fp
  if((fp=fopen("zhigong.txt","r"))==NULL) //以只写方式打开文件
   {
      printf("Cannot open this file!\n");
      exit(0);
   }
```

```
    for(i=0;i<N;i++)
       fscanf(fp,"%d",&array[i]);              //从文件读数据
    fclose(fp);                                //关闭文件
    printf("从文件读出%d 数据为:",N);
    for(i=0;i<N;i++)
       printf("%4d",array[i]);
    printf("\n");
    ave=average(array,N);
    printf("verage_age is : %.1f\n",ave);      //使用局部变量 ave
    printf("max_age is : %d\n",max);           //使用全局变量 max
    printf("min_age is : %d\n",min);           //使用全局变量 min
    return 0;
}
float average(int arr[],int n)
{
    int j;                                     //定义局部变量 j
    float sum=arr[0];                          //定义局部变量 sum
    max=arr[0];                                //使用全局变量 max
    min=arr[0];                                //使用全局变量 min
    for(j=1;j<10;j++)
    {
       sum=sum+arr[j];
       if (max<arr[j])
          max=arr[j];                          //使用全局变量 max
       else if (min>arr[j])
          min=arr[j];                          //使用全局变量 min
    }
    return  sum/n;
}
```

程序运行结果如图 7-12 所示。

图 7-12   例 7-10 程序运行结果

说明：

本例中利用函数 average()返回职工平均值,利用全局变量 max 和 min 存储职工年龄的最大值和最小值。职工年龄的最大值和最小值是在函数 average()中赋给 max 和 min,在 C 语言中每个函数返回值只能有一个,所以本程序的整个过程就是利用全局变量 max 和 min 向 main()函数传递数据实现。

编程经验：

① 全局变量增加了函数之间的数据联系，可以利用全局变量从函数中得到一个以上的返回值。

② 尽量少用全局变量。全局变量会降低函数的通用性，因为如果函数在执行的时候使用了全局变量，那么其他程序使用该函数时也会影响该全局变量的值。另外，全局变量在程序执行的全部过程都占用存储空间，而不是需要时才开辟存储空间。

2. 局部变量

局部变量是指定义在函数或程序块内的变量，它们的作用域分别在所定义的函数体或程序块内。

说明：

① 局部变量是存放在动态存储区，使用前必须赋值。

② 不同函数可以定义同名变量，它们使用范围只是在各自函数内。

③ 在复合语句中定义变量，变量的作用域只是本复合语句。例如

微视频：
局部变量

```
int main( )
{
    int  a ;      //a 为定义在 main()函数中的局部变量,其作用域为 main()函数内
    …
    {             //定义 B 语句块
    float b;      //b 为定义在块内的局部变量,其作用域为块内
    …
    }             //B 语句块结束
}
```

局部变量 b 使用范围只能在语句块 B 中使用。

④ 重名局部变量和全局变量作用域规则。在 C 语言中，变量不允许重复定义，而且全局变量的作用域是整个文件，那么在一个函数或程序块内到底是否可以定义和全局变量重名的变量呢？答案是肯定的，C 语言中允许在函数或程序块内定义与全局变量重名的变量。C 语言中的变量不允许重复定义，指的是在相同作用域内不可以有同名的变量存在，但在不同的作用域内，允许对某个变量进行重新定义。所以下面程序是合法的。

```
int  a;         //全局变量
int main( )
{
  int a;         //函数内变量
  …
    {
        int a;   //程序块内变量
        …
    }
}
```

在上述例子中，全局变量 a 在 main()函数内是不可见的，因为 main()函数中定义了以 a 命名的变量，但全局变量 a 可以在其他函数中可见。同时，在程序块中函数变量 a 也是不可见的，因为程序块中定义了以 a 命名的变量，但在 main()函数中程序块以外的地方，函数中定义的变量 a 是可见的。

前面介绍过全局变量的作用域是整个文件中其定义后的部分，局部变量的作用域是其定义所在的函数或程序块。那么在函数中到底哪个变量是有效的呢？

重名变量作用域规则如下：在某个作用域范围内定义的变量在该范围的子范围内可以定义重名变量，这时原定义的变量在子范围内是不可见的，但是它还存在，只是在子范围内由于出现了重名的变量而被暂时隐藏起来，超出子范围后，它又是可见的。

源代码:
例 7-11

【例 7-11】 利用函数求斐波那契数列前 12 项。

分析：

因为斐波那契数列为 1，1，2，3，5，8……设计一个函数 fib(int n,int m)接收斐波那契数列前两个值，让局部变量 a=n,b=m；通过 a=a+b;b=b+a;推出数列后两个数，依此类推，求出斐波那契数列前 12 项数值。

程序代码如下。

```c
#include <stdio.h>
void fib(int n,int m)                  //n,m 局部变量
{
  int i;                               //i 局部变量
  int a,b;                             //a,b 局部变量
  a=n;b=m;
  for(i=1;i<=6;i++)
  {
      printf("%8d%8d",a,b);
      a=a+b;
      b=b+a;
      if(i%2==0) printf("\n");
  }
}
int main()
{
  int a=1,b=1;                         //a,b 局部变量
  fib(a,b);
  printf("    a=%5d\tb=%5d\n",a,b);
}
```

程序运行结果如图 7-13 所示。

图 7-13　求斐波那契数列前 12 项程序运行结果

说明：

在函数 main() 和函数 fib() 中都有变量 a、b，它们都是局部变量，作用域只在各自定义的函数内，所以两个函数中的同名变量互不影响。

编程经验：

由于局部变量只在其定义的函数或程序块内有效，所以不同函数内命名相同的变量不会相互干扰。这个性质为多函数的程序设计提供了方便，项目管理者只需要为程序员指定编写函数的参数和功能，程序员不必用心区别自己编写函数中的变量与其他程序员编写函数中的变量，编程时提倡多用局部变量。

7.6.2 变量的存储类别

从变量的作用域来分，可以分为全局变量和局部变量。从变量值存在的时间来说，变量的存储类别可以分为动态存储方式与静态存储方式。

所谓动态存储方式，是指在程序运行期间动态地分配存储空间。这类变量存储在动态存储空间（堆或栈），执行其所在函数或程序块时开辟存储空间，函数或程序块结束时释放存储空间，生命周期为函数或程序块运行期间，使用这种存储方式的变量主要有函数的形参和函数或程序块中定义的局部变量（未用 static 声明）。

所谓静态存储方式，是指在程序运行期间分配固定的存储空间。这类变量存储在全局数据区，当程序运行时开辟存储空间，程序结束时释放存储空间，生命周期为程序运行期间，使用这种存储方式的变量主要有全局变量和用 static 声明的局部变量。

C 语言中每个变量和函数有两个属性：数据类型和存储类别。数据类型有整型、字符型和实型等。存储类别指的是数据在内存中的存储方式。存储方式分为两大类：动态存储方式和静态存储方式，具体包含 4 种：自动的（auto）、寄存器的（register）、静态的（static）和外部的（extern）。

（1）动态存储方式

使用动态存储方式的变量有两种：自动变量和寄存器变量。

① 自动变量。函数中的局部变量默认是自动变量，存储在动态数据存储区。自动变量可以用关键字 auto 作为存储类别的声明。自动变量的生命周期为函数或程序块执行期间，作用域也是其所在函数或程序块。例如

```
int fun()
{
  auto int  a;  //a 为自动类变量
  …
}
```

实际编程过程中，关键字 "auto" 可以省略。例如上述自动变量也可声明为下面形式：

```
int fun()
{
```

```
    int  a;
    …
}
```

② 寄存器变量。寄存器变量也是动态变量，可以用 register 作为存储类别的声明。寄存器变量存储在 CPU 的通用寄存器中，这样将减少 CPU 从内存读取数据的时间，提高程序运行效率。寄存器变量的生命周期和作用域为其定义所在的函数或程序块。一般情况下，将局部最常用到的变量声明为寄存器变量。

源代码：
例 7-12

【例 7-12】 写出求解多少个连续 "1" 组成的整数能被 2017 整除的程序。

程序代码如下。

```
#include <stdio.h>
int main()
{ register int a,c;          //定义寄存器存储类型变量
  int  p=2017,n;
  c=1111;n=4;                //变量 c 与 n 赋初值
  while(c!=0)                //循环模拟整数竖式除法
  {
      a=c*10+1;
      c=a%p;
      n=n+1;                 //每试商一位 n 增加 1
  }
  printf("  由 %d 个 1 组成的整数能被 %d 整除。\n",n,p);
  return 0;
}
```

程序运行结果如图 7-14 所示。

```
由 2016 个1组成的整数能被 2017 整除。
Press any key to continue
```

图 7-14　例 7-12 程序运行结果

说明：

a. 寄存器变量不宜定义过多。计算机中寄存器数量是有限的，不能允许所有的变量都为寄存器变量。如果寄存器变量过多或通用寄存器被其他数据使用，那么系统将自动把寄存器变量转换成自动变量。

b. 寄存器变量的数据长度与通用寄存器的长度相当，一般是 char 类型或 int 类型变量。

（2）静态存储方式

使用静态存储方式的变量有两种：外部变量和静态变量。

① 外部变量。外部变量就是没有被声明为静态变量的全局变量，存储在全局数据区，生命周期为程序执行期间。外部变量声明用 extern 实现。外部变量声明主要用来扩展外部变量的作用域。一种情况是在一个文件中声明外部变量，扩展外部变量使用范围；另一种情况是将外部变量的作用域扩展到其他文件。例如

```
#include <stdio.h>
void fun1();
extern a;                    //外部变量声明
```

```
int main()
{   a=10;
    printf("%d\n",a);
    return 0;
}
int a;                     //外部变量定义
```

上例可以和全局变量作用域对比理解。通过外部变量的声明使 main() 函数知道变量 x 已经定义过；否则按全局变量作用域，main() 函数将无法知道 x 已经定义，所以扩展了外部变量的作用域。

【例 7-13】 将外部变量的作用域扩展到其他文件。

源代码：
例7-13

程序代码如下。

```
//文件 file1.c 中
#include <stdio.h>
extern x;
int  main()
{
  printf("%d\n",x);
  return 0;
}
// 文件 file2.c 中
int x=100;
```

程序运行结果如下。

```
100
```

说明：

a．实例中 file1.c 文件使用了在 file2.c 中定义的变量 x。

b．外部变量的生命周期为程序执行过程，而作用域为从定义到文件结束和外部声明之后的文件中。

② 静态变量。静态变量存储在全局数据区，使用 static 声明。静态变量有两种：静态局部变量和静态全局变量。

静态局部变量是在局部变量前加一个 static。静态局部变量的特点是：程序执行时，为其开辟存储空间直到程序结束，但只能被其定义所在的函数或程序块所使用，所以静态局部变量的生命周期为程序执行期间，作用域为其定义所在的函数或程序块内。如果没有定义静态局部变量的初始值，系统将自动初始化为 0。

【例 7-14】 利用静态局部变量求自然数 $e=1+1/1!+1/2!+1/3!+\cdots+1/n!$（当 $1/n!<10^{-7}$ 为止）。

源代码：
例7-14

分析：

本程序利用静态局部变量性质，设计一个函数 fac(n)，计算出 n 的阶乘，再分别累加它们的倒数和再加 1，得自然数 e 的值。

程序代码如下。

```
#include <iostream.h>
#include <math.h>
long fac(int);
```

```
int main()
{ long i,n=1,a;
  double sum=1.0;
  a= fac(n);
  while(a<1.e7)
  {
      sum+=1.0/a;
      n++;
      a=fac(n);
  }
  printf("1!+2!+...+%ld!=%15.7lf\n",n-1,sum);
  return 0;
}
long fac(int m)
{
    static long p=1;            //定义静态局部变量
    p*=m;
    return p;
}
```

程序运行结果如图 7-15 所示。

```
1+1/1!+1/2!+...+1/10!=        2.7182818
Press any key to continue_
```

图 7-15　求自然数 e 的运行结果

说明：

上例中，main()函数调用 fac()函数 n 次，并且每次输出其返回值。fac()函数中定义了自动局部变量 m 和静态局部变量 p。p 在程序执行开始就被存储在全局数据区并初始化为 1，以后每次调用函数 fac()时，都在相同的存储单元存取数据，值可以被保存，所以返回值中的 p 分别是 1、2、6……特别指出的是：静态局部变量只被初始化一次。变量 m 存储在动态数据区，每次使用时开辟存储空间，fac()函数结束时释放存储空间，值不能被保存，所以每次 m 都赋值。

静态全局变量是在全局变量前加一个 static。静态全局变量的特点是：程序执行时，为其开辟存储空间直到程序结束，但只能被其定义所在的文件使用。所以静态全局变量的生命周期为程序执行期间，作用域为其定义所在的文件。如果没有定义静态全局变量的初始值，系统将自动初始化为 0。

【例 7-15】 静态全局变量的使用。

程序代码如下。

```
#include <stdio.h>
void fun();
static int  k;          //定义静态全局变量
int main()
```

源代码:
例 7-15

```
{
  k=10;
  printf("main : %d\n",k);
  fun();
  printf("main : %d\n",k);
  return 0;
}
void fun()
{
  k=20;
  printf("fun : %d\n",k);
}
```

程序运行结果如图 7-16 所示。

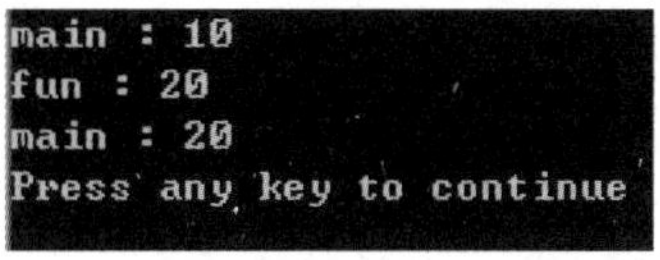

图 7-16　例 7-15 程序运行结果

说明：

main()函数和 fun()函数都使用静态全局变量 k。作为静态全局变量 k，在程序执行开始时存储在全局数据区并初始化为 0，在 main()函数和 fun()函数使用的 k 是同一个存储单元的数据。

常见错误：
静态全局变量只对其定义所在的文件可见，所以下面的程序将不能编译。

```
//文件 file1.c 中
#include <stdio.h>
extern w;                 //w 不可见，所以无法编译
int  main()
{
    printf("%d\n",w);
    return 0;
}
//文件 file2.c 中
static int w=10;         //静态全局变量，其他文件不可见
```

7.6.3　内部函数和外部函数

函数按其存储类别可以分为两类：内部函数和外部函数。

（1）内部函数

内部函数是只能在定义它的文件中被调用的函数，而在同一个程序的其他文件

中不可调用。内部函数定义时，在函数类型前加 static，所以也称为静态函数，格式为

static <函数类型> <函数名>（<参数列表>）
{
　<函数体>
}

内部函数的作用域只限于定义它的文件，所以在同一个程序的不同文件中可以有相同命名的函数，它们互不干扰。

【例 7-16】　静态函数的使用。

程序代码如下。

```c
//文件 file1.c 中
#include <stdio.h>
void fun();
int main()
{
    fun();
    return 0;
}
//文件 file2.c 中
static void fun()
{
  printf("this in file2.\n");
}
```

程序运行错误，表示找不到外部函数 fun()，如果在文件 file2.c 中将函数名 static void fun( )改为 void fun()，运行结果为

```
this in file2.
```

（2）外部函数

外部函数是可以在整个程序各个文件中被调用的函数。外部函数定义时，在函数类型前加 extern，格式为

extern <函数类型> <函数名>（<参数列表>）
{
　<函数体>
}

如果定义时没有声明函数的存储类型，系统默认为 extern 型。

【例 7-17】　利用外部函数实现矩阵转置。

分析：本程序采用两个源文件 file1.c 和 file2.c 来实现，在 file2.c 定义一个外部函数 convert()，实现矩阵转置。

程序代码如下。

```c
//文件 file1.c 中
#include <stdio.h>
extern void convert(int array[3][3]);
```

```c
int  main()
{
  int arr[3][3]={6,1,8,7,5,3,2,9,4};
  int i,j;
  printf("the source is :\n");
  for(i=0;i<3;i++)
  {
      for(j=0;j<3;j++)
        printf("%2d",arr[i][j]);
      printf("\n");
  }
  convert(arr);
  printf("the result is :\n");
  for(i=0;i<3;i++)
  {
      for(j=0;j<3;j++)
        printf("%2d",arr[i][j]);
      printf("\n");
  }
  return 0;
}
//文件 file2.c 中
extern void convert(int array[3][3])
{
  int i,j,temp;
  for(i=0;i<3;i++)
    for(j=0;j<i;j++)
    {
        temp=array[i][j];
        array[i][j]=array[j][i];
        array[j][i]=temp;
    }
}
```

程序运行结果如图 7-17 所示。

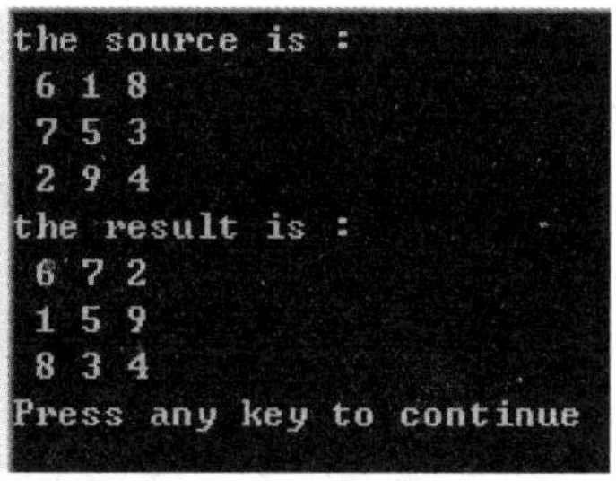

图 7-17　矩阵转置程序运行结果

说明：

文件 file2.c 中可以将 extern 省略，定义为

```
void convert(int array[3][3])
{
   ...
}
```

编程经验：

如果一个程序较大，而且调用函数较多，为了使文件便于阅读和管理，可以将函数单独写在一个文件中，通过外部函数调用这些函数。

7.7   模块化程序设计

在程序设计时，对简单的问题，编写程序语句不多，可以将整个程序放在一个模块中。随着计算机应用的日益广泛，编写程序的规模和复杂性不断增加，大多程序设计任务不可能由一个人用一个程序来实现，为了解决这些问题使用结构化程序设计的方法。结构化程序设计主要包括自顶向下、逐步求精的模块化和结构化的设计方法，即将一个较大而复杂的设计任务按其功能分解为若干个相对独立的模块，确定各模块之间的调用关系和参数传递方式。分解方法是按程序功能分成若干小模块，并将和各模块的功能逐步细化为一系列的处理步骤或程序设计语句，通过编写、编译、连接和调试装配成一个整体。

在 C 程序中，每个模块都能编写成一个函数，然后用主函数调用函数或函数调用函数实现一个较大程序，即 C 程序是由主函数（main）和若干函数组成的。

模块的划分规则如下。

① 一个模块中程序既不能过大，也不能过小。过大造成模块通用性较差，过小则会造成时间和空间的浪费。

② 如果一段程序被很多模块共用，则它应该是独立一个模块，如例 7-18 中，显示一注彩票，不论是机选还是自选都要对数据排序后显示，所以独立设计一个排序显示模块。

③ 力求使模块具有通用性，通用性越强利用率越高。

④ 各模块间接口应该简单，要尽量减少公共符号个数，尽量不要使用公共数据存储单元，在结构编排上有联系的数据应该放在一个模块中，以免相互影响，造成数据查错困难。

⑤ 每个模块的结构尽量设计单一入口和出口，这样便于程序调试、理解和阅读，而且可靠性较高。

【例 7-18】 将例 7-1 扩充为完成购买一注福利彩票双色球程序。

分析：本程序模拟购买一注福利彩票双色球程序，首先将任务分解为产生一注

彩票和输出。再将产生一注彩票分解为机选和自选两种情况。输出福利彩票细分为在显示器上显示和保存在文件中。分解模块如下。

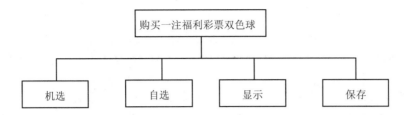

本程序有机选模块 rand_data()、自选模块 input_data()、显示模块 listdata()、保存模块 save_data() 4 个功能模块。还有一个菜单模块 menu()显示操作菜单和一个检查数据是否有重复函数 search()。

程序代码如下。

源代码：
例7-18

```c
#include <stdio.h>
#include <time.h>
#include <stdlib.h>
#define N 7
void menu();                          //显示菜单模块
int search(int a[],int m ,int x);     //检查数据是否重复函数
void rand_data(int a[],int  m);       //机选一注双色球函数
void input_data( int a[],int m);      //自选一注双色球函数
void listdata(int a[],int m);         //显示数据函数（排序后）
void save_data(int a[],int m) ;       //保存数据函数
int main()
{
    int k=1;
    int r[N+1];
    while(k)
    {
        menu();
        scanf("%d",&k);
        switch(k)
        {
            case 1:  rand_data(r,N);  break;
            case 2:  input_data(r,N); break;
            case 3:  listdata(r,N);   break;
            case 4:  save_data( r,N); break;
            case 0:  break;
            default: printf("\t 输入出错!! \n");
        }
    }
    return 0;
```

```
}
void menu()                              //显示菜单
{
    printf("\n");
    printf("\n\t\t           购买一注福彩双色球\n");
    printf("\n\t\t*************************************");
    printf("\n\t\t*     1------机 选 一 注 双 色 球        *");
    printf("\n\t\t*     2------自 选 一 注 双 色 球        *");
    printf("\n\t\t*     3------显 示 数 据（排序后）       *");
    printf("\n\t\t*     4------保     存     数     据      *");
    printf("\n\t\t*     0------返         回              *");
    printf("\n\t\t*************************************");
    printf("\n\n\t\t   请选择菜单号(0--4)：  ");
}
int search(int a[],int m ,int x)         //检查数据是否重复函数
{
    int k;
    for(k=1;k<=m;k++)
    if(x==a[k]) return 0;
    return 1;
}
void rand_data(int a[],int  m)           //机选一注双色球函数
{
    int i,k=0;
    printf("\n产生%d个红色球为\n",m-1) ;
    srand((int)time(NULL));              //初始化随机数种子
    for(i=1;i<m;i++)
    {
        a[i]=rand()%33+1;                //产生1~33之间随机数
        if(search(a,i-1,a[i])==1) printf("%5d",a[i]) ;
        else i=i-1;
    }
    printf("\n产生%d个蓝色球为\n",1) ;
    a[i]=rand()%16+1;                    //产生1~16之间随机数
    printf("%5d",a[i]);
    printf("\n数据已经产生完毕!\n");
}
void input_data(int a[],int m)           //自选一注双色球函数
{
    int i=1,sum=0;
    printf("\n\t请输入%d个红色球为(注意：输入一个数，按一次回车键)\n",N-1);
```

```
for(i=1;i<m;i++)
{
  scanf("%d",&a[i]);                    //输入1~33之间数
  if(a[i]<1||a[i]>33)
  {
      printf("输入数据不在1~33之间，重新输入。\n");
      i=i-1;
  }
  else if(search(a,i-1,a[i])==0)
  {
      printf("输入数据重复，重新输入。\n");
      i=i-1;
  }
}
printf("\n输入%d个蓝色球为\n",1);
scanf("%d",&a[i]);                      //输入1~16之间数
while(a[i]<1||a[i]>16)
{
    printf("输入数据不在1~16之间，重新输入。\n");
    scanf("%d",&a[i]);
}
printf("\n数据已经产生完毕!\n");
}


void listdata(int a[],int m)            //显示数据函数（排序后）
{
    int i,j;
    printf("\n购买一注双色球，红色球是：\n");
    for(i=1;i<m-1;i++)
    {
        for(j=1;j<m-i;j++)
            if(a[j]>a[j+1])
            {
                a[0]=a[j];  a[j]=a[j+1];  a[j+1]=a[0];
            }
    }
    for(i=1;i<=m-1;i++)
      printf("%5d",a[i]);
    printf("\n购买一注双色球，蓝色球是：%5d\n",a[m]);
    printf("\n");
}
```

```
void save_data(int a[],int m)                        //保存数据函数
{
    int i;
    FILE *fp;
    if((fp=fopen("data.txt","w"))==NULL)     // 以只写方式打开文件
    {
     printf("Cannot open this file!\n");
     exit(0);
    }
    for(i=1;i<=m;i++)
     fprintf(fp,"%8d",a[i]);                     // 向文件写数据
    fclose(fp);
}
```

程序运行结果如图 7-18 所示。

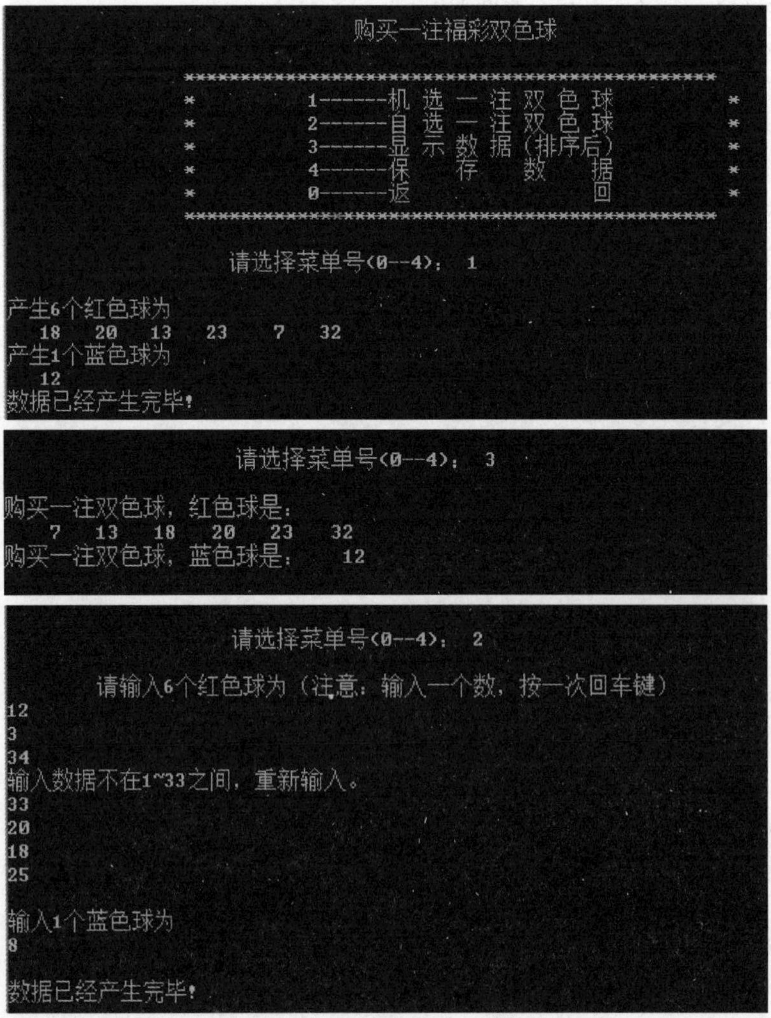

图 7-18   福利彩票双色球程序运行结果

编程经验：

模块化分解用自顶向下的方法进行系统设计，即先整体后局部、化繁为简。按功能划分法把模块组成树状结构，这样层次分明，提高系统设计效率，方便多人或单人程序开发，也方便程序维护。模块设计中各模块之间的接口要简单，尽可能使每个模块只有一个入口和一个出口。

思考：

本程序只是模拟一注福利彩票双色球程序，怎样修改或扩充模块到一次购买不超过 5 注福利彩票。

7.8　综合案例

【例 7-19】 从键盘输入年、月、日，按照美国格式输出。如"2017 年 3 月 15日"，输出格式为"Match 15，2017"。

源代码：
例 7-19

分析：

主函数负责年、月、日的输入，再定义一个函数，找到并返回月份的英文。

程序代码如下。

```c
#include<stdio.h>
char *find (char name[][8],int n)        //指针型函数
{
  if(n<1|| n>12) return name[0];
  else return name[n];
}
int main()
{  char na[][8]={"Error","Jan","Feb","March","Apr","May",
                 "June","July","Aug","Sept","Oct","Nov","dec"};
                                    //定义字符型指针数组
    int year,month,day;
    printf("请输入年月日");
    scanf("%d %d %d",&year,&month,&day);
    printf("美国格式为：%s %d,%d\n",find (na,month),day,year);
}
```

程序运行结果如图 7-19 所示。

```
请输入年月日2017 3 15
美国格式为: March 15,2017
Press any key to continue
```

图 7-19　例 7-19 程序运行结果

说明：

① 本程序实参 na 是数组名，形参 name 是数组，在子函数中调用 find 函数时，进行地址传递，即 name[0]=na[0]，name[1]=na[1]，…，name[12]=na[12]。函数 find 内返回 name[n]地址，也就是 na[n]的地址。

② 本题子函数返回是指针类型的数据，主要目的是为了告诉被调函数某些变量的地址。返回指针的函数定义一般形式为

类型名 *函数名(形参列表)

{

　　函数体语句；
　　return(指针变量或数组)；　　//或 return (&变量名)

}

源代码：
例 7-20

【例 7-20】 计算 1!+2!+3!+…+n!（n<=10）。

分析：

根据题意，设计一个函数 fac(k)求 k 阶乘。

```
long fac(int k)
{
    int i;
    long p=1;
    for(i=1;i<=k;i++)
      p=p*i;
    return p;
}
```

当 k=1，2，3，…，n，分别求出它们阶乘，然后求和，问题是每次求阶乘不能利用阶乘特性 n!=n*(n-1)!，减少重复计算问题。利用全局变量可以解决上述问题，将上述函数改为

```
long p=1;
long fac(int k)
{
    p=p*k;
    return p;
}
```

程序代码如下。

```
#include <stdio.h>
long p=1;                 //全局变量
long fac(int k)           //求阶乘函数
{
    p=p*k;
    return p;
}
int main()
{
```

```
long i,n,sum=0,a;
printf("请输入整数 n<=10 值: ");
scanf("%d",&n);
for(i=1;i<=n;i++)
{
  a=fac(i);
  sum+=a;
  printf("%2d!=%15ld\n",i,a);
}
printf("1!+2!+...+%d!=%15ld\n",n,sum);
return 0;
}
```

程序运行结果如图 7-20 所示。

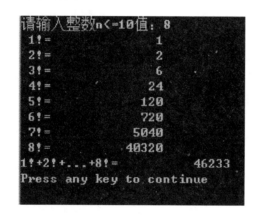

图 7-20　例 7-20 程序运行结果

源代码:
例 7-21A

【**例 7-21**】　有一个字符串，内有若干个字符，现输入一个字符，要求程序将字符串中该字符删去，用外部函数实现。

分析：本问题求解采用 3 个外部函数实现，即字符输入函数 input_string()、删除指定字符函数 delete_string() 和字符串输出函数 void show_string()，为了便于阅读采用两个源文件来实现，一个是主控文件；另一个是存放外部函数文件。

程序代码如下。

```
//file1.c 主文件
#include <stdio.h>
int main()
{
    extern void input_string(char str[]);           //外部函数声明语句
    extern void delete_string(char str[],char st);  //外部函数声明语句
    extern void show_string(char str[]);            //外部函数声明语句
    char str[80],st;
```

```
    input_string(str);
    printf("输入要删除字符: ");
    scanf("%c",&st);
    delete_string(str,st);
    show_string(str);
    return 0;
}
//file2.c 外部函数文件
extern void input_string(char str[80])        //定义外部函数
{
    gets(str);                                //读一个字符串
}
void delete_string(char str[],char st)        //定义外部函数
{
    int i=0,j=0;
    for(   ;str[i]!='\0';i++)
        if(str[i]!=st)  str[j++]=str[i];
    str[j]='\0';
}
void show_string(char str[])                  //定义外部函数
{
    printf("%s\n",str);
}
```

程序运行结果如图 7-21 所示。

图 7-21 例 7-21 程序运行结果

本程序也可以不定义外部文件,也将 3 个函数单独写在一个源文件 func_string.c 或 func_string.h 中,通过采用文件包含,C 程序可以将这些模块组成一个文件。

修改的程序代码如下。

```
//主文件 file1.c
#include <stdio.h>
#include"func_string.c"
int main()
{
    void input_string(char str[]);
```

源代码:
例 7-21B

```
    void delete_string(char str[],char st);
    void show_string(char str[]);
    char str[80],st;
    input_string(str);
    printf("输入要删除字符: ");
    scanf("%c",&st);
    delete_string(str,st);
    show_string(str);
    return 0;
}
//func_string.c
void input_string(char str[80])
{
    gets(str);                          //读一个字符串
}
void delete_string(char str[],char st)
{
    int i=0,j=0;
    for(   ;str[i]!='\0';i++)
    if(str[i]!=st)  str[j++]=str[i];
    str[j]='\0';
}
void show_string(char str[])
{
  printf("%s\n",str);
}
```

程序运行结果如图 7-22 所示。

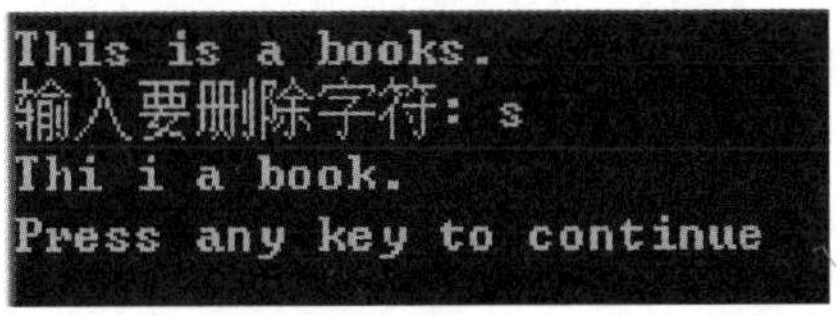

图 7-22　修改程序代码后运行结果

编程经验:

　　.h 为头文件和.c 为源文件, 两个文件使用是头文件用于共享, 用#include 就能包含。.c 也可以#include 包含。但是如果要写库, 可是又不想暴露源代码, 则可以把.c 编译成.obj 或是.lib 发给别人用, 然后把.h 作为使用说明书。所以一般情况下, .h 里面全部都是声明, .c 里面全部都是实现, 有了.h 就可以编译, 有了.lib 或.obj 就可以连接。

小　结

　　函数是 C 语言程序中最主要的结构，使用它可以遵循"自上而下、逐步细化"的结构化程序设计方法。将一个大的问题或一个复杂问题分解成若干个小且容易解决的小问题，由这些彼此相互独立、相互平行的函数构成了 C 语言程序，从而实现对大问题或复杂问题的编程。

　　函数的定义形式为

<函数类型>　函数名（<形参列表>）

{

　　函数体

}

　　函数的类型是函数返回值的类型，可以是字符型、整型、实型和其他数据类型，也可以将函数的类型定义成空类型（void）。

　　函数名一般要反映它要实现的功能，所以函数名要有明确的含义。

　　函数参数的传递（值传递、地址传递）中，值传递是在调用函数的过程中，为形参开辟存储空间，并将实参的值传递给形参。函数结束时，形参释放存储空间。地址传递是数组名或指针作为函数的参数时，传递的是数组的起始地址或指针地址，可以理解为函数和主调函数共用同一段存储空间（或一个存储空间）。这时候，在函数中改变数组元素的值，其实也改变了主调函数中数组元素的值。

　　C 语言变量的存储方式分为两大类：动态存储方式和静态存储方式，具体包含 4 种：自动的（auto）、寄存器的（register）、静态的（static）和外部的（extern）。

　　C 语言变量又分为全局变量和局部变量。全局变量一般说从定义点向下程序都能使用，而局部变量只能在定义函数内部使用。

　　C 语言中不允许函数嵌套定义，但是可以嵌套调用。当函数调用直接或间接调用本身时，称为递归调用。

　　C 语言函数按其存储类别可以分为两类：内部函数和外部函数。

　　函数作为 C 语言中的功能实现部分有着重要的作用，熟练掌握本章的内容将为以后的学习奠定良好的基础。

习　题　7

一、选择题

1. 以下正确的说法是（　　　）。

A. 用户若需要调用标准函数，调用前必须重新定义

B. 用户可以直接调用所有标准库函数

C. 用户可以定义和标准库函数重名的函数，但是在使用时调用的是系统库函数

D. 用户可以通过文件包含命令将系统库函数包含到用户源文件中，然后调用系统库函数

2. 关于函数返回值的描述正确的是（   ）。

A. 函数返回表达式的类型一定与函数的类型相同

B. 函数返回值的类型决定了返回值表达式的类型

C. 当函数类型与返回值表达式类型不同，返回时将对返回值表达式的类型转换为函数类型

D. 函数返回值类型就是返回值表达式类型

3. 下列关于函数的说法错误的是（   ）。

A. 函数是构成 C 程序的基本元素

B. 主函数是 C 程序中不可缺少的函数

C. 程序总是从第一个定义的函数开始执行

D. 在函数调用之前，必须要进行函数定义或声明

4. 在参数传递过程中，对形参和实参的要求是（   ）。

A. 函数定义时，形参一直占用存储空间

B. 实参可以是常量、变量或表达式

C. 形参可以是常量、变量或表达式

D. 形参和实参类型和个数都可以不同

5. 数组名作为函数的参数，下面描述正确的是（   ）。

A. 数组名作为函数的参数，调用时将实参数组复制给形参数组

B. 数组名作为函数的参数，主调函数和被调函数共用一段存储单元

C. 数组名作为参数，形参定义的数组长度不能省略

D. 数组名作为参数，不能改变主调函数中的数据

6. 若函数的类型和 return 语句表达式的类型不一致，则（   ）。

A. 编译时出错

B. 运行时出现不确定结果

C. 不会出错，且返回值的类型以 return 语句中表达式的类型为准

D. 不会出错，且返回值的类型以函数的类型为准

7. 下面函数定义正确的是（   ）。

A. `float f( float x; float y)`
   `{ return x*y;}`

B. `float f( float x, y)`
   `{ return x*y;}`

C. `float f( x, y)`
   `{ return x*y;}`

D. `float f( float x, float y)`
   `{ return x*y;}`

8. 设函数的说明为"void fun(int a[] ,int m);",若有定义"int a[10],n,x;",则下面调用该函数正确的是（   ）。

    A. fun(a,n);   B. x=fun(int a, int n);

    C. fun(a[10],10);   D. x=fun(a[],n);

9. 下列叙述错误的是（   ）。

    A. 主函数中定义的变量在整个函数中都是有效的

    B. 复合语句中定义的变量只在该复合语句中有效

    C. 其他函数中定义的变量在主函数中不能使用

    D. 形式参数是局部变量

10. 以下描述不正确的是（   ）。

    A. 在函数外定义的变量是全局变量

    B. 在函数内定义的变量是局部变量

    C. 函数的形参是局部变量

    D. 全局变量和局部变量不能同名

11. 下列语句对静态变量描述不正确的是（   ）。

    A. 静态局部变量在静态存储区内分配单元

    B. 静态局部变量和全局变量使用相同

    C. 静态局部变量在函数调用结束时仍保持其值，不会随着消失

    D. 静态局部变量只赋一次初值

12. 下列各类变量中，哪个不是局部变量（   ）。

    A. register 型变量   B. 外部 static 变量

    C. auto 型变量   D. 函数形参

二、编程题

1. 编写函数将字符串按逆序存放。

2. 编写函数实现字符串复制功能。

3. 编写函数利用数组名作为参数计算数组 a [4][3]所有元素的和。

4. 分别利用非递归和递归的方法编写函数求斐波那契数列第 n 项。斐波那契数列为 1，1，2，3，5，8，13，21……

5. 利用函数，对给定区间[m,n]的正整数分解质因数。例如，2012=2*2*503, 2011=(素数!)。

6. 利用全局变量编写函数统计数组中奇数和偶数的个数。

7. 利用阶乘函数，求自然数 $e = 1 + \dfrac{1}{1!} + \dfrac{1}{2!} + \cdots + \dfrac{1}{n!} + \cdots$

8. 利用函数输入一个十进制整数，转换成为二进制、八进制和十六进制数。

9. 编写一个字符串整理函数 void squeeze(char *str1,char *str2)，该函数将 str1 字符串中所有在字符串 str2 中出现的字符删除掉，如 char s1[20]="THISISABOOK"

s2[5]="IS"，则调用函数 squeeze(s1,s2)后 s1="THABOOK"。

10．写几个函数，实现下列功能。

① 输入 10 个职工的姓名和职工号。

② 按职工号由小到大顺序排序，姓名顺序也随之调整。

③ 要求输入一个职工号，用二分查找法找出该职工的姓名，从主函数输入要查找的职工号，输出该职工姓名。

8 结构体

通过前面章节的学习，知道 C 语言中基本数据类型分为数值类型和字符类型。除了基本数据类型外，还有用户构造的数据类型。数组就是构造类型的一种，用来存放一组性质相同的数据。本章将继续介绍如何构造用户需要的数据类型。

8.1 平均绩点计算问题

【例 8-1】 学生成绩管理系统。有学生成绩如表 8-1 所示。

微视频：
结构体的基本概念

表 8-1 学生成绩表

学号	姓名	课程	学分	成绩	获得绩点
1001	李芳	C 语言程序设计	4.0	85	3.5
1001	李芳	高等数学（1）	6.0	80	3.0
1001	李芳	大学英语（1）	4.0	75	2.5
1002	赵力	C 语言程序设计	4.0	90	4.0
1002	赵力	高等数学（1）	6.0	85	3.5
1002	赵力	大学英语（1）	4.0	80	3.0
1003	王倩	C 语言程序设计	4.0	60	1.0
1003	王倩	高等数学（1）	6.0	70	2.0
1003	王倩	大学英语（1）	4.0	80	3.0
…	…	…	…	…	…

希望计算每个学生平均绩点，得到如表 8-2 所示的平均绩点表。

表 8-2 平均绩点表

学号	姓名	GPA
1001	李芳	3.0
1002	赵力	3.5
1003	王倩	2.0
…	…	…

要解决这个问题，首先要确定用什么数据结构来存储这些数据。

处理一组数据，数组是最好的选择。这个例子中，学号可为整型或字符型，姓名和课程应为字符型，学分、成绩和绩点可为整型或实型。显然不能用一个二维数组来存放这一组数据，因为二维数组中各元素的类型必须一致。

可以定义如下的多个数组。

```
int   num[30];                    //学号
char name[30][10];                //姓名
char course_name[30][20];  //课程
float credit[30];                 //学分
int   grade[30];                  //成绩
float GP[30];                     //绩点
```

其中 num[i]、name[i][]、course_name[i][]、credit[i]、grade[i]、GP[i]分别代表表 8-1 中第 i 行的学号、姓名、课程、成绩、绩点。表 8-1 的数据在这些数组中的保存如图 8-1 所示。

num	name	course_name	credit	grade	GP
1001	李芳	C语言程序设计	4.0	85	3.5
1001	李芳	高等数学(1)	6.0	80	3.0
1001	李芳	大学英语(1)	4.0	75	2.5
1002	赵力	C语言程序设计	4.0	90	4.0
1002	赵力	高等数学(1)	6.0	85	3.5
1002	赵力	大学英语(1)	4.0	80	3.0
1003	王倩	C语言程序设计	4.0	60	1.0
1003	王倩	高等数学(1)	6.0	70	2.0
1003	王倩	大学英语(1)	4.0	80	3.0
…	…	…	…	…	…

图 8-1　用数组管理的学生成绩信息的内存分配

这种表示方法存在的主要问题如下。

① 表 8-1 中的一行记录信息分布在各个数组间，要查询一个学生某一门选课成绩，需要涉及多个数组，效率很低。

② 对数组中元素进行数据处理（如赋值）时容易发生错位，一个数据的错位将导致后面所有的数据都发生错误。

那么，应该如何解决这个问题呢?C 语言中究竟有没有这样一种数据类型，可以像图 8-2 所示将每个学生的不同类型的数据信息在内存中集中存放呢？

1001	李芳	C语言程序设计	4.0	85	3.5
1001	李芳	高等数学(1)	6.0	80	3.0
1001	李芳	大学英语(1)	4.0	75	2.5
1002	赵力	C语言程序设计	4.0	90	4.0
1002	赵力	高等数学(1)	6.0	85	3.5
1002	赵力	大学英语(1)	4.0	80	3.0
1003	王倩	C语言程序设计	4.0	60	1.0
1003	王倩	高等数学(1)	6.0	70	2.0
1003	王倩	大学英语(1)	4.0	80	3.0
…	…	…	…	…	…

图 8-2　希望的内存分配

8.2 构建用户自己需要的数据类型

在实际问题中，一组数据往往具有不同的数据类型。为了解决这个问题，C 语言中给出了另一种构造数据类型——"结构"（structure）或称"结构体"。"结构"是一种构造类型，它是由若干"成员"组成的。每一个成员可以是一个基本数据类型或者是一个构造类型。结构既然是一种"构造"而成的数据类型，那么在说明和使用之前必须先定义它，也就是构造它。如同在说明和调用函数之前要先定义函数一样。

针对例 8-1 中的每一个学生数据，可以定义如图 8-3 所示的结构体类型 student 来描述学生一门课程的成绩。

学号	姓名	课程	学分	成绩	绩点
10001	李芳	C语言程序设计	4.0	85	3.5

图 8-3　学生成绩情况

```
struct student
{
    int    num;
    char   name[20];
    char   course_name[20];
    float  credit;
    int    grade;
    float  GP;
};
```

8.2.1　定义结构体及结构体变量

1. 定义结构体类型

定义一个结构体类型的一般形式为

struct　结构体名

{

　　成员列表

};

花括弧内是该结构体中的各个成员（或称分量），由它们组成一个结构体。

对成员列表中各成员都应进行类型说明，一般形式为

类型标识符　　成员名；

2. 声明结构体变量

结构体相当于一个用户自定义的数据类型。前面只是建立了一个结构体类型，并没有定义变量。为了能在程序中使用结构体类型的数据，应当定义结构体类型的变量，并在其中存放具体的数据。

可以采用如下 3 种方式定义结构体变量。

（1）先声明结构体类型，再定义该类型变量，一般形式为

struct 结构体名 变量名 1，变量名 2……

例如，已定义了结构体类型 struct student，则

```
struct student  stud1,stud2;
```

说明了两个变量 stud1 和 stud2 为 student 结构类型的结构体变量。

在声明 struct student 类型的变量 stud1 和 stud2 时，C 语言编译系统为 stud1 和 stud2 的每个成员分配存储空间。其中为 num 和 grade 各分配一个 4 个字节的 int 类型存储空间，为 name 和 course_name 各分配了 20 个字节，为 credit 和 GP 各分配 4 个字节的 float 类型存储空间。结构体的声明告诉系统，在定义该类型的变量时应该分配多大的存储空间。通常情况下，结构体变量所占用的存储空间是各成员所占用空间之和，但具体的内存分配方式是由编译系统来决定的，可用 sizeof（变量名）或 sizeof（struct 结构体标识符）来测定。

（2）在定义结构体类型的同时定义变量，一般形式为

struct 结构体名

{

　　成员表列

}变量名 1，变量名 2……

例如，在声明结构体类型 student 的同时声明变量 stud1 和 stud2。

```
struct student
{
    int    num;
    char   name[20];
    char   course_name[20];
    float  credit;
    int grade;
    float GP;
}stud1,stud2;
```

（3）不指定类型名而直接定义结构体类型变量，一般形式为

struct

{

　　成员表列

}变量名 1，变量名 2……

例如

```
struct
{
    int    num;
    char   name[20];
    char   course_name[20];
    float  credit;
```

```
    int grade;
    float GP;
} stu1,stu2;
```

读者需要注意以下几点。

（1）结构体标识符（或称结构体类型名）与结构体变量两个概念不能混淆，如结构体标识符 student 和 stud1，前者并没有分配内存空间，而后者才会由编译系统为其分配相应长度的空间。

（2）成员也可以是结构体变量。即一个结构体的结构中可以嵌套另一种结构体的结构。

例如，学生情况表如图 8-4 所示。

num	name	sex	birthday			addr
			month	day	year	

图 8-4 学生情况表

可以用如下的结构体定义表示图 8-4。

```
struct Date
{
    int month;
    int day;
    int year;
};
struct Student_information
{
    int num;
    char name[20];
    char sex;
    struct Date birthday;   // birthday 是 Date 类型的结构体成员
    char addr[30];
};
```

常见错误：
结构体定义最后的"；"不可丢失；否则程序编译会出错。

8.2.2 引用结构体类型变量

【例 8-2】 对于图 8-4 表示的学生情况表，从键盘输入一个学生的数据并输出。程序代码如下。

源代码：
例 8-2

```
#include<stdio.h>
int main()
{
    struct Date
    {
        int month;
```

```
    int day;
    int year;
};
struct Student_information
{
    int num;
    char name[20];
    char sex;
    struct Date birthday;
    char addr[30];
}S1;//在声明结构体的同时声明结构体变量S1
printf("请输入数据: \n");
scanf("%d %s %c %d %d %d %s",&S1.num,S1.name,&S1.sex,
    &S1.birthday.month,&S1.birthday.day,&S1.birthday.year,
    S1.addr);
printf("学号  姓名   性别   出生年月   地址 \n");
printf("%4d %s    %c  %d/%d/%d  %s\n",S1.num,S1.name,S1.sex,
    S1.birthday.month,S1.birthday.day,S1.birthday.year,S1.addr);
return 0;
}
```

运行结果如图 8-5 所示。

图 8-5　键盘输入输出学生数据运行结果

在这个例子中，引用了结构体变量 S1 的成员 S1.num、S1.name、S1.sex、S1.addr、S1.birthday.month、S1.birthday.day、S1.birthday.year。

引用结构体类型变量有如下几种形式。

① 引用结构体变量中的一个成员，一般形式为

结构体变量名.成员名

例如，S1.name。

如果一个结构体定义中引用了另一个结构体，如 Student_information 中引用了结构体 Date 类型的成员 birthday，可以按如下方式引用成员 month。

```
S1.birthday.month
```

② 可以将一个结构体变量作为一个整体赋给另一个具有相同类型的结构体变量，例如

```
struct student  stud1,stud2;
…
stud2=stud1;
```

③ 对成员变量可以像普通变量一样进行各种运算，例如

```
stud1.grade++;
```

④ 可以引用成员的地址，也可以引用结构体变量的地址，例如

```
scanf("%d", &S1.num);
printf("%o", &S1);
```

⑤ 不能将一个结构体变量作为一个整体进行输入和输出，下列写法都是错误的。

```
printf("%d,%s,%c,%d,%f,%s\n", S1);
scanf("%d%s%c%d%f%s", &S1);
```

⑥ 同一个程序单元中，普通变量可以和结构体成员变量同名，例如

```
struct Date{
    int month;
    int day;
    int year;
    };
int month;
```

这里，结构体 Date 中的成员变量 month 和普通变量 month 同名。

> 常见错误：
>
> 结构体成员类型为字符串时不能直接用赋值号赋值，需要用字符串处理函数 strcpy()进行字符串复制。例如，不能用语句 "stu_1.name="li lin";" 赋值，而应该是 "strcpy（stu_1.name，"li lin"）；"。

8.2.3 结构体变量的初始化

结构体变量也可以在定义时赋初值。

【**例 8-3**】 把一个学生的成绩信息放在一个结构体变量中，然后输出这个学生的信息。

源代码：
例8-3

程序代码如下。

```
#include<stdio.h>
int  main()
{
    struct student
    {
        int   num;
        char  name[20];
        char  course_name[20];
        float  credit;
        int grade;
        float GP;
    }stud1={1001,"李芳","C 语言程序设计",4.0,85,3.5};
    printf("学号:%d\n 姓名:%s\n 课程:%s\n 学分:%3.1f\n 成绩:%d\n
        绩点:%3.1f\n",stud1.num,stud1.name,stud1. course_name,
```

```
                      stud1.credit,stud1.grade,stud1.GP);
         return 0;
     }
```

运行结果如图8-6所示。

图8-6　输出学生信息程序运行结果

8.2.4　结构体数组

和定义结构体变量类似，定义结构体数组有如下3种形式。

（1）先定义结构体类型再定义数组

```
struct student
{
    int    num;
    char   name[20];
    char   course_name[20];
    float  credit;
    int grade;
    float GP;
};
struct student stu[3];
```

定义数组的同时可以给数组赋初值，例如

```
struct student stu[3]={{1001,"李芳","C语言程序设计",4.0,85,3.5},
                {1001, "李芳","高等数学(1)",6.0,80,3.0},
                {1001,"李芳","大学英语(1)", 4.0,75,2.5}};
```

数组stu在内存中的存储形式如图8-7所示。

stu[0]	1001	李芳	C语言程序设计	4.0	85	3.5
stu[1]	1001	李芳	高等数学(1)	6.0	80	3.0
stu[2]	1001	李芳	大学英语(1)	4.0	75	2.5

图8-7　数组stu在内存中的表示

（2）定义结构体类型的同时定义数组

```
struct student
{
    int    num;
    char   name[20];
    char   course_name[20];
    float  credit;
```

```
    int grade;
    float GP;
}stu[3];
```

（3）不指定类型名而直接定义结构体数组

```
struct {
    int    num;
    char   name[20];
    char   course_name[20];
    float  credit;
    int grade;
    float GP;
}stu[3];
```

【例 8-4】　有 3 个候选人 Li、Zhang 和 Sun，10 个选民，每个选民只能投票选一人，要求编写一个统计选票的程序，先后输入被选人的名字，最后输出各人得票结果。

源代码：
例8-4

分析：

① 设一个结构体数组，数组中包含 3 个元素，每个元素中的信息包括候选人的姓名（字符型）和得票数（整型）。初始时，3 个候选人的票数都为 0，如图 8-8 所示。

name	count
Li	0
Zhang	0
Sun	0

图 8-8　数组的初始状态

② 输入被选人的姓名，然后与数组元素中的"name"成员比较，如果相同，就给这个元素中的"count"成员的值加 1。

程序代码如下。

```
#include <string.h>
#include <stdio.h>
struct Person
{
  char  name[20];
  int  count;
};

int main()
{
    struct Person leader[3]={"Li",0,"Zhang",0,"Sun",0};//初始化数组
    int i,j;
    char leader_name[20];
    printf("请输入选票:\n");
    for (i=1;i<=10;i++)
    {
```

```
        scanf("%s",leader_name);
        for(j=0;j<3;j++)
          if(strcmp(leader_name, leader[j].name)==0)
            leader[j].count++;
      }
    printf("选举结果如下:\n");
    for(i=0;i<3;i++)
      printf("%5s:%d\n",leader[i].name, leader[i].count);
    return 0;
  }
```

程序运行结果如图 8-9 所示。

图 8-9　选举程序运行结果

8.2.5　应用举例

源代码:
例 8-5

现在，可以来完成例 8-1 中提出的计算成绩表中每个同学平均绩点的要求了。

【例 8-5】　续例 8-1，学生成绩保存在文件 score_list.txt 中，计算学生的平均绩点，并将结果保存在文件 GPA.txt 中。

文件 score_list.txt 格式如下。

1001	李芳	C 语言程序设计	4.0	85	3.5
1001	李芳	高等数学（1）	6.0	82	3.0
1001	李芳	大学英语（1）	4.0	76	2.5
1002	赵力	C 语言程序设计	4.0	90	4.0
1002	赵力	高等数学（1）	6.0	87	3.5
1002	赵力	大学英语（1）	4.0	82	3.0
1003	王倩	C 语言程序设计	4.0	60	1.0
1003	王倩	高等数学（1）	6.0	70	2.0

分析：

① 程序基本结构如图 8-10 所示。

图 8-10 学生成绩管理系统的程序结构

② 函数之间通过结构体数组 struct student s[]传递数据。

③ 函数 int read(struct student s[])将文件中的成绩读入结构体数组 s[]，同时确定 s 数组中实际元素个数 n，即成绩记录个数，并返回给调用函数。

④ 函数 void print_list(struct student s[],int n)输出数组 s[]中的成绩记录。

⑤ 函数 void CAL_GPA (struct student s[],int n) 计算每个同学的 GPA，并将结果写入文件。

⑥ 函数 void print_GPA()从文件读取每个同学的学号和 GPA 并输出。

⑦ 主函数起的作用仅仅是串接前面实现的各函数，这是模块化程序设计的设计思想。

程序代码如下。

```c
int read(struct student s[])
{
    FILE * fp;
    int n=0;
    if((fp=fopen("score_list.txt","r"))==NULL)
    {
            printf("cannot open file");
            exit(0);
    }
    while(!feof(fp))
    {
        fscanf(fp,"%d%s%s%f%d%f",
            &s[n].num,s[n].name,s[n].course_name,&s[n].credit,
            &s[n].grade,&s[n].GP);
        n++;
    }
    fclose(fp);
    return n;
}

void print_list(struct student s[],int n)
{
    int i;
    printf("学号  姓名  课程名  学分  成绩  绩点\n");
    for(i=0;i<n;i++)
      printf("%d  %s  %s  %5.1f  %d  %5.1f\n",
            s[i].num,s[i].name, s[i].course_name,s[i].credit,s[i].grade,
            s[i].GP);
```

```
    }

    void  CAL_GPA (struct student s[],int n)
    {
        int i=0;  float GPA;
        float GPT=s[0].credit*s[0].GP;
        int stu_num,stu_num_next;
        float total_credit=s[0].credit;
        FILE * fp;
        if((fp=fopen("GPA.txt","w"))==NULL)
        {
             printf("cannot open file");
             exit(0);
        }
        stu_num=s[0].num;          //stu_num 是当前正在计算 GPA 的同学的学号
        for(i=1;i<n;i++)
        {   stu_num_next=s[i].num;
            if(stu_num_next==stu_num)
            {   GPT=GPT+s[i].credit*s[i].GP;
                total_credit=total_credit+s[i].credit;
            }
            else                    //一位同学的成绩统计结束，计算 GPA
            {   GPA=GPT/total_credit;
                fprintf(fp,"%d %5.1f\n",stu_num,GPA);
                //开始计算下一位同学
                stu_num=stu_num_next;
                GPT= s[i].credit*s[i].GP;
                total_credit=s[i].credit ;
            }
        }
    //计算最后一位同学的 GPA 并写入文件
        GPA=GPT/total_credit;
        fprintf(fp,"%d %5.1f\n",stu_num,GPA);
        fclose(fp);
    }


    void print_GPA()
    {
        FILE *fp;
        int num;  float GPA;
        if((fp=fopen("GPA.txt","r"))==NULL)
        {
             printf("cannot open file");
             exit(0);
```

```
    }
    printf("学号平均绩点\n");
    while(fscanf(fp,"%d%f",&num,&GPA)!=EOF)
        printf("%d   %5.1f\n",num,GPA);
    fclose(fp);
}


int main()
{
    struct student stu[N];//定义结构体数组stu[N],N通过#define N 10定义
    int n;
    n=read(stu);              //n是stu[]中实际元素的个数
    print_list(stu,n);
    CAL_GPA(stu,n);
    print_GPA(stu,n);
    return 0;
}
```

本程序中各函数间通过结构体数组作为函数参数传递数据，注意 main() 函数中的实际数组 stu[] 和各函数中形参数组 s[] 的关系。

> 思考：
> ① 还能用其他方式在函数间传递数据吗？
> ② 结果文件 GPA.txt 中只包含学号和 GPA 信息，没有包含姓名。如何修改程序，使得结果文件可以包含学生的学号、姓名、GPA？

【例 8-6】 有如下学生信息：

学号	姓名	密码
1001	张芳	******
1002	赵力	******

······

源代码：
例8-6

设计一个程序，能够输入、输出、修改学生的密码。要求用二进制文件和结构体数组实现。

分析：

① 二进制文件的打开方式如表 8-3 所示。

表 8-3　二进制文件打开方式

文件使用方式	对应操作
rb	只读打开一个二进制文件，只允许读数据
wb	只写打开或建立一个二进制文件，只允许写数据
ab	追加打开一个二进制文件，并在文件末尾写数据
rb+	读写打开一个二进制文件，允许读和写
wb+	读写打开或建立一个二进制文件，允许读和写
ab+	读写打开一个二进制文件，允许读，或在文件末追加数据

② 二进制文件的读写操作。

读数据块函数调用的一般形式为

fread(buffer,size,count,fp);

写数据块函数调用的一般形式为

fwrite(buffer,size,count,fp);

其中：

buffer 是一个指针，在 fread 函数中，它表示存放输入数据的首地址。在 fwrite 函数中，它表示存放输出数据的首地址。

size 表示数据块的字节数。

count 表示要读写的数据块块数。

fp 表示文件指针。

③ C 提供 fseek 函数，它的作用是使位置指针移动到所需的位置。fseek 函数的调用形式为

fseek(文件类型指针，位移量，起始点);

"起始点"指以什么地方为基准进行移动，用数字 0、1、2 代表。0 代表文件开始处，1 代表文件位置指针的当前指向，2 代表文件末尾。

"位移量"指以"起始点"为基点向前移动的字节数。如果它的值为负数，表示向后移。所谓"向前"是指从文件开头向文件末尾移动的方向。

④ 程序设计的基本思路如下。

a. 在 main()中定义一个结构体数组 stud[]，用于存放学生们的学号、姓名、密码。

b. 函数 save()实现从键盘输入每个学生的信息并保存到二进制文件 stu_list 中。

c. 函数 read_all()实现将文件中的全部信息读取到结构体数组 stud[]中。

d. 函数 read_one()读取第 i 个学生的信息，修改后再写回文件中。其中

```
fseek(fp,(i-1)*sizeof(struct student_type),0);
```

将指针从文件开始处移动到第 i 条记录开始处。当程序执行了语句

```
fread(&s,sizeof(struct student_type),1,fp)
```

指针指向第 i 条记录的结尾。因此，在将修改后的第 i 条记录写回文件前，要将指针从当前位置回溯到第 i 条记录的开始，可使用语句

```
fseek(fp,-sizeof(struct student_type),1)
```

⑤ 函数 print()输出全部信息。

程序代码如下。

```
#include <stdio.h>
#include <stdlib.h>
#define SIZE 20
struct student_type
{
    int num;             //学号
    char name[10];    //姓名
    int password;      //密码
};
```

```
/*函数 save()实现从键盘输入每个同学的信息并保存到二进制文件 stu_list 中*/
void save(int num,struct student_type stud[])
{
    FILE *fp;
    int i;
    if((fp=fopen("stu_list","wb"))==NULL)  //以 wb 形式打开文件
    {
        printf("cant open the file");
        exit(0);
    }
    printf("请按照学号+空格+姓名+空格+密码的顺序输入每个同学信息\n");
    for(i=0;i<num;i++)
    {   printf("第%d 个同学\n",i+1);
        scanf("%d%s%d",&stud[i].num,stud[i].name,&stud[i].password);
        if(fwrite(&stud[i],sizeof(struct student_type),1,fp)!=1)
            printf("file write error\n");
    }
    fclose(fp);
}


/*函数 save()实现从键盘输入每个同学的信息并保存到二进制文件 stu_list 中*/
void read_all(int num,struct student_type stud[])
{
    FILE *fp;
    int i;
    if((fp=fopen("stu_list","rb"))==NULL)
    {
        printf("cant open the file");
        exit(0);
    }
    for(i=0; !feof(fp); i++)
    {
        if(fread(&stud[i],sizeof(struct student_type),1,fp)!=1)
            printf("file write error\n");
    }
    fclose(fp);
}
/*读取第 i 个同学的信息，修改后写回文件中*/
void read_one(int num,int i,struct student_type stud[])
{
    FILE *fp;
    struct student_type  s;
    if((fp=fopen("stu_list","rb+"))==NULL)//以 rb+方式打开文件
```

```
    {
        printf("cant open the file");
        exit(0);
     }
    fseek(fp,(i-1)*sizeof(struct student_type),0);
                                /*指针移动到第 i 条记录开始处*/
    if(fread(&s,sizeof(struct student_type),1,fp)==1)
    {   printf("\n 第%d 个同学的信息如下：\n",i);
        printf("%d,%s,%d\n",s.num,s.name,s.password); }
    else
        printf("file read error\n");
    printf("输入新的 password: ");
    scanf("%d",&s.password);
    fseek(fp,-sizeof(struct student_type),1);
                        //指针上溯一条记录，回到第 i 条记录开始处
    fwrite(&s,sizeof(struct student_type),1,fp);
    fclose(fp);
}


/*输出数组中全部记录*/
void print(int num,struct student_type stud[])
{   int i;
    printf("\n 同学信息如下：\n");
    for(i=0;i<num;i++)
    {
        printf("%d,%s,%d\n",stud[i].num,stud[i].name,stud[i].password);
    }
}


void main()
{
    int num,i;
    struct student_type stud[SIZE];
    printf("请输入同学人数：");
    scanf("%d",&num);
    save(num,stud);
    print(num,stud);
    printf("请输入需修改密码的同学序号：");
    scanf("%d",&i);
    read_one(num,i,stud);
    read_all(num,stud);
    print(num,stud);
}
```

程序运行结果如图 8-11 所示。

图 8-11 学生密码操作程序运行结果

8.3 结构体指针的应用——单链表

8.3.1 指向结构体的指针

一个结构体变量的指针就是该变量所占据的内存段的起始地址。可以设一个指针变量，用来指向一个结构体变量，此时该指针变量的值是结构体变量的起始地址。例如

```
struct student s, *p;

p=&s;
```

则可用如下 3 种形式引用结构体成员。

① 结构体变量.成员名，如 s.num、s.score，8.1 已经详细讲解过该形式。

② 点域法表示为(*p).成员名，如(*p).name、(*p).score。

③ 指向法表示为 p->成员名，如 p->name、p->score，等价于(*p).name、(*p).score。

1. 用点域法和指向法引用结构体成员

【例 8-7】 使用点域法和指向法引用结构体成员。

程序代码如下。

```
#include <stdio.h>
```

微视频:
结构体指针

源代码:
例 8-7

```
#include <string.h>
struct student{
    int    num;
    char   name[20];
    char   course_name[20];
    float  credit;
    int    grade;
    float  GP;
};
int main( )
{
    struct student stu1,*p;
    stu1.num=89101;
    strcpy(stu1.name, "李芳");
    strcpy(stu1.course_name, "C语言程序设计");
    stu1.credit=4;
    stu1.grade=85;
    stu1.GP=3.5;
    p=&stu1; //指针 p 指向结构体变量 stu1
    printf("\n 学号  姓名     课程              学分  成绩  绩点 \n");
//用点域法引用结构体成员
    printf("%5d  %-10s%-20s%5.1f %5d %5.1f\n",
        (*p).num,(*p).name,(*p).course_name,(*p).credit,(*p).grade,
        (*p).GP );
//用指向法引用结构体成员
    printf("%5d  %-10s%-20s%5.1f %5d %5.1f\n",
        p->num,p->name,p->course_name,p->credit,p->grade ,p->GP);
    return 0;
}
```

该程序中，p 为指向结构体变量 stu1 的指针，printf 语句中分别采用点域法和指向法引用结构体变量 stu1 中的成员，效果完全相同。

运行结果如图 8-12 所示。

图 8-12   例 8-7 程序运行结果

常见错误：

(*p).num 中的括号不能缺少，因为点号的优先级要比星号高。

2. 指向结构体数组的指针

前面的章节介绍过，可以用指针变量表示数组元素。因此，也可以用指针表示

结构体数组的元素。

【例8-8】　用指针表示结构体数组成员信息。

程序代码如下。

```
#include <stdio.h>
#include <string.h>
struct student
{
    int   num;
    char  name[20];
    char  course_name[20];
    float  credit;
    int grade;
    float GP;
}stu[3]={{1001,"李芳","C语言程序设计",4.0,85,3.5},
        {1001, "李芳","高等数学(1)",6.0,80,3.0},
        {1001,"李芳","大学英语(1)", 4.0,75,2.5}};
int main()
{
    struct student *p;
    printf(" 学号  姓名        课程                  学分  成绩  绩点 \n");
    for (p=stu; p<stu+3;p++)
      printf("%5d  %-10s%-20s%5.1f %5d %5.1f\n",
            p->num,p->name,p->course_name,p->credit,p->grade ,p->GP );
    return 0;
}
```

特别要注意的是，程序中每执行一次 p++，指针变量 p 指向下一个数组元素。

	p->num	p->name	p->course_name	p->credit	p->grade	p->GP	
p→	1001	李芳	C 语言程序设计	4.0	85	3.5	stu[0]
p+1→	1001	李芳	高等数学(1)	6.0	80	3.0	stu[1]
	1001	李芳	大学英语(1)	4.0	75	2.5	stu[2]

运行结果如图 8-13 所示。

图 8-13　指针表示结构体程序运行结果

8.3.2　动态内存分配

无论简单变量、数组在引用前都要被定义，定义的目的就是要告诉编译系统为
该变量（数组）分配内存空间，这样的内存分配方法称为静态内存分配。例如

```
#define N  10
int  n, a[10],b[N];
```

但下面写法是错误的：

```
int n;
scanf("%d",&n);
int a[n];
```

用变量表示长度，对数组的大小进行动态说明，这是错误的。但是在实际的编程中，往往会发生这种情况，即所需的内存空间取决于实际输入的数据，而无法预先确定。对于这种问题，一般可以采用两种方法解决：①采用动态数组；②采用动态数据结构。这两种方式都需要采用 C 语言的动态内存分配的方法来解决问题。

所谓动态内存分配，就是在程序的运行过程中，根据需要随时向系统申请内存空间，用完之后，系统收回内存单元。C 语言编译系统提供了有关函数实现动态内存分配。

（1）申请内存空间函数 malloc()

函数形式为

void *malloc (unsigned int size);

该函数可以在内存的动态存储区中，开辟一个长度为 size 字节的连续空间，函数的返回值是一个指向该区域的指针（地址）。返回类型是 void*类型，void*表示未确定类型的指针。

（2）释放内存空间 free()

内存空间使用完成后，系统将回收空间。

函数形式为

void free (void *p);

该函数的作用是释放由指针 p 所指内存单元的空间。

说明：要使用以上两个函数对内存进行操作，必须要在 main()函数前加#include <stdlib.h>或#include <malloc.h>。

（3）动态数组

所谓动态数组，就是数组的大小是在程序运行过程中确定，数组的存储空间是在程序运行时动态开辟的。

下列语句定义了一个 int 类型的一维动态数组。

```
int n, *a;
scanf("%d",&n);
a=(int*)malloc(n*sizeof(int));
```

可以和使用静态数组一样使用动态数组，不同的是程序结束时需要释放动态数组。

源代码：
例 8-9

【**例 8-9**】 续例 8-1，假设成绩记录要根据键盘输入确定，从键盘输入学生成绩并输出。

分析：

① 学生成绩保存在结构体数组中。

② 由于成绩记录不确定，所以不能用静态数组，可以采用刚介绍的动态数组。

程序代码如下。

```c
#include <stdio.h>
#include <stdlib.h>
struct student
{
    int    num;
    char   name[20];
    char   course_name[20];
    float  credit;
    int grade;
    float GP;
};
int main()
{
    int n,i;
    struct student *s;
    printf("请输入人数：");
    scanf("%d",&n);
    //动态申请大小为n的数组空间，s指向数组的首地址，s即数组名
    s=(struct student*)malloc(n*sizeof(struct student));
    for(i=0;i<n;i++)
    {
        printf("请输入第%d位成绩：\n",i+1);
        scanf("%d%s%s%f%d%f",&s[i].num,s[i].name,
            s[i].course_name,&s[i].credit,&s[i].grade,&s[i].GP);
    }
    printf("输出成绩：\n");
    for(i=0;i<n;i++)
        printf("%6d%10s%10s%4.1f%5d%5.1f\n", s[i].num,s[i].name,
            s[i].course_name,s[i].credit,s[i].grade,s[i].GP);
    free(s);//释放空间
    return 0;
}
```

8.3.3 单链表

1. 单链表的概念

单链表是用一组任意的、不连续的存储单元来存储一组数据（数组必须是一片连续的存储单元），且链表的长度不是固定的。如图 8-14 所示，链表的每一个元素称为一个"结点"，每个结点都可存放在内存中的不同位置。为了表示每个元素与后继元素的逻辑关系，以便构成"一个结点链着一个结点"的链式存储结构，除了存储元素本身的信息外，还要存储后继元素的地址。因此，每个结点都应包括两个部

微视频：
单链表

分：一为用户需要用的数据，二为下一个结点的地址。前一个结点指向下一个结点，只有通过前一个结点才能找到下一个结点。

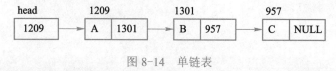

图 8-14   单链表

每个结点包括两个部分，即用户所需的数据和下一个结点的地址，如图 8-15 所示。可定义一个指针变量来存放下一个结点的地址。只有同一类型的结点才能形成链表。

| data | next |

图 8-15   结点结构

链表结点的定义为

```
struct List
{
    int data;
    struct List *next;
};
```

链表的数据域也可以引用用户自定义的结构体，例如

```
struct Student_List
{
    struct student data;
    struct Student_List *next;
};
```

其中的 struct student 的定义见 8.2 节。

此外，链表还必须有一个指向链表的第一个结点的头指针变量 head。如图 8-14 所示，只包含一个指针域，由 n 个结点组成的链表，就称为单向链表（单链表）。

图 8-14 所示的链表的存储结构决定了对链表数据的特殊访问形式，即只能顺序访问，而不能像数组一样进行随机访问。首先找到链表的头指针，这样就可以找到链表的首结点（第 1 个结点），通过首结点的指针域就可以找到第 2 个结点，依此类推，当结点的指针域为 NULL 时，表示已经到了链表的尾部结点。可见，对单链表而言，头指针是非常重要的，头指针一旦丢失，链表中的数据也将全部丢失。

2. 建立简单的静态单链表

【例 8-10】   建立一个如图 8-16 所示包含 3 个学生学号和成绩的学生信息单链表，并输出各结点信息（c 结点中的^表示空指针 NULL）。

源代码：
例 8-10

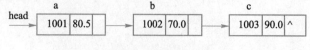

图 8-16   学生信息单链表

分析：

① 各结点间的关系如下。

```
head=&a; a.next=&b; b.next=&c; c.next=NULL;
```

② 输出单链表步骤如下。

a．设置一个指针 p，首先指向链表中第一个结点 a：p=head，输出 p 所指向的结点内容：p->num 和 p->score。

b．p 指向 p 的下一个结点：p=p->next，继续输出 p 所指向的结点内容。

c．重复 b，直到输出链表中的所有结点。

d．如何判别已经输出了所有结点呢？利用最后一个结点 c 的 next 指针域为空判别：当 p->next 为空，说明已经是最后一个结点。

程序代码如下。

```c
#include <stdio.h>
struct Student
{ int num;
  float score;
  struct Student *next;
};
 int main()
{ struct Student a,b,c,*head,*p;
  a.num=1001;   a.score=80.5;
  b.num=1002;   b.score=70;
  c.num=1003;   c.score=90;
  head=&a;        a.next=&b;
  b.next=&c;      c.next=NULL;
  p=head;
  do
  {   printf("%d  %5.1f \n",p->num,p->score);
      p=p->next;
  }while(p!=NULL);
  return 0;
}
```

3．建立动态链表

所谓动态数据结构，是指在运行时刻才能确定所需内存空间大小的数据结构，动态数据结构所使用的内存称为动态内存，当数据不用时又可以随时释放存储单元。

建立动态链表是指在程序执行过程中从无到有地建立起一个链表，即一个一个地开辟结点并输入各结点数据，并建立起前后相链的关系。

动态单链表就是一种典型的动态数据结构。

【例 8-11】 编写一个函数建立一个有多名学生数据的单向动态链表。

分析：

① 定义 3 个指针变量：head、p1 和 rear，它们都是用来指向 struct Student 类型数据，其中 head 为单链表的头指针，p1 指向当前结点，rear 指向当前链表的尾结点。

定义语句为

```
struct Student *head,*p1,*rear;
```

② 初始状态下，链表为空，语句为

```
head=NULL; rear=NULL;
```

③ 用 malloc 函数开辟一个结点，并使 p1 指向它，语句为

```
p1=(struct Student*)malloc(LEN);
```

读入一个学生的数据给 p1 所指的结点，语句为

```
scanf("%ld,%f",&p1->num,&p1->score);
```

如图 8-17 所示。

图 8-17 插入第一个结点

④ 如果刚创建的结点是单链表的第一个结点，那么该结点既是单链表的头结点，也是尾结点，语句为

```
head=p1;rear=p1;
```

如图 8-18 所示。

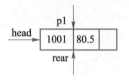

图 8-18 设置 head 和 rear 指针

⑤ 继续开辟一个新结点并使 p1 指向它，语句为

```
p1=(struct Student*)malloc(LEN);
```

输入该结点的数据的语句为

```
scanf("%ld%f",&p1->num,&p1->score);
```

如图 8-19 所示。

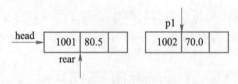

图 8-19 插入第二个结点

⑥ 链接尾结点(rear)和当前结点(p1)，语句为

```
rear->next=p1;
```

使 rear 指向新的尾结点，语句为

```
rear=p1;
```

如图 8-20 所示。

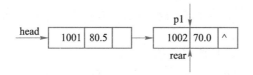

图 8-20　设置新的 rear 指针

⑦ 循环重复刚才的过程。如果某一个结点的学号输入为–999，循环结束。最后一个结点的 next 域置为 NULL，语句为

```
rear->next=NULL
```

⑧ 对于单链表来说，只有通过头指针才能得到链表中所有结点的信息，所以函数应该返回单链表的头指针的值。

程序代码如下。

```
#define LEN sizeof(struct Student)
struct Student
{  int num;
   float score;
   struct Student *next;
};
/*函数返回单链表的头指针*/
struct Student *creat()
{
   struct Student *head=NULL,*p1,*rear=NULL;
   p1=(struct Student*) malloc(LEN);
   scanf("%d%f",&p1->num,&p1->score);
   while(p1->num!=-999)
   {  if(head==NULL) head=p1;//如果单链表为空，新建立的结点就是单链表的头结点
      else   rear->next=p1;
      rear=p1;                    //rear 永远指向链表的尾结点
      p1=(struct Student*)malloc(LEN);
      scanf("%ld%f",&p1->num,&p1->score);
   }
   rear->next=NULL;             //最后一个结点的 next 置为空
   return(head);                //返回单链表的头指针
}
```

4. 动态单链表的其他操作

单链表一般有插入节点、删除节点、输出单链表等操作。

（1）对单链表的插入操作

常见的单链表插入操作是将一个新结点插入到一个有序链表中，插入后链表仍有序；或者是将一个新结点插入到单链表的指定位置。

【例 8-12】 写一个函数，实现对有序链表的插入操作，插入结点后单链表仍然有序。

分析：

首先要创建新插入的结点 s，然后在链表中寻找适当的位置插入该结点。在插入时应考虑如下 4 种情况。

① 若原链表为空表，则插入的新结点 s 就是首结点，需要修改头指针 head 的值(head=s)。

② 若原链表非空，而且新结点插入在首结点之前，则需将新结点 s 的指针域指向原链表的头结点（s->next=head），并修改头指针 head 的值(head=s)。

③ 新结点插入在表的中间，如图 8-21 所示，需要移动两次指针：s->next=p; q->next=s; 注意两次移动指针的顺序不可以交换。

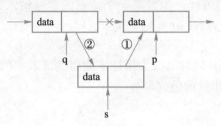

图 8-21　在单链表中插入结点

④ 若新结点插入在表的尾部，指针的移动同③，只是此时 p 为 NULL。

程序代码如下。

```
/*设已有的链表中各结点中成员项 num 是按从小到大顺序排列的, 插入新结点后链表仍有序*/
struct Student *insert_Node(struct  Student  *head, int x ,float y)
{
    struct Student *p,*q,*s;
    p=head; q=NULL; //q 指向 p 的前一个结点
    s=(struct Student*)malloc(sizeof(struct Student));
    s->num=x; s->score=y;
    if (head==NULL) /*若是空表,则插入在头结点*/
    {
       head=s;  s->next=NULL;
    }
    else
    {
       while ((p!=NULL)&&(p->num<s->num))
       {   q=p;  p=p->next;  }/*寻找插入点, 插入在 q 后, p 前*/
       if  (p==head)/*若是插入在首结点之前则修改头指针*/
       { s->next=p;  head=s; }
       else
       { s->next=p; q->next=s;} /*插入在 q,p 之间*/
    }
    return(head);
}
```

可以利用该插入操作创建一个有序单链表，相应代码如下。

```
struct List *creat_list()
{
    struct  List *head;
    int x;
    float y;
```

```
    head=NULL;
    scanf("%d%f",&x,&y);
    while(x!=-999)  /*-999 为键盘输入结束符*/
    {   head=insert_Node(head,x,y);
        scanf("%d%f",&x,&y);
    }
    return head;
}
```

（2）输出链表

输出链表也称为遍历链表。由于链表是一种链式存储结构，链表的输出必须"从头至尾"逐个结点输出，算法比较简单。

【例8-13】 写一个函数，实现单链表的输出。

程序代码如下。

```
void  print(struct Student  *head)
{
    struct Student  *p;
    p=head;                                    /*p 指向第一个结点*/
    while (p!=NULL)                            /*当 p 非空*/
    {
        printf("%d  %.2f   " ,p->num,p->score);   /*输出当前结点*/
        p=p->next;                            /*指针移向下一个结点*/
    }
    printf("\n");
}
```

（3）对链表的删除操作

【例8-14】 写一个函数，给定待删除结点的学号，从单链表中删除该学生结点。

分析：

在删除结点时应考虑如下 4 种情况。

① 若单链表为空，则无需删除结点。

② 若找到的待删除结点 p 是首结点，则将 head 指向 p 的下一个结点 (head=p->next)，即可删除 p 结点。

③ 若找到的待删除结点不是首结点,则用指针 q 指向 p 的前一个结点，将 q 的 next 指针指向 p 的下一个结点(q->next=p->next)，即可删除 p 结点，如图 8-22 所示。

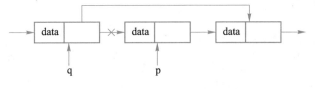

图 8-22　删除单链表的一个结点

④ 若已搜索到表尾(p==NULL)，还未找到待删除结点，则显示"not found"。

程序代码如下。

```
/*删除链表中结点的 num 等于给定的 x 的结点*/
```

```
struct Student *Del_Node(struct Student *head,int x)
{
    struct Student *p,*q;
    int found=0;                    /*设置找到否标记*/
    p=head; q=NULL;                 /*q 指向 p 的前一个结点*/
    while(p!=NULL)
    {
        if(p->num==x)
        {   found=1;
            break;                  /*找到了待删结点,结束循环*/
        }
        else                        /*还未找到待删除结点*/
        {   q=p;
            p=p->next;              /*p 指向下一个结点 */
        }
    }
    if(found==1)
    {   if(p==head)                 /*待删除结点是第 1 个结点*/
            head=p->next;           /*修改头指针*/
        else                        /*p 不是首结点*/
            q->next=p->next;        /*q 的 next 指向 p 的下一个结点*/
        free(p);                    /*释放 p*/
    }
    else
        printf ("Node not found!");
    return head;
}
```

删除操作还可以销毁整个单链表，相应代码如下。

```
void destroy(struct List *head)
{
    struct List *p=head,*q=NULL;/*q 指向 p 的前一个结点*/
    while(p!=NULL)
    {   q=p;
        p=p->next;
        free(q);
    }
}
```

（4）对链表中元素的查找操作

【例 8-15】 查找链表中是否存在学号为 x 的学生结点。若存在，返回 x 所在的位置,否则返回-1。

分析：

从第一个结点开始，"顺藤摸瓜"，按顺序查找。

程序代码如下。

```
int find(struct  Student  *head, int x)
```

```
{
    struct Student *p;
    int i=1;
    p=head;
    while(p!=NULL)
    {
        if(p->num==x)
            return i;
        else
        {   p=p->next ; i++;}
    }
    return -1;
}
```

上述单链表的所有算法可用如下 main()函数调用。

```
int main()
{
    int x,i;
    float y;
    struct  Student *h; //单链表的头指针
    printf("从键盘输入数据创建单链表，-999 结束输入：\n");
    h=creat();
    printf("创建的单链表如下：\n");
    print(h);
    while(1)
    {
        printf("\n*************************\n");
        printf("    1---删除结点\n");
        printf("    2---插入结点\n");
        printf("    3---查找结点\n");
        printf("    4---输出单链表\n");
        printf("    0---结束程序\n");
        printf("*************************\n");
        printf("请输入您的选择：[0-4]");
        scanf("%d",&i);
        if (i==1)
        {
            printf("输入待删除的结点:\n");
            scanf("%d",&x);
            h=Del_Node(h,x);
            printf("删除后的单链表如下：\n");
            print(h);
        }
        else if(i==2)
        {
            printf("输入待插入的结点:\n");
            scanf("%d%f",&x,&y);
```

源代码：
动态单链表

```
            h=insert_Node(h,x,y);
            printf("插入后的单链表如下：\n");
            print(h);
        }
        else if(i==3)
        {   int j;
            printf("输入待查找的结点:\n");
            scanf("%d",&x);
            j=find(h,x);
            if(j==-1)
                printf("链表中没找到%d",x);
            else
                printf("%d在链表的第%d个位置",x,j);
        }
        else if(i==4)
            print(h);
        else if(i==0)
            break;
        else
            printf("\n输入错误，请重新输入！\n");
    }
    return 0;
}
```

运行结果如图 8-23 所示。

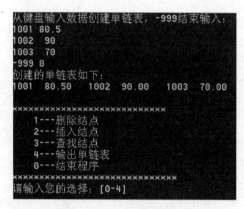

图 8-23　结点查找程序运行结果

从上面的例子可以看出，相比数组，单链表有如下优、缺点。

① 用数组实现程序功能时，需要预先定义一个足够大的结构体数组，无论是动态数组或静态数组都是如此。而用单链表实现时，由于单链表的每个结点的存储空间为动态生成，这个问题不复存在。

② 假设有一个有序队列：10、20、30、40、50，现在要插入元素 15 并保持队列有序。如果用数组实现，需要将 20 及之后的元素都往后移动一个位置。但如果用

单链表实现，只需要在结点 10 和 20 之间插入一个结点即可，不需要移动后续元素。删除结点也同理。这是链表相对于数组的一个显著优点。

③ 在查找时链表也有明显的不足。例如知道某一个元素在有序队列中的位置，如果使用数组，直接通过数组的下标即可实现存取。但如果使用单链表，必须从单链表的头结点开始查找，才能找到这个元素。

8.4 共 用 体

8.4.1 共用体的概念

共用体又称联合体（Union），它与结构体一样，也是 C 语言提供的一种构造类型。共用体类型用来表示在不同场合会有不同类型取值的对象（但一个时刻只用到一种类型）。例如，某程序中要定义一个变量 number，在不同的时刻它可以存储一个单字符或一个整数或一个单精度数或一个双精度数。如果按照它的各种取值类型定义多个变量，既浪费存储空间，又还会因为用多个变量表示一个对象而割裂对象的整体性。所以，可以把不同类型的变量放在同一个内存区域内（但它们不能在同一时刻使用），形成共用体。

虽然共用体和结构体含义并不相同，但它也是由若干个成员组成的。共用体的声明和结构体的声明语法大致相似，形式为

```
union data
{ int  a;
  float  b;
  char c;
}x;
```

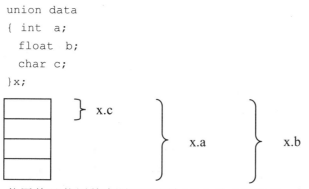

共用体及共用体变量可以用如下 3 种方法定义。

（1）先定义共用体，再定义共用体变量

union 共用体名
{
　　成员表列
};
　union 共用体名　变量表列；

例如

```
union Data
{ int i;
```

```
        char ch;
        float f;
    };
    union Data a,b,c;
```

（2）定义共用体的同时定义共用体变量

union 共用体名

{

　　成员表列

　}变量表列;

例如

```
    union Data
    {   int i;
        char ch;
        float f;
    }a,b,c;
```

（3）不定义共用体名，直接定义共用体变量

union

{

　　成员表列

　}变量表列;

例如

```
    union
    {   int i;
        char ch;
        float f;
    }a,b,c;
```

　　共用体的最大特点就是使用了覆盖技术，即所有成员相互覆盖从而共享同一个存储单元，提供了节省存储空间的数据操作方式。

8.4.2　共用体变量的引用方式

　　由于某一时刻只能有某一个成员起作用，因此不能直接引用整个共用体变量，而只能引用共用体变量中的成员，借助成员名称告诉系统按照哪一种数据类型引用它。共用体变量成员的引用方式类似于结构体变量成员，可以用成员运算符"．"和指向运算符"->"来访问共用体变量或者共用体数组元素的成员。当用变量名或者等价变量名访问时，用成员运算符"．"；当用指针或数组名访问时，用指向运算符"->"。

　　例如

```
    union Data
    {
        int i;
        char ch;
```

```
        float f;
    }a,b,c;
    a.i=3;b.ch='A'; c.f=4.5;
```
也可以通过指针变量引用共用体变量中的成员。例如
```
union Data  *p,x;
p=&x; p->i=3; printf("%d",p->i);
p->f=4.5; printf("%f",p->f);
p->ch='A'; printf("%c",p->ch);
```
但是不能直接用共用体变量名进行输入输出，例如下列语句是错误的。
```
scanf("%d",&x);  printf("%d",x);
```

8.4.3 共用体类型数据的特点

相对于其他的构造类型，共用体类型数据有以下特点。

① 同一个内存段可以用来存放几种不同类型的成员，但在每一瞬时只能存放其中一种，而不是同时存放几种。

② 共用体变量中起作用的成员是最后一次存放的成员，在存入一个新的成员后原有的成员就失去作用。

③ 共用体变量的地址和它的成员的地址都是同一个地址。

④ 不能对共用体变量名赋值，也不能企图引用变量名来得到成员的值，又不能在定义共用体变量时对它初始化。

⑤ 共用体类型可以出现在结构体类型定义中，也可以定义共用体数组；反之，结构体也可以出现在共用体类型定义中，数组也可以作为共用体的成员。

【例 8-16】 将整数 1648517441 按字节输出其内容。

分析：

定义一个共用体如下。
```
union int_char
  {   int i;
      char ch[4];
  }x;
```
变量 x 在内存中的情况如下。
```
01000001    ch[0]   i 的低位
01100001    ch[1]   i 的次低位
01000010    ch[2]   i 的次高位
01100010    ch[3]   i 的高位
```
程序代码如下。
```
#include <stdio.h>
int main ( )
{ union int_char
  {   int i;
      char ch[4];
```

源代码：
例8-16

```
    }x;
    x.i=1648517441;
    printf("i=%o\n",x.i);
    printf("ch0=%o,ch1=%o,ch2=%o,ch3=%o\nch0=%c,ch1=%c,ch2=%c,ch3=%c\n",
        x.ch[0],x.ch[1],x.ch[2],x.ch[3],x.ch[0],x.ch[1],x.ch[2],x.ch[3]);
    return 0;
}
```

运行结果如图 8-24 所示。

```
i=14220460501
ch0=101,ch1=141,ch2=102,ch3=142
ch0=A,ch1=a,ch2=B,ch3=b
```

图 8-24   按字节输出整数程序运行结果

一个整数占 4 个字节（VC 中），想分别使用这 4 个字节的内容，可以用上述方法。但要注意整数在内存中存储时是高位占高地址，低位占低地址，即低字节在前，高字节在后。

8.5   枚 举 类 型

所谓“枚举”就是将所有可能的取值情况一一列举出来。如果一个变量只有几种可能的值，例如，对于变量 workday 有星期一到星期日共 7 种可能的取值，而选修课的成绩有优、良、中、及格、不及格 5 种取值，这时可以将它们定义为枚举类型，使得变量的值只限于列举出来的值的范围内。

8.5.1   枚举类型的声明

枚举类型的声明语法形式为

enum 枚举类型标识符 {枚举常量 1，枚举常量 2，…，枚举常量 n}；

枚举类型的声明以关键字 enum 开始，enum 后所接的标识符即为所自定义的枚举类型名称，而左、右花括号围起来的内容，就是枚举序列中所要枚举的常量，之间用逗号分隔，最后在右花括号后加上分号，表示声明的结束。

例如

```
enum  Weekday{sun,mon,tue,wed,thu,fri,sat};
```

该类型的变量用来描述星期，可取的值是 sun、mon、tue、wed、thu、fri、sat。

8.5.2   枚举类型变量的声明及引用

定义枚举类型变量的方式与定义结构体变量极为相似，也有 3 种方式。

① 先声明枚举类型再定义枚举类型变量，例如

```
enum  Weekday{sun,mon,tue,wed,thu,fri,sat};
enum  Weekday  workday;
```

② 声明枚举类型的同时定义变量，例如

```
enum  Weekday{sun,mon,tue,wed,thu,fri,sat} workday;
```

③ 不定义枚举类型名，直接定义枚举类型变量，例如

```
enum  {sun,mon,tue,wed,thu,fri,sat} workday;
```

说明：

① C 编译对枚举类型的枚举元素按常量处理，故称枚举常量。不要因为它们是标识符(有名字)而把它们看作变量，不能对它们赋值。例如，sun=0;是错误的。

② 每一个枚举元素都代表一个整数，C 语言编译按定义时的顺序默认它们的值为 0,1,2,3,4,5······在上面定义中，sun 的值为 0，mon 的值为 1，···，sat 的值为 6。如果有赋值语句

```
workday=mon;
```

相当于

```
workday=1;
```

也可以人为地指定枚举元素的数值，例如

```
enum Weekday{sun=7,mon=1,tue,wed,thu,fri,sat}workday,week_end;
```

指定枚举常量 sun 的值为 7，mon 为 1，则枚举类型 Weekday 所包含的 7 个枚举常量的序号依次为 7、1、2、3、4、5、6。

③ 枚举元素可以用来进行判断比较。例如

```
if(workday==mon) ···
if(workday>sun) ···
```

枚举元素的比较规则是按其在初始化时指定的整数来进行比较的。如果定义时未人为指定，则按上面的默认规则处理，即第一个枚举元素的值为 0，故 mon>sun，sat>fri。

④ 需要特别注意的是，声明一个枚举类型并没有分配存储空间，只是描述了用户自定义的枚举数据类型（这一点与结构体的声明类似），并将大括号中所给的枚举值与整数常量关联起来。

⑤ 当定义枚举类型的变量时,才分配存储空间。由于枚举变量的类型就是整数，而且某一时刻，它的取值只能是多个枚举常量对应序号的其中一个，所以一个枚举类型变量占用的内存空间与 int 类型相同。

⑥ 枚举常量可直接赋给枚举变量，但它无法通过 scanf()函数从键盘输入到相应的变量中，只能先用 scanf()函数输入序号，再间接地转换赋值。此外，枚举变量的值只可按整型数打印输出，如 "printf("%d", workday);"，而要直接输出枚举常量的相关字符串信息，应该用 switch 语句或 if 语句处理。

【例 8-17】 口袋中有红、黄、蓝、白、黑 5 种颜色的球若干个。每次从口袋中先后取出 3 个球，问得到 3 种不同颜色的球的可能取法，输出每种排列的情况。

分析：

用穷举法，设置三重循环，当外循环、中循环、内循环的值都不同时，说明取到的球的颜色都不同。

程序代码如下。

```c
#include <stdio.h>
enum Color{red,yellow,blue,white,black};

//输出颜色
void print_color(enum Color pri)
{
    switch (pri)
    {   case red: printf("%-10s","red"); break;
        case yellow:printf("%-10s","yellow"); break;
        case blue: printf("%-10s","blue");break;
        case white: printf("%-10s","white"); break;
        case black: printf("%-10s","black"); break;
    }
}

int  main()
{
    enum Color i,j,k ;
    int n=0;
    for (i=red;i<=black;i++)
      for (j=red;j<=black;j++)
        if (i!=j)
        { for (k=red;k<=black;k++)
          if ((k!=i) && (k!=j))
          {   n=n+1;
              printf("%-4d",n);
              print_color(i);
              print_color(j);
              print_color(k);
              printf("\n");
          }
        }
    printf("\ntotal:%5d\n",n);
    return 0;
}
```

程序运行结果的部分截图如图 8-25 所示。

```
49 black    red     yellow
50 black    red     blue
51 black    red     white
52 black    yellow  red
53 black    yellow  blue
54 black    yellow  white
55 black    blue    red
56 black    blue    yellow
57 black    blue    white
58 black    white   red
59 black    white   yellow
60 black    white   blue

total:  60
```

图 8-25　取彩票程序运行截图

8.6　用 typedef 定义类型

C 语言允许在程序中用 typedef 来定义新的类型名来代替已有的类型名。

（1）用一个新的类型名代替原有的类型名

例如

```
typedef  int  INTEGER;
INTEGER  a,b;
```

相当于

```
int  a,b;
```

（2）用一个简单的类型名代替复杂的类型

① 定义一个类型名代替一个结构体类型，例如

```
typedef  struct
{   char  name[20];
    long  num;
    float score;
}STUDENT;
```

定义了一个类型名 STUDENT，然后可以用 STUDENT 定义变量了，例如

```
STUDENT student1,student2,*p;
```

② 命名一个新的类型名代表数组类型，例如

```
typedef  int COUNT[20];
typedef  char NAME[20];
COUNT  a,b;
NAME   c,d;
```

相当于

```
int  a[20],b[20];
char  c[20],d[20];
```

③ 命名一个新的类型名代表一个指针类型，例如

```
typedef char *STRING;
STRING p1,p2,p[10];
```

相当于

```
char * p1,*p2,*p[10];
```

④ 命名一个新的类型名代表指向函数的指针类型，例如

```
typedef int (*Pointer)();
Pointer p1,p2;
```

归纳起来，定义一个新的类型名的步骤如下。

① 先按定义变量的方法写出定义体，例如 int i。

② 将变量名换成新的类型名，例如将 i 换成 Count。

③ 在最前面加 typedef，例如 typedef int Count。

④ 用新类型名 Count 去定义变量。

再给出个例子，操作步骤如下。

① 先按定义数组变量形式书写，如 int a[100]。

② 将变量名 a 换成自己命名的类型名，如 int Num[100]。

③ 在前面加上 typedef，得到 typedef int Num[100]。

④ 定义变量，如 Num a; 相当于定义了 int a[100]。

说明：

① typedef 实际上是为特定的类型指定了一个同义字（synonyms）。例如

```
typedef int Num[100];
```

Num 是 int [100]的同义词。

② 用 typedef 只是对已经存在的类型指定一个新的类型名，而没有创造新的类型。

③ 用 typedef 声明数组类型、指针类型、结构体类型、共用体类型、枚举类型等，使得编程更加方便。

④ 当不同源文件中用到同一个类型数据时，常用 typedef 声明一些数据类型。可以把所有的 typedef 名称声明单独放在一个头文件中，然后在需要用到它们的文件中用#include 指令把它们包含到文件中。这样编程者就不需要在各文件中自己定义 typedef 名称了。

⑤ 使用 typedef 名称有利于程序的通用与移植。有时程序会依赖于硬件特性，用 typedef 类型便于移植。

8.7 综 合 案 例

【例 8-18】 抢红包程序。老师要给学生发红包，10 个学生信息保存在文本文件

student.txt 中，内容如下。

10160001，史贵元，测仪152

10160002，田子蕾，测仪151

10160003，朱欣怡，测仪151

10160004，郎凯琪，测仪151

10160005，王若水，测仪151

10160006，丁雪晴，测仪151

10160007，范柳伊，测仪151

10160008，王鑫，测仪151

10160009，王华，测仪151

10160010，王榷阳，测仪151

（1）平均红包，用结构体数组实现。

分析：

① 定义一个结构体数组存储学生信息。

```
struct  stu{
    char id[10];
    char name[20];
    char major[20];
    int flag;
    float money;
}stu_list[10];
```

其中，flag 值为 0 或 1，0 为未抽到红包，1 为已抽到红包，money 为抽到的红包金额。

② 要求老师输入预算和人数，并且计算平均红包的金额。

```
money=total/num;
```

③ 以只读方式打开文件，从文件中读取学生信息，并且存入结构体数组中。初始状态为未抽到红包，数组元素的 flag 值为 0，红包值为 0。

```
for(i=0;!feof(fp);i++)
{
    fscanf(fp,"%[^,],%[^,],%[^\n]\n",stu_list[i].id,
    stu_list[i].name,stu_list[i].major);
    stu_list[i].flag=0;
    stu_list[i].money=0;
}
fclose(fp);
```

④ 生成 num 个 0～9 的随机数代表抽到红包的同学序号。

```
srand((unsigned)time(NULL));
for(i=0;i<num;i++)
{
```

```
        tmp_id=rand()%10;
        while (stu_list[tmp_id].flag==1)  tmp_id=rand()%10;
            stu_list[tmp_id].flag=1;
        stu_list[tmp_id].money=money;
        printf("%d\t%s\t%s\t%s\t%.2f\n",i,stu_list[tmp_id].id,
        stu_list[tmp_id].name,stu_list[tmp_id].major,stu_list[tmp_id].money);
    }
```

这段程序中，语句

```
    srand((unsigned)time(NULL));
```

是随机数种子，目的是为了每次运行能产生不同的随机数，要求有头文件 time.h 的支持；而循环

```
    while (stu_list[tmp_id].flag==1)  tmp_id=rand()%10;
```

是剔除已经获得红包的同学，避免一个同学获取多个红包。

程序代码如下。

源代码：
例 8-18A

```
#include <stdio.h>
#include <stdlib.h>
#include <time.h>
int main()
{
    struct  stu{
        char id[10];
        char name[20];
        char major[20];
        int flag;
        float money;
    }stu_list[10];
    int i=0,tmp_id,num;
    float total,money;
    FILE *fp=fopen("student.txt","r");
    printf("输入总钱数:\n");
    scanf("%f",&total);
    printf("输入红包数量:\n");
    scanf("%d",&num);
    money=total/num;
    for(i=0;!feof(fp);i++)      //从文件中读取学生信息并且存入结构体数组中
    {
        fscanf(fp,"%[^,],%[^,],%[^\n]\n",stu_list[i].id,stu
        _list[i].name,stu_list[i].major);
        stu_list[i].flag=0; //初始状态为未抽到红包
        stu_list[i].money=0;
    }
```

```
    fclose(fp);
    srand((unsigned)time(NULL));
    for(i=0;i<num;i++)
    {
        tmp_id=rand()%10;
        while (stu_list[tmp_id].flag==1)  tmp_id=rand()%10;
        stu_list[tmp_id].flag=1;
        stu_list[tmp_id].money=money;
        printf("%d\t%s\t%s\t%s\t%.2f\n",i,stu_list[tmp_id].id,stu_list
        [tmp_id].name,stu_list[tmp_id].major,stu_list[tmp_id].money);
    }
}
```

（2）平均红包，用链表实现
程序代码如下。

源代码：
例8-18B

```
int main()
{
    struct  stu{
        char id[10];
        char name[20];
        char major[20];
        int flag;
        float money;
        struct stu * next;
    };
    int i=0,j=0,tmp_id,num;
    float total,money;
    struct stu *head=NULL,*rear=NULL,*p;
    FILE *fp=fopen("student.txt","r");
    printf("输入总钱数:\n");
    scanf("%f",&total);
    printf("输入红包数量:\n");
    scanf("%d",&num);
    money=total/num;
    for(i=0;!feof(fp);i++)          //从文件中读取学生信息并且存入链表中
    {
        p=(struct stu *) malloc(sizeof(struct  stu));
        fscanf(fp,"%[^,],%[^,],%[^\n]\n",p->id,p->name,p->major);
        p->flag=0;
        p->money=0;
        p->next=NULL;
        if(i==0){ head=p;rear=p;} //head 为链表头指针，rear 为链表尾指针
        else {rear->next=p;rear=p;}
```

```
    }
    fclose(fp);
    srand((unsigned)time(NULL));
    for(i=0;i<num;i++)
    {
        tmp_id=rand()%10;
        p=head;j=0;
        while(j<tmp_id) { p=p->next; j=j+1;}//查找第 tmp_id 个结点
        printf("%d\t%s\t%s\t%s\t%.2f\n",i,p->id,p->name,p->major,
        p->money);
    }
}
```

相比结构体数组，链表解决了学生数目不确定的情况，支持插入任意多个学生，同时提高了内存的利用率，但是其无法像结构体数组那样可以根据数组下标来进行随机存取。

这个程序还有一个不足之处是，无法避免一个同学获得多个红包，因为循环产生的 **tmp_id** 可能相同。如何修正这个不足，请读者考虑。

（3）随机红包，用结构体数组实现

算法步骤和平均红包相似，不同之处在于随机红包的生成。

```
safe_total=(total-(num-i)*min)/(rand()%(num-1)+1);
money=(float)(rand()%((int)(safe_total*100)))/100+min;
```

程序代码如下。

```
#include <stdio.h>
#include <stdlib.h>
#include <time.h>
#define N 20
struct  stu
{
    char id[10];
    char name[20];
    char major[20];
    int flag;
    float money;
};

int read(struct stu stu_list[])
{
    int student_num=0,i;
    FILE *fp=fopen("student.txt","r");
    for(i=0;!feof(fp);i++)       //从文件中读取学生信息并且存入结构体数组中
    {
```

源代码：
例 8-18C

```
        fscanf(fp,"%[^,],%[^,],%[^\n]\n",stu_list[i].id,stu_list[i].
        name,stu_list[i].major);
        student_num=student_num+1;
    }
    fclose(fp);
    return student_num;
}


void rand_money(int student_num,struct stu stu_list[])
{
    int i=0,tmp_id,num;
    float total,money,safe_total,min=0.01,max=0;
    printf("输入总钱数:\n");
    scanf("%f",&total);
    printf("输入红包数量:\n");
    scanf("%d",&num);
    money=total/num;
    srand((unsigned)time(NULL));
    safe_total=(total-(num-i)*min);
    for(i=0;i<num;i++)
    {
        if(i!=num-1)        //前 num-1 个红包
        {
            safe_total=(total-(num-i)*min)/(rand()%(num-1)+1);
            money=(float)(rand()%((int)(safe_total*100)))/100+min;
            total=total-money;
        }
        else
            money=total;                        //最后一个红包
            tmp_id=rand()%student_num;
            while (stu_list[tmp_id].flag==1)  tmp_id=rand()%10;
                                                //避免一个同学获得多个红包
            stu_list[tmp_id].flag=1;
            stu_list[tmp_id].money=money;
    }
}


void print(int student_num,struct stu stu_list[])
{
    int i, max_id;
    float max=0;
    for(i=0;i<student_num;i++)
```

```
        if(stu_list[i].flag==1)                //获得红包的同学
        {
        printf("%s\t%s\t%s\t%6.2f\n",stu_list[i].id,stu_list[i].name,
            stu_list[i].major,stu_list[i].money);
            if(max<stu_list[i].money)   //查找最大红包
            {
                max=stu_list[i].money;
                max_id=i;
            }
        }
        printf("\n运气王是%s    %s\t%s\t 红包金额%.2f\n",
            stu_list[max_id].id,stu_list[max_id].name,
            stu_list[max_id].major,max);
}


int main()
{
    struct stu stu_list[N];
    int student_num;
    student_num=read(stu_list);
    rand_money(student_num,stu_list);
    print(student_num,stu_list);
}
```

运行结果如图 8-26 所示。

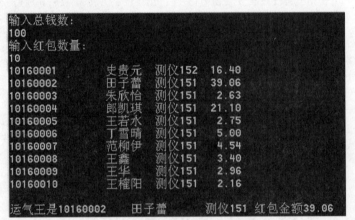

图 8-26　红包程序运行结果

编程经验：

　　本章中的好多个例子均采用了模块化程序设计的方法，将程序的功能分解到各个函数中实现，最后通过 main() 函数调用。当程序开始复杂、代码量变大时，模块化程序设计能够让程序结构清晰。如果发现某个部分有内容需要修改，只需修改有关段落即可，与其他部分无关。模块化设计的思想实际上是一种"分而治之"的思想，把一个大任务分为若干个子任务，每一个子任务相对简单。划分子模块时应注意模块的独立性，即一个模块完成一个功能，模块间的耦合性越少越好，子模块代码一般不超过 50 行。

小　结

① 本章介绍了结构体、共用体、枚举类型 3 种用户构造的数据类型。

② 结构体是将不同类型的数据成员组织在一起形成的数据结构，适合于对关系紧密、逻辑相关、具有相同或不同属性的数据进行处理。

③ 共用体是将逻辑相关、情形互斥的不同类型的数据组织在一起形成的数据结构，每一时刻只有一个数据成员起作用。

④ 枚举类型是将所有可能的取值以标识符形式一一列举出来。

⑤ 单链表是结构体结合指针的一种应用，常见动态数据结构之一，其显著优点是可以根据需要动态分配和释放内存单元。

习　题　8

一、选择题

1. 变量 a 所占的内存字节数是（　　　）。
```
struct stu
{ char name[20];
  long int n;
  int score[2];
} a ;
```
　　A. 28　　　　　　　　B. 30　　　　　　　　C. 32　　　　　　　　D. 36

2. 若有以下说明和定义语句，则变量 w 在内存中所占的字节数是（　　　）。
```
union  aa
{    float  x;
     float  y;
     char  c[6];
};
struct  st
{  union  aa  v;
   float  w[5];
   double  ave;
```

```
}w;
```
　　A. 42　　　　　　　B. 34　　　　　　C. 30　　　　　　D. 26

3. 若有如下定义，则对 data 中的 a 成员的正确引用是（　　）。

```
struct  sk
{   int  a;
    float  b;
}data, *p=&data;
```
　　A. (*p).data.a　　　B. (*p).a　　　C. p->data.a　　　D. p.data.a

4. 设有定义语句

```
struct
{   int x;
    int y;
}d[2]={{1, 3}, {2, 7}};
```

则 printf("%d\n", d[0].y/d[0].x*d[1].x); 的输出结果是（　　）。

　　A. 0　　　　　　　B. 1　　　　　　C. 3　　　　　　D. 6

5. 以下程序运行后的作用是（　　）。

```
struct HAR
{ int x;
  int y;
  struct HAR *p;
} h0,h1,h2,*h;
int  main()
{   h0.x=1;    h0.y=2;
    h1.x=3;    h1.y=4;
    h2.x=5;    h2.y=6;
    h0.p=&h1;  h1.p=&h2;
    h2.p=h0.p;  h=&h0;
}
```

　　A. 建立一个单向链表　　　　　B. 建立一个首尾相接的循环链表

　　C. 不能建立链表　　　　　　　D. 以上说法都不对

二、编程题

1. 一个通讯录由以下几个数据项组成。

数据项	类型
姓名	字符串
地址	字符串
邮编	字符串
电话	字符串

试定义通讯录类型和定义通讯录变量，并编写 main 函数输入通讯录信息和输出通讯录信息。

2．试定义结构体类型，该结构体表示一张扑克牌。结构体包含两个成员：牌的面值和牌的花色。利用该结构类型定义一个结构体数组变量，然后编写函数，实现洗牌功能。

3．建立有 10 个学生信息的结构体（每个学生的信息包括学号、姓名、C 语言成绩），编写程序实现计算平均分和对成绩进行排序的功能。

4．续例 8-1，学生成绩保存在文件 score_list.txt 中，计算学生的平均绩点，并将结果保存在文件 GPA.txt 中，用单链表实现。

9 指针

指针是 C 语言的一个重要特色，C 语言因为有了指针而更加灵活和高效，很多看似不可能的任务都是由指针完成的。我们在前面的章节已经学习到可以通过指针来操作某些不能被直接访问的数据；能够通过指针来实现调用一次函数得到多个结果；能够通过指针来进行计算机的动态内存分配；能够通过指针来处理复杂的数据结构。这一章中将继续学习体会指针的强大功能和独特魅力。

9.1 指针解决的问题

究竟什么是指针呢？通过下面这个例子来做个类比。

C 语言中访问变量和数组的一种方法是通过它们的名字来直接访问的，这类似于按照实验室名字找到对应的实验室上机。而除了直接按照实验室的名字查找外，还可以按照实验室所在的编号来查找（如图 9-1 所示），这就类似于 C 语言中通过指针来间接访问变量。

图 9-1　找到实验室的两种方法示例

也就是说，C 语言提供另外一种访问数据的方式，即通过指针来存储数据在内存中的地址，再通过指针来间接访问数据。

使用指针的优点如下。

① 在函数调用时，如果需要传输大量参数，可以使用指针传递那些参数所在的内存地址，而不是直接复制那些参数值并代入函数，既提高传输速度，又节省大量内存。

　　② 在需要重复操作数据时，可以使用指针访问那些数据所在的内存地址，从而明显改善程序的读写性能，例如在遍历字符串、查取表格及操作树状结构时。

　　③ 字符串指针是使用最方便，且最常用的，能够使用指针直接传输整个字符串。

　　④ 在数据结构中，链表、树、图等大量应用的实现都离不开指针。

　　指针的上述优点归根结底是因为可以通过指针来直接控制内存。但这也是一把双刃剑，指针控制得不好有可能会导致错误的程序结果，甚至让整个程序崩溃。

　　要深刻理解指针，首先要理解变量、内存单元和内存地址之间的关系。

9.2　变量的内存地址

　　内存是冯·诺依曼结构计算机的五大部件之一，通过前面章节的学习已经知道，运行 C 语言程序时，编译链接过的代码和数据都是被存储在计算机内存里的。

　　内存以字节为基本的存储单元，整个内存就是由很多排列整齐的字节组成。操作系统给每个字节都编有一个唯一的编号，这个编号称为内存单元的地址，这个地址的分配是连续的，从最小 0 到最大值。这就类似于宾馆每个房间都有一个房间号，也类似于 Excel 中的每一个单元格都有一个唯一的标识，如图 9-2 所示，选中单元格的标识是 B3（就是用单元格所在的行列号进行标识，具有唯一性和连续性）。

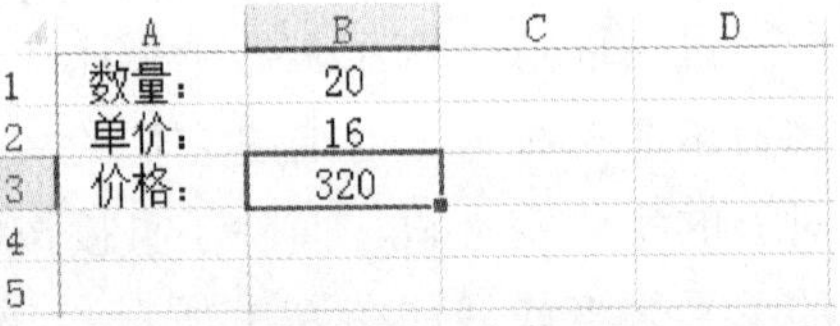

图 9-2　Excel 中的位置标识示意图

　　C 语言的每一个变量都储存在内存中，占用一定的数据空间，并分配内存地址。如图 9-3 所示，变量 i 为 short 类型，使用 16 位二进制表示，占用两个字节，假设分配内存地址 0x2000 和 0x2001，其中 0x2000 为地址中的"首"地址，0x2000 称为变量的地址，变量 i 的数值为十进制 1234，转化为二进制是 0000 0100 1101 0010，转化为十六进制是 0x04D2，存储在内存时，先存储低字节，再存储高字节（以 80x86 处理器的储存方式为例）。

　　变量 x 为 float 类型，使用 32 位二进制表示，占 4 个字节，分配首地址 0x2004，浮点数 0.123456 对应的 4 字节数据为 0x3DFCD680（略去具体的浮点数与二进制的转换关系）。字符数组 s 有 4 个元素，每个元素占 1 个字节，分配地址为 0x2008，各地址数据对应的字符依次为'A'、'b'、'c'和'\0'，组成字符串"Abc"。指针变量 p 指向短整型变量 i，指针 p 本身占 4 个字节，分配地址 0x200C，指针 p 的数值为 0x00002000，等于变量 i 的首地址，称指针 p 指向 i。

C 变量示例	（首）地址示例	字节	数值
short i=1234;	**0x2000**	0xD2	1234
	0x2001	0x04	(0x04D2)
float x=0.123456;	**0x2004**	0x80	0.123456
	0x2005	0xD6	
	0x2006	0xFC	(0x3DFCD680)
	0x2007	0x3D	
char s[4]="Abc";	**0x2008**	0x41	"Abc"
	0x2009	0x62	
	0x200A	0x63	('A','b','c',\0)
	0x200B	0x00	
short *p=&i;	**0x200C**	0x00	&i
	0x200D	0x20	
	0x200E	0x00	(0x00002000)
	0x200F	0x00	

图 9-3 变量内存地址示意图

9.3 指针基础知识汇总

指针变量是专门用于存放内存地址的变量。前述章节中已经介绍过如何利用指针间接访问它指向的变量或者数组，指针作为函数参数或函数返回值有什么特殊作用，以及如何将结构体、指针、动态内存分配融合在一起实现较复杂的数据结构，如链表等。

1. 指针变量

（1）什么是指针变量

一个变量在内存中存储的首地址称为该变量的指针，同时称指针指向该变量。值为指针的变量称为指针变量。

（2）指针变量的定义

格式：数据类型名 *指针变量名[=初值]，…；

示例：int *p;

功能：定义变量 p 是一个指针，p 将指向一个 int 类型的变量（p 的值是一个 int 类型变量的首地址）。

（3）取地址运算符与取值运算符

① 取地址运算符（&）。对常规变量取址，获得指向该变量的指针。

② 取值运算符（*）。对指针变量或指针表达式取值，获得指针所指变量的值。

示例：通过指针方式实现 y=x，程序代码如下。

```
int x, y, *p, *q;        //定义 x 与 y 为整型变量，p 与 q 为指针变量
```

```
p = &x;                        //指针 p 指向 x（将 x 的首地址赋值给 p）
q = p;                         //指针 q 同样指向 x（指针 p 的指向赋值给 q）
y = *q;                        //x 的值赋值给 y（指针 q 所指 x 的值赋值给 y）
```

（4）注意事项

① 指针必须先指向某个变量，然后才能使用。

```
int x,*p; x = *p;              //在 C 语法上没有错误，但语义上存在问题
```

② 如果指针不指向任何变量，置该指针为 NULL，NULL 称为空指针。

```
int x,*p = NULL;               //指针初始化为空指针
                               //对指针 p 的赋值（略）
if (p!=NULL)                   //当指针是一个有效指针时
    x = *p;                    //指针所指的值赋值给 x
```

③ 指针通过 "==" 或 "!=" 判断是否指向同一个变量。

```
int x,*p = &x;                 //定义变量 x 和指针 p
if (p==&x)                     //判断指针变量 p 与指针表达式 &x 是否指向同一个变量
    x = *p+1;                  //变量 x 增加 1，等价于 (*p)++、x++、*p=x+1 等
```

④ 如果指针指向单一变量（非数组），除赋值和取值运算外，只允许两个运算：==、!=。

```
int x,y,*p=&x,*q=&y;           //定义变量和指针，并初始化指针
//语法错误的表达式：p+q、p*q、p/q、2*p、p/2 等（指针不能直接进行乘、除、加运算）
//语义错误的表达式：p+1、p-q、p<q 等（p 与 q 指向同一个数组区域时才有意义）
```

⑤ 辨析指针定义的同时初始化

```
int n, *p=&n;                  //指针的初始化解析为 p=&n;而不是 *p=&n;
```

【例 9-1】 输入浮点数，输出其在内存中存储的 32 位二进制（以十六进制方式输出）。

分析：

浮点数为 float 类型，占 4 个字节，其首地址转换为长整型的首地址，取出长整型数并输出。

程序代码如下。

```c
#include <stdio.h>
int main()
{
    float x, *p = &x;          //定义浮点型变量及指针
    long n, *q;                //定义长整型变量与指针
    scanf("%f",&x);            //输入浮点数
    q = (long *)p;             //浮点指针转换为长整型指针
    n = *q;                    //取长整型指针所指数据
    printf("0x%08lX\n",n);     //以 8 位十六进制方式输出
    return 0;
}   //输入 0.123456，输出 0x3DFCD680
```

运行结果如图 9-4 所示。

```
0.123456
0x3DFCD680
```

图 9-4 浮点数二进制存储的运行结果

2. 指向数组元素的指针

（1）指针指向数组的一个元素，基于指针的各种表达式

示例：定义 int a[10],i,*p=&a[0];后，指针 p 指向 a[0]，围绕 p 的各种表达式如下。

```
p+i              //指向 a[i]的指针（p 指向 a[0]，则 p+i 指向 a[i]）
*(p+i)           //取 a[i]的值（p+i 指向 a[i]，则*(p+i)等同于 a[i]）
p[i]             //取值运算的下标表示法（等同于*(p+i)和 a[i]）
&p[i]            //对 a[i]取地址（等同于 p+i 和&a[i]）
```

（2）数组名作为指针常量（指向数组首元素）

示例：定义 int a[10];后，数组名 a 作为指针常量（表达式 a 作为指向 a[0]的指针）

```
a+i              //指向 a[i]的指针（a 指向 a[0]，则 a+i 指向 a[i]）
*(a+i)           //取指针 a+i 所指的值（等同于 a[i]）
a[i]             //常规数组元素访问
&a[i]            //取数组元素的地址
```

（3）注意事项

① 指针指向数组时，数组元素有多种访问方式，例如

```
int a[10], *p = &a[0];
//访问元素 4 种表达式：a[i]、*(p+i)、*(a+i)、p[i]
//元素地址 4 种表达式：&a[i]、p+i、a+i、&p[i]
//元素递增表达式示例：a[i]++、*(p+i)=a[i]+1、++p[i]
//下标运算[]与取值运算*等价，&与[]、&和*可以相互抵消
```

② 指针指向数组时，允许的其他运算符，例如

```
int a[10], i, *p = &a[0], *q = &a[2]; //当指针指向数组元素时
//允许指针±整数：p+i、p-i、p++、++p、p--、--p
//允许指针-指针：p-q、q-p
//   例如 q-p 结果为 2：q 等同 a+2，p 等同 a，则 q-p 等于 2
//判断指针大小：p<q、p<=q、p>q、p>=q、p==q、p!=q
//   例如 p<q 成立：p 指向 a[0]，q 指向 a[2]，p 所指排在 q 所指的前面
```

③ 特殊情况下，允许下标取负值，例如

```
int a[10], *p = a, *q = a+2;
//访问 a[0]的 6 种表达式：a[0]、*a、p[0]、*p、q[-2]、*(q-2)
```

【例 9-2】 用指针完成数组的逆序输出。

分析：

使用指针实现数组的循环遍历，先从前到后输入，再从后到前输出。

程序代码如下。

```
#include <stdio.h>
int main()
{
    int a[10], *p;               //定义数组及指针
    for (p=a; p<a+10; p++)       //指针从前向后遍历
        scanf("%d",p);           //逐个输入数组元素
```

源代码：
例9-2

```
    for (p=a+9; p>=a; p--)          //指针从后向前遍历
        printf("%d ",*p);           //逐个输出数组元素
    return 0;
}
```

运行结果如图 9-5 所示。

```
1 2 3 4 5 6 7 8 9 10
10 9 8 7 6 5 4 3 2 1
```

图 9-5 数组逆序的运行结果

3. 指针与字符串

（1）字符串输入基本方法

① 在输入前准备好一个足够"大"的字符数组，例如

```
char str[80];               //不论输入字符有多少，数组长度最好 80 或 80 以上
```

② 输入一行字符串（行），例如

```
//按"行"输入，允许输入空行（直接回车）
gets(str);                  //输入一行字符串，以回车为结束符
```

③ 输入一个字符串（词），例如

```
//按"词"输入，允许一行多词，也可以过滤前导多余的空白行
scanf("%s",str);            //输入一个字符串，以回车、空格、Tab 为串间分隔符
```

（2）字符串常量处理

① 在字符串初始化中应用，例如

```
char str[80] = "Hello";     //定义字符数组，初始字符串为 Hello
char *s = "Hello";          //字符指针 s 指向字符串 Hello
```

② 字符指针重新指向时应用，例如

```
char *s; s = "Hello";       //字符指针 s 指向字符串 Hello
```

③ 在函数中直接使用，例如

```
printf("%s Wang\n","Hello");
```

（3）字符串输出基本方法

① 输出一行字符串（输出串并换行），例如

```
char str[80], *s;           //略去对字符串 str 或 s 的赋值
puts(str); 或  puts(s);
```

② 输出一个字符串（按格式符输出串），例如

```
printf("%s",str); 或 printf("%s",s);
```

（4）字符串常用函数

```
//目标串、源串是字符数组、字符指针或字符串常量
#include <string.h>         //使用字符串函数应包含 string.h
strlen(字符串);             //返回字符串长度
strcpy(目标串,源串);        //复制源串到目标串上
strcat(目标串,源串);        //源串拼接到目标串末尾，形成一个更大的字符串
strcmp(串1,串2);            //比较串 1 与串 2 在字典中的顺序
                            //串 1 在前返回负数，串 1 在后返回正数，完全相同返回 0
```

（5）字符串处理基本方法

① 遍历字符串（输出字符串 str 中的小写字母），例如

```
char str[80]= "Hello", *s; int i;    //基本定义
//方法1：通过下标遍历
for (i=0; str[i]!= '\0'; i++)
    if (str[i]>= 'a' && str[i]<='z')
        putchar(str[i]);
//方法2：通过指针遍历
for (s=str; *s!= '\0'; s++)
    if (*s>= 'a' && *s<='z')
        putchar(*s);
//遍历时必须判断字符串结束符（'\0'）
```

② 生成字符串（产生26个大写字母的字符串），例如

```
char str[80], *s; int i,j;            //基本定义
//方法1：通过下标生成
for (i=0; i<26; i++)
    str[i] = 'A' + i;
str[i] = '\0';
//方法2：通过指针生成
for (s=str, i=0; i<26; i++)
{
    *s = 'A' + i;
    s++;
}
*s = '\0';
//生成时必须在字符串末尾加上字符串结束符（'\0'）
```

（6）注意事项

① 字符串输入时数组空间太小会溢出，例如

```
char str[5];                          //数组长度不要太小
gets(str);                            //键盘输入"Hello"时溢出
```

② 字符串赋值应使用专用函数，例如

```
char strs[80], strt[80];
                    //目标串 strt 为字符数组，源串 strs 为字符数组或字符指针
//将字符串 strs 复制到（赋值给）strt
strt = strs;                          //错误，不能直接赋值
strcpy(strt,strs);                    //正确，调用专用函数
```

③ 字符串比较应使用专用函数，例如

```
char *s1, *s2;                        //字符数组或字符指针
//比较字符串 s1 和 s2 在字典中的顺序（如姓名排序时可应用到）
if ( s1 < s2 ) …                     //错误，不能直接比较
if ( strcmp(s1,s2) < 0 ) …           //正确，调用专用函数
```

④ 字符串初始化，例如

```
char str[80]="Hello";                 //正确，定义并初始化
char str[80];str="Hello";             //错误，不允许单独直接赋值
```

```
char str[80];strcpy(str,"Hello");    //正确，使用函数
char *s = "Hello";                   //正确，定义并初始化
char *s; s = "Hello";                //正确，先定义再重新指向
char *s; strcpy(s,"Hello");          //错误，指针 s 必须先指向某个字符数组
```

⑤ 区别字符串长度与字符数组长度，例如

```
char str[80]="Hello",*s=str;
strlen(str);                         //返回字符串长度，=5 个字符
sizeof(str);                         //返回字符数组空间大小，=80 个字节
strlen(s);                           //返回字符串长度，=5 个字符
sizeof(s);                           //返回字符指针空间大小，=4 个字节
```

⑥ 区别字符'\0'、'0'和 0，例如

```
'0'       //10 个数字字符中的第一个字符，char 类型，ASCII 编码为 48
'\0'      //一个特殊的字符，char 类型，ASCII 编码为 0，字符串结束专用字符
0         //一个整型常量，int 类型，二进制编码为 32 位 0
c - '0'   //变量 c 为字符类型，值为数字字符（'0'至'9'）时，从数字字符到整数
n + '0'   //变量 n 为整数类型，值为 1 位整数（0～9）时，从整数到数字字符
```

源代码：
例 9-3

【例 9-3】 输入一行字符串，按大写字母、数字字符分别提取，合并成新字符串并输出。

格式：[大写字母部分][数字字符部分]

分析：

定义输入串为 str 数组、大写字母串为 s1 数组、数字字符串为 s2 数组，遍历两次输入串，依次提取其中的大写字母和数字字符，分别生成在串 s1 和 s2 中。

程序代码如下。

```
#include <stdio.h>
int main()
{
    char str[80], s1[80], s2[80], *p, *q;
    gets(str);                              //输入 str 串
    for (q=s1,p=str; *p!='\0'; p++)         //遍历 str 串
        if (*p>='A' && *p<='Z')             //如果是大写字母
        {   *q = *p; q++;    }              //生成到 s1 串中
    *q = '\0';                              //生成串结束符
    for (q=s2,p=str; *p!='\0'; p++)         //遍历 str 串
        if (*p>='0' && *p<='9')             //如果是数字字符
        {   *q = *p; q++;    }              //生成到 s2 串中
    *q = '\0';                              //生成串结束符
    printf("[%s][%s]\n",s1,s2);             //按格式输出
    return 0;
}   //输入 Hello, 2017 Wang, 输出[HW][2017]
```

运行结果如图 9-6 所示。

```
Hello, 2017 Wang.
[HW][2017]
```

图 9-6　字符串提取的运行结果

4. 指针与函数

（1）传递单个变量的指针（授权让函数操作变量）

```
//传递单个变量指针的程序模板
func(int *p,...)        //形参为指针
{
    *p = ...             //函数中对*p的操作相当于对main中n的操作
}
int main()
{
    int n;
    func(&n,...);              //传递n的地址给func，同时授权func改变n的值
}
```

（2）传递数组到函数（授权让函数操作数组）

```
//数组元素累加（给定数组长度）并输出
int suma(int a[],int n)          //形参为数组名、数组长度
{
    int sum = 0, i;
    for (i=0;i<n;i++)            //遍历数组
      sum += a[i];              //函数中对a的操作等同于对main中a的操作
    return sum;
}
int main()
{
    int a[10]={10,20,30,40,50,60,70,80,90,100};
    printf("%d\n",suma(a,10));        //传递数组和长度
}   //输出550
```

（3）传递数组到函数（指针方式）

```
//数组元素累加（直至元素值<0）并输出
int sumx(int *p)                    //形参为指向数组的指针
{   //累加指针p开始的元素，直至元素值<0
    int sum = 0;
    for (;*p>=0;p++)                //遍历数组，元素<0为结束标志
      sum += *p;                   //函数中访问*p
    return sum;
}
int main()
{
    int a[]={10,20,30,40,50,-1};      //数组定义并初始化
    printf("%d\n",sumx(a));          //传递数组
}   //输出150
```

（4）函数返回指针

```
//数组元素查找（直至元素值<0）并返回找到元素的指针
int *find(int *p,int x)        //形参为指向数组的指针，返回类型也为指针
{
```

```
        for (;*p>=0;p++)                    //遍历数组，元素<0 为结束标志
            if (*p==x)                      //如果找到
                return p;                   //返回元素的指针
        return NULL;                        //如果没有找到，返回空指针
    }
    int main()
    {
        int a[]={10,20,30,40,50,-1};        //数组定义并初始化
        int *p = find(a,30);                //传递数组，查找数值 30
        printf("a[%d]\n",p-a);              //输出 30 所在的下标
    }   //输出 a[2]
```

（5）注意事项

① 区别传值与传址，例如

```
void swap1(int x,int y)
{ int t; t=x; x=y; y=t; }                   //交换 x 与 y
void swap2(int *p, int *q)
{ int *t; *t=*p; *p=*q; *q=*t;}             //交换*p 与*q
int main()
{
    int x=3, y=5;
    swap1(x,y);                             //调用函数，传递 x 和 y 的数值
    printf("x=%d, y=%d\n",x,y);             //输出 x=3, y=5（不能交换数据）
    swap2(&x, &y);                          //调用函数，传递 x 和 y 的地址
    printf("x=%d, y=%d\n",x,y);             //输出 x=5, y=3（实现了交换数据）
}
```

② 传递数组时，允许传递部分数组，注意边界，例如

```
//以上述 suma 函数的调用为例，通过实参设定实现部分和计算
suma(a,10)        //累加 a[0]至 a[9]，起始 a[0]，长度=10
suma(a,5)         //累加 a[0]至 a[4]，起始 a[0]，长度=5
suma(a+2,5)       //累加 a[2]至 a[6]，起始 a[2]，长度=5
suma(a+2,50)      //语法没有错误，运行错误，长度=50 超界
```

源代码：
例 9-4

【例 9-4】 输入 10 个成绩，排序后，输出前 3 名成绩。

分析：

数组的输入、输出、排序分别用函数实现，形参为指针或数组，实参为数组名。
程序代码如下。

```
#include <stdio.h>
void sca(int *p,int n)              //形参为指针
{
    int i;
    for (i=0; i<n; i++,p++)         //遍历数组
        scanf("%d",p);              //p 指向当前数组元素
}
void prt(int *p,int n)              //形参为指针
{
```

```
    int i;
    for (i=0; i<n; i++,p++)              //遍历
        printf("%d ",*p);               //p 指向当前数组元素
    printf("\n");
}
void sort(int a[],int n)                //形参为数组名
{
    int i, j, t;
    for (i=0; i<n-1; i++)
        for (j=0; j<n-1-i; j++)
            if (a[j]<a[j+1])            //从大到小排序
            { t=a[j]; a[j]=a[j+1]; a[j+1]=t; }
}
int main()
{
    int a[10];
    sca(a,10);                          //输入 10 个成绩
    sort(a,10);                         //10 个成绩进行排序
    prt(a,3);                           //输出前 3 位成绩
    return 0;
}   //输入 70 80 90 40 50 60 95 85 75 65，输出 95 90 85
```

运行结果如图 9-7 所示。

```
70 80 90 40 50 60 95 85 75 65
95 90 85
```

图 9-7　成绩前 3 名的运行结果

5. 指针与结构体
（1）定义结构类型

```
struct student                          //定义名为学生的结构体
{
    int num;                            //学号
    char name[10];                      //姓名
    int math,english,computer;          //3 门课程成绩
};
```

（2）定义结构体变量并初始化

```
struct student s1 = {1001,"ZhangSan",78,87,85};
```

（3）定义结构体指针

```
struct student *p;                      //定义结构体指针变量
p = &s1;                                //指针 p 指向结构体变量 s1
```

（4）访问结构体变量的数据成员

```
s1.num                                  //学生结构体 s1 的学号
(*p).num                                //指针 p 所指学生的学号
p->num                                  //指针 p 所指学生的学号
```

（5）结构体数组

```
struct student stu[100];        //定义结构体数组
p = &stu[0];                    //指针 p 指向结构体数组
stu[i].num                      //学生 stu[i]的学号
(p+i)->num                      //学生 stu[i]的学号
```

（6）结构体指针和函数

```
func(struct student *p)         //传递结构体指针
func(struct student stu[])      //传递结构体数组
struct student *func(...)        //返回结构体指针
```

9.4 特 殊 指 针

微视频：
指针数组

9.4.1 指针数组

当需要使用多个同类型的指针时，可以用一个指针数组来统一管理。指针数组也是一种数组，只是指针数组的每个数组元素都是指针变量。指针数组的定义格式为

类型名 *指针数组名[数组长度]；

例如

```
char *pname[10];
```

定义了一个指针数组 pname，此数组的每一个元素 pname[0]～pname[9]都是一个字符型的指针，可以用来指向某个字符串。

指针数组也可以初始化，例如

```
char *pname[ ] = {"Zhao", "Qian", "Sun", "Li", "Zhou", "Wu",
                  "Zheng", "Wang", "Feng", "Chen"};
```

就定义了一个指针数组 pname，并用多个姓名字符串常量对指针数组进行初始化，那么指针数组的每个指针都指向一个字符串常量，如图 9-8 所示。

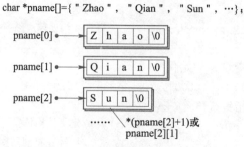

图 9-8 指针数组的初始化示例

基于上述初始化，pname[2]指向"Sun"字符串的首字符（即字符 S），那么 pname[2]+1 就指向下一个字符 u，*(pname[2]+1)就是访问字母 u。或者根据指针表示数组元素的等价性，pname[2]是字符串"Sun"的首地址，看成是数组名，那么

pname[2][1]也可以访问字母 u。

基于上述初始化，如下代码可以使用指针数组打印出多个字符串。

```
for(i = 0; i < 10; i++)
    printf("%s ", pname[i]);  /*pname[i]是每个字符串的首地址*/
```

多个字符串可以采用二维的字符数组来处理，其中每一行可以存储一个字符串；也可以采用字符型的指针数组来处理，指针数组的每一个元素都指向一个字符串，这样的方式更为灵活和高效。

【例 9-5】 人名按字典顺序排序。

分析：

由于存放不同人名的字符串的实际长度不同，为了提高存储效率，同时也为了避免通过字符串复制函数反复交换字符串内容而使程序执行的速度变慢，本例中考虑用指针数组来存储若干字符串。即建立一个字符型的指针数组，该数组的每一个元素都用来存放一个字符串（人名）的首地址。当需要交换两个字符串时，只需交换指针数组相应两个元素的内容（地址）即可，而不必交换字符串本身。本例利用前面第 6 章介绍过的排序算法实现对若干字符串的排序。

源代码：
例9-5

程序代码如下。

```
#include <stdio.h>
#include <string.h>
#define N 10
int  main()
{
    char *name[] = { "Tom", "Jane", "Alexander", "Dennis", "Sue",
                     "David", "Rose", "Jeffery", "Linda", "Mary" };
        /*初始化后，指针数组的每个元素都指向一个人名字符串常量*/
    char *pt;
    int i,j,k;
    for(i=0;i<N-1;i++)
    {
        k=i;
        for(j=i+1;j<N;j++)
            if(strcmp(name[k],name[j])>0)
                k=j;
        if(k!=i)
        {
            pt=name[i];
            name[i]=name[k];
            name[k]=pt;
        }
    }
    for(i=0;i<N;i++)
        puts(name[i]);
    return 0;
}
```

程序运行结果如图 9-9 所示。

图 9-9　字典排序的运行结果

9.4.2　二级指针

　　如果一个指针变量存放的是另一个指针变量的地址，则称这个指针变量为二级的指针变量，也称为指向指针的指针。

二级指针变量定义的一般形式为

类型名 **指针变量名;

例如

```
char *pname[ ] = {"Zhao", "Qian", "Sun", "Li", "Zhou", "Wu","Zheng",
                 "Wang", "Feng", "Chen"};/*定义指针数组 pname 并且初始化*/
char **p2;    /*p2 是一个二级指针，它可以指向另一个字符指针*/
p2=pname;  /*p2 赋值为指针数组名 pname，p2 的值就是指针数组首元素 pname[0]的
           /*地址也称 p2 指向 pname[0]*/
```

则内存指向如图 9-10 所示。基于此指向图和上一小节指针数组里的知识，
*(pname[2]+1)或 pname[2][1]可以访问字符 u。那么定义了二级指针 p2 并且赋值为
pname 后，p2[2][1]或*(*(p2+2)+1)也可以访问字符 u。具体原因如下。

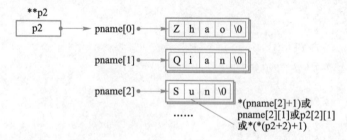

图 9-10　二级指针的初始化示例

　　p2 的值是 pname，那么 p2[2]就是 pname[2]，p2[2][1]就等价于 pname[2][1]，就是访问字符 u。另一种等价表示法为，p2 指向 pname[0]，p2+1 指向 pname[1]，p2+2指向 pname[2]，*(p2+2)就是 pname[2]，所以*(*(p2+2)+1)就等价于*(pname[2]+1)，就是访问字符 u。

　　基于上述定义和初始化，如下代码即可以使用二级指针 p2 打印出多个字符串。

```
for(i = 0; i < 10; i++)
    printf("%s ",*(p2+i));  /*p2+i 指向 pname[i]，*(p2+i)就是 pname[i]*/
```
二级指针通常作为函数参数来使用。

【例 9-6】 将 5 个颜色字符串排序，将多字符串排序的功能用函数来实现。

源代码：
例9-6

```
#include <stdio.h>
#include <string.h>
#define N 5
void fsort(char *color[ ], int n);
int main(void)
{
    int i;
    char *pcolor[] = {"red", "blue", "yellow", "green", "purple"};
        /*初始化后，指针数组的每个元素都指向一个字符串常量*/
    char **p2=pcolor;
        /*二级指针 p2 的值为指针数组名 pcolor，即 p2 指向 pcolor[0]*/
    fsort(p2, N);   /*二级指针作为实参调用函数 */
    for(i=0;i<N;i++)
        puts(pcolor[i]);
    return 0;
}


void fsort(char *color[], int n)     /*指针数组名作为形参*/
{
    int i, j;
    char *temp;
    for(i=1;i<n;i++)
      for(j=0;j<n-i;j++)
        if(strcmp(color[j],color[j+1])>0)
        {
          temp=color[j];
          color[j]=color[j+1];
          color[j+1]=temp;
        }
}
```

程序运行结果如图 9-11 所示。

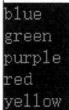

图 9-11 颜色排序的运行结果

上例定义了一个指针数组 pcolor,此数组的每一个元素都是一个字符型的指针,并用多个字符串常量对指针数组进行初始化,那么指针数组的每个指针都指向一个字符串常量。排序函数 fsort 用指针数组名作为形参,函数调用时用一个指向 pcolor 的二级指针作为实参,那么函数内获得了指针数组 pcolor 的首地址,可以在函数内访问修改指针数组 pcolor 的每个元素,即取出每个颜色字符串常量的地址进行排序,排序后的结果是 pcolor[0]指向最小的字符串,pcolor[1]指向次小的字符串,依此类推。

微视频:
指向一维数组的
指针

9.4.3　指向一维数组的指针

前面介绍过了如何通过指针来访问一维数组,那么如何用指针来访问二维数组呢?下面先来回顾一下二维数组在内存中是如何存放的。

二维数组是连续存放在一块内存区域的,各个元素在内存中首先"按行"存放,即一行元素存储完毕之后再存储下一行元素;而每行的元素按照列下标的递增来逐个存放。C 语言允许把一个二维数组看为两重一维数组来处理。如果有数组定义"int a[3][4];",那么可以将这个二维数组看为是包含了 3 个元素,即 a[0],a[1],a[2]的一维数组,而每一个数组元素 a[i](i=0,1,2)又是一个一维数组,含有 4 个元素。例如,a[0]数组含有 a[0][0],a[0][1],a[0][2],a[0][3]四个元素,a[1]和 a[2]数组也同理,如图 9-12 所示,其中虚线框内的为虚拟的数组,只是为了表示方便,并不真实存在。

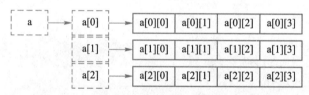

图 9-12　指向一维数组的指针示例

其中,a 是二维数组名,它指向二维数组的 a[0]行。而 a+1 并非是增加 1 个字节,而是会跨越二维数组的一行,指向 a[1]行,因此 a 是一个行指针。

对 a 取*的意义是,*a 指向 a[0]行第一个元素;*(a+1)指向 a[1]行的第一个元素;*(a+1)+1 指向 a[1]行的第二个元素;因此*(*(a+1)+1)就是 a[1]的第二个元素 a[1][1]。可见,a[i][j] 与*(*(a+i)+j)是等价的。

由此可见,二维数组名是一个行指针常量,如要将二维数组名赋给一个指针,那么这个指针的类型必须是指向一维数组的指针,也称为行指针。

指向一维数组的指针变量的定义格式为

数据类型　(*指针变量名) [常量表达式]

其中常量表达式的值等于所指向的一维数组的元素个数。例如

```
int a[3][4];int (*p)[4];//定义一个行指针 p,能指向含有 4 个元素的一维数组
p=a;                    //将该二维数组的首地址赋给 p,p 指向 a[0]行
p++;                    //该语句执行过后,也就是p=p+1;p跨过行 a[0],指向行 a[1]
```

那么 p+i 则指向一维数组 a[i]。从前面的分析可得出*(p+i)+j 是二维数组 i 行 j 列的元素的地址，而*(*(p+i)+j)则是 i 行 j 列元素的值。

要通过行指针变量 p 遍历二维数组（行长为 M，列长为 N）的操作语句为

```
for (i=0; i<M; i++)
    for (j=0; j<N; j++)
        printf("%d",*(*(p+i)+j));
```

【例 9-7】 建立一个 3×4 的矩阵，使各元素的值为 1~12 的整数，再调用函数完成二维数组的输出。

程序代码如下。

```
#include <stdio.h>
#define M 3
#define N 4
void prt(int (*pa)[N],int m)   //形参是指向一维数组的指针
{
    int j;
    int (*p)[N];
    for( p=pa; p<pa+m; p++)
    {
        for(j=0; j<N; j++)
            printf( "%4d", *(*p+j));
/*p 每次指向一行，操作完这行后++指向下一行,这里的*(*p+j)等价于 a[i][j]*/
        printf("\n");
    }
}
int main()
{
    int i, j, k=1, a[M][N];
    for(i=0; i<M; i++)
        for(j=0; j<N; j++)
            a[i][j]=k++;                //赋初值
    prt(a,M);                          //实参是二维数组名 a
    return 0;
}
```

源代码:
例9-7

9.4.4　函数指针

程序运行时的数据和代码都是保存在内存里的，因此一个函数也会在内存中占据一片连续的存储单元，其中第一条执行指令所在的位置称为函数的入口地址，函数名就代表了这个入口地址，取值为该地址的指针就称为指向该函数的指针，简称函数指针。通过函数指针来调用函数的基本操作可以分为以下几个步骤。

（1）定义一个函数指针

函数指针要先定义，再使用。定义的格式为

返回类型　（*指针变量名）（函数形参表）；

如 double (*pfunc) (double); 就定义了一个函数指针 pfunc，它能够指向那些形

微视频:
函数指针

参为 double，返回值为 double 的函数。

（2）函数指针赋值

例如，C 语言有库函数 double sin(double)可以用来计算正弦值。那么语句

```
pfunc=sin;/*pfunc 赋值为 sin 函数名，即 sin 函数在内存中的首地址*/
```

就使函数指针 pfunc 指向 sin 函数。

（3）通过指针 pfunc 来调用函数

例如

```
y=(*pfunc)(x);
```

就等价于

```
y=sin(x);
```

又如语句

```
pfunc=cos;
```

使函数指针 pfunc 指向了 cos 函数。那么

```
y=(*pfunc)(x);
```

就等价于

```
y=cos(x);
```

注意：

① 给函数指针变量赋值时，只需给出函数名而不必（也不能）给出参数。例如

```
int a, b, c, max(int, int), (*p)( int,int);
p=max;                 /* p 为函数指针变量，max 为函数名*/
```

② 函数可通过函数名调用，也可通过函数指针调用。如上例后，只需用(*p)代替函数名 max 即可调用函数。例如

```
c=max(a, b);           /* 通过函数名调用 */
c=(*p)(a, b);          /* 通过函数指针调用 */
```

③ 对函数指针变量来说，像++、--、加减整数、关系比较等运算没有意义。

【例 9-8】 求三角函数 sin()、cos()和 tan()在 30°，60°，90°，120°，150°和 180°时的数值。

程序代码如下。

```
#include <stdio.h>
#include <math.h>
void printvalue( double (*fun)(double), int n )/*函数指针作为函数的形参*/
{
    int  i;
    for( i=1; i<=n; i++)
        printf( "%d\t%f\n", i*30, (*fun)(3.14159*i*3/18) );
}
int main()
{
    printf("sin:\n");
    printvalue( sin, 6 );   /*函数名作为函数的实参*/
    printf("cos:\n");
    printvalue( cos, 6 );
```

```
        printf("tan:\n");
        printvalue( tan, 6);
        return 0;
}
```

程序运行结果如图 9-13 所示。

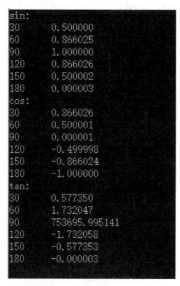

```
sin:
30        0.500000
60        0.866025
90        1.000000
120       0.866026
150       0.500002
180       0.000003
cos:
30        0.866026
60        0.500001
90        0.000001
120       -0.499998
150       -0.866024
180       -1.000000
tan:
30        0.577350
60        1.732047
90        753695.995141
120       -1.732058
150       -0.577353
180       -0.000003
```

图 9-13　函数指针的运行结果

函数指针可以作为另外一个函数的参数。如上面这个例子，需要计算不同的三角函数在不同参数下的结果,用本例的方法可以达到避免类似代码重复出现的目的。

printvalue 函数的形参为函数指针，实参是具体的三角函数名，参数传递时就给形参的函数指针赋了值，如第一次调用时相当于赋值 fun=sin，函数里就可以用函数指针 fun 来调用它指向的 sin 函数了。

9.5　综 合 案 例

【例 9-9】　猴子选大王：山上有 50 只猴子要选大王，选举办法是，所有猴子从 1～50 进行编号并围坐一圈，从第一号开始按顺序 1，2，…，n 连续报数，凡是报 n 号的猴子都退出到圈外，照此循环报数，直到圈内只剩下一只猴子时，这只猴子就是大王，输出大王的编号。

源代码：
例 9-9

分析：

该问题使用数组比较方便，将数组元素按 1～50 赋值。出局的猴子通过调用函数来删除。

程序代码如下。

```
#include <stdio.h>
#define N 50
```

```
void movepre(int *p);    //指针作为形参，函数被调用时接收待删除数的地址
int main()
{
    int i,k,len,n,a[N+1];
    printf("报 n 号的猴子退出，输入 n=");
    scanf("%d",&n);
    for(i=0;i<N;i++)
        a[i]=i+1;        /* a 数组中从 0 下标开始连续存放 1 到 50 个正整数，代表 1-50
                            号猴子，第 50 下标位置存放 0 */

    a[i]=0;
    k=0;
    len=N;
    while( len>1 )
    {
        k+=n-1;
        while( k>len-1 )
            k -= len;
        //找到 a[k]是要删掉的
        movepre(&a[k]);   //a[k]的地址作为实参
        len--;
    }
    printf("\nLast No. is:%d\n",a[0]);
    return 0;
}

void movepre(int *p)    //指针作为形参，函数被调用时接收待删除数的地址
{
    do{
        *p = *(p+1);
    } while ( *p++!=0 );
}
```

小　　结

　　指针即地址，指针变量就是专门用于存放变量在内存中地址的变量。利用指针可以间接访问它指向的变量、数组甚至函数。结构体指针就是指向结构类型变量的指针，通过结构体指针可以间接访问结构体变量或者结构体数组。指针可以作为函数参数，也可以作为函数返回值，在主调函数和被调函数间传递变量、数组、结构体的地址。

　　int *p 定义了 p 是一个指向整型变量的指针变量。int *p[3]定义了 p 是一个指针数组，该数组的元素（p[0]、p[1]、p[2]）都是指向整型变量的指针变量。int **p 定

义了一个二级指针变量 p。int (*p)[4]定义了一个行指针 p，能指向含有 4 个元素的一维数组。

在实际的编程应用中，可以使用字符型的指针数组来处理多个字符串，这比用二维字符数组处理多个字符串更加灵活和高效。也可以使用指向一维数组的指针（即行指针）来处理二维数组。

习　题　9

一、选择题

1. 下列不正确的定义是（　　　）。

    A．int *p=&i,i;　　　　　　　B．int *p,i;

    C．int i,*p=&i;　　　　　　　D．int i,*p;

2. 若有说明 int n=2,*p=&n,*q=p，则以下非法的赋值语句是（　　　　）。

    A．p=q　　　　　　　　B．*p=*q

    C．n=*q　　　　　　　　D．p=n

3. 有语句"int a[10];"，则（　　　）是对指针变量 p 的正确定义和初始化。

    A．int p=*a;　　　　B．int *p=a;　　　　C．int p=&a;　　　　D．int *p=&a;

4. 若有说明语句"int a[5],*p=a;"，则对数组元素的正确引用是（　　　）。

    A．a[p]　　　　　　B．p[a]　　　　　　C．*(p+2)　　　　D．p+2

5. 有如下程序

```
int a[10]={1,2,3,4,5,6,7,8,9,10},*P=a;
```

则数值为 9 的表达式是（　　　）。

    A．*P+9　　　　　　B．*(P+8)　　　　C．*P+=9　　　　D．P+8

6. 有以下程序

```
void fun(float*a,float*b)
{ float w;
  *a=*a+*a;w= *a;*a= *b;*b=W;
}
int main()
{ float x=2.0, y=3.0, *px=&x, *py=&y;
fun(px, py);printf("%.0f,%.0f\n", x, y);
return 0;
}
```

则程序的输出结果是（　　　）。

    A．4,3　　　　　　　B．2,3　　　　　　C．3,4　　　　　　D．3,2

7. 以下对结构体变量 stul 中成员 age 的非法引用的是（　　　）。

```
struct student
{
```

```
        int age;
        int num;
    }stu1,*p;
    p=&stu1;
```

    A. stu1.age   B. student.age   C. p->age   D. (*p).age

8. 定义下列结构体（联合）数组

```
struct St
{
    char name[15];
    int age;
}a[10]={"ZHANG", 14, "WANG", 15, "LIU", 16, "ZHANG", 17);
```

执行语句 printf("%d,%c", a[2].age, *(a[3].name+2))的输出结果为（　　　）。

    A. 15,A   B. 16,H   C. 16,A   D. 17,H

9. 以下 4 个变量定义中，定义 p 为二级指针的是（　　　）。

    A. int **p;   B. int (*p)( );   C. int *p[10];   D. int (*p)[10];

10. 以下 4 个变量定义中，定义 p 为指针数组的是（　　　）。

    A. int *p[10];   B. int (*p)( );   C. int **p;   D. int (*p)[10];

11. 设有定义 "char *p[]={"Shanghai","Beijing","Honkong"};"，则结果为 j 字符的表达式是（　　　）。

    A. p[3][1]   B. *(p[1]+3)   C. *(p[3]+1)   D. *p[1]+3

12. 主调函数中要实现交换两个整型变量的值，应该调用下列 4 个函数中的（　　　）。

```
    A. void fun_a (int x, int y)
       { int *p;
         *p=x; x=y; y=*p;
       }
    B. void fun_b (int *x, int *y)
       { int *p;
         *x=*y; *y=*x;
       }
    C. void fun_c (int *x, int *y)
       { *x=*x+*y;
         *y=*x-*y;
         *x=*x-*y;
       }
    D. void fun_d ( int x, int y)
       { int p;
         p=x; x=y; y=p;
       }
```

13. 设有定义语句 "int (*ptr)[10];"，其中的 ptr 是（　　　）。

    A. 10 个指向整型变量的函数指针

B．指向 10 个整型变量的函数指针

C．一个指向具有 10 个元素的一维数组的指针

D．具有 10 个指针元素的一维数组

14．若有以下定义，则*(p+5)的值为（　　　）。

```
char s[]="Hello", *p=s;
```

A．'0'　　　　　　　　B．'\0'　　　　　　　C．'0'的地址　　　　D．不确定的值

15．若有函数 max(a,b)，并且已使函数指针变量 p 指向函数 max，当调用该函数时，正确的调用方法是（　　　）。

A．(*p)max(a,b);　　　　　　　　　B．*pmax(a,b);

C．(*p)(a,b);　　　　　　　　　　　D．*p(a,b);

二、编程题

1．有 n 个人围成一圈，按顺序从 1 到 n 编号。从第一个人开始报数，报数 3 的人退出圈子，下一个人从 1 开始重新报数，报数 3 的人退出圈子。如此循环，直到留下最后一个人。问留下来的人的编号。

2．编写函数 void sort(int a[],int n)，函数内对数组 a 中的元素升序排列。再编写 main 函数，main 函数完成数组输入，调用 sort 函数对数组排序和数组输出的功能。

3．输入 3 个字符串，输出其中最大的字符串。

4．输入一个字符串，再用指针引用法完成字符串的逆序。

5．要求用字符指针作为参数定义函数 strmcpy(s,t,m)，它的功能是将字符串 t 中从第 m 个字符开始的全部字符复制到字符串 s 中，再编写 main 函数，main 函数完成字符串输入，调用 strmcpy 函数和字符串输出的功能。

参 考 文 献

[1] 苏小红，王宇颖，孙志岗. C 语言程序设计[M]. 北京：高等教育出版社，2011.

[2] 叶文珺，等. C 语言程序设计基础[M]. 北京：清华大学出版社，2014.

[3] Bronson G J. 标准 C 语言基础教程[M]. 4 版. 单先余，陈芳，张蓉，等，译. 北京：电子工业出版社，2007.

[4] David Griffiths，Dawn Griffiths. 嗨翻 C 语言[M]. 程亦超译. 北京：人民邮电出版社，2013.

[5] Hanly J R，Koffman E B. C 语言详解[M]. 6 版. 北京：人民邮电出版社，2010.

[6] 谭浩强. C 程序设计[M]. 4 版. 北京：清华大学出版社，2010.

[7] 何钦铭. C 语言程序设计经典实验案例集[M]. 北京：高等教育出版社，2012.

[8] 龚沛曾，杨志强. C/C++程序设计教程[M]. 北京：高等教育出版社，2009.

[9] Detiel H M，Detiel P J. C++ how to program[M]. 3rd. 周靖，黄都培译. 北京：清华大学出版社，2002.

[10] 陈章进. C 程序设计基础教程[M].上海：上海大学出版社，2005.

[11] 何钦铭，颜晖. C 语言程序设计[M]. 3 版. 北京：高等教育出版社，2015.

[12] 刘明军，潘玉奇. 程序设计基础（C 语言）[M].2 版. 北京：清华大学出版社，2014.

[13] 刘志海，鲁青. C 程序设计与案例分析[M]. 北京：清华大学出版社，2014.

郑重声明

　　高等教育出版社依法对本书享有专有出版权。任何未经许可的复制、销售行为均违反《中华人民共和国著作权法》，其行为人将承担相应的民事责任和行政责任；构成犯罪的，将被依法追究刑事责任。为了维护市场秩序，保护读者的合法权益，避免读者误用盗版书造成不良后果，我社将配合行政执法部门和司法机关对违法犯罪的单位和个人进行严厉打击。社会各界人士如发现上述侵权行为，希望及时举报，本社将奖励举报有功人员。

　　反盗版举报电话　（010）58581999　58582371　58582488

　　反盗版举报传真　（010）82086060

　　反盗版举报邮箱　dd@hep.com.cn

　　通信地址　北京市西城区德外大街 4 号

　　　　　　　　高等教育出版社法律事务与版权管理部

　　邮政编码　100120

防伪查询说明

　　用户购书后刮开封底防伪涂层，利用手机微信等软件扫描二维码，会跳转至防伪查询网页，获得所购图书详细信息。也可将防伪二维码下的 20 位密码按从左到右、从上到下的顺序发送短信至 106695881280，免费查询所购图书真伪。

　　反盗版短信举报

　　编辑短信"JB，图书名称，出版社，购买地点"发送至 10669588128

　　防伪客服电话

　　（010）58582300